高职高专规划教材

建筑机械使用与安全管理

（第二版）

安书科　主编

中国建筑工业出版社

图书在版编目（CIP）数据

建筑机械使用与安全管理/安书科主编. —2版. —
北京：中国建筑工业出版社，2018.12
高职高专规划教材
ISBN 978-7-112-23053-2

Ⅰ．①建⋯ Ⅱ．①安⋯ Ⅲ．①建筑机械-使用方
法-高等职业教育-教材②建筑机械-安全管理-高等职业
教育-教材 Ⅳ．①TU607

中国版本图书馆 CIP 数据核字（2018）第 275953 号

　　本书选择了现代施工工程中使用较为广泛、科技含量高、知识延展性好的国
内外典型产品，重点介绍了起重吊装机械、土石方机械、水平和垂直运输机械、
桩工机械、钢筋加工机械、混凝土机械、地下施工机械、焊接机械等建筑施工机
械的结构组成、工作原理、正确使用方法及安全操作规程，同时介绍了施工设备
管理制度、安全检查制度、使用与维修保养制度、机械设备使用监督检查制度等
机械设备安全管理方面的制度，最后列举了涉及建筑机械使用的重大安全事故
案例。
　　本书可作为工程机械和安全管理专业的专业教材，还可作为安全员、工程机
械产品设计人员和施工管理人员的参考书。
　　为便于本课程教学，作者自制免费课件及课后习题答案，请发邮件至 jgzykj
@cabp.com.cn 索取。

责任编辑：朱首明　司　汉　田立平
责任校对：王雪竹

高职高专规划教材
建筑机械使用与安全管理（第二版）
安书科　主编
＊
中国建筑工业出版社出版、发行（北京海淀三里河路 9 号）
各地新华书店、建筑书店经销
霸州市顺浩图文科技发展有限公司制版
北京圣夫亚美印刷有限公司印刷
＊
开本：787×1092 毫米　1/16　印张：15　字数：373 千字
2019 年 2 月第二版　　2019 年 2 月第四次印刷
定价：48.00 元（赠课件）
ISBN 978-7-112-23053-2
　　　（33131）

　　《建筑机械使用与安全管理》是土建施工类及建筑机械相关专业的教学用书，于2012年8月初版，现已印刷3次。教材初版在编写过程中，除参考书籍文献资料外，主要的安全技术规程依照《建筑机械使用安全技术规程》JGJ 33—2001，而这版规程已废止，现行的规程为《建筑机械使用安全技术规程》JGJ 33—2012。2012版的技术规程对部分技术内容进行了调整，使原教材内容有一些不适用之处，加之建筑行业的推陈出新，部分建筑机械已经逐渐被淘汰，一些新的机械则可被纳入教材中，紧跟建筑行业的实践发展。因此对《建筑机械使用与安全管理》初版进行修编。

　　编者积累多年从事教育及施工的经验，查阅大量相关文献资料，选择了现代施工工程中使用较为广泛、科技含量高、知识延展性好的国内外典型产品，修订了本教材。重点介绍了主要类型建筑施工机械的结构组成、工作原理、正确使用方法、安全操作规程及典型机械事故案例等。

　　本次修订的主要包括：

　　1. 删除了水工机械、装修机械、钣金和管工机械；对建筑起重机械、运输机械进行了调整；增加了地下施工机械；删除了凿岩机械、油罐车、自立式起重架、混凝土搅拌站、液压滑升设备、预应力钢丝拉伸设备、冷镦机；新增了旋挖钻机、深层搅拌机、冲孔桩机、混凝土布料机、钢筋螺纹成型机、钢筋除锈机、顶管机、盾构机。

　　2. 书中所用的标准均以国家现行设计、施工标准、规范及规程为依据。

　　3. 为适应标准、规范和教学要求，修改了安全机械使用操作规程的一些专业术语。

　　全教材共14章，由陕西省建筑职工大学安书科担任主编，翟文燕担任副主编，杨文波、王景芹、高凤参加编写。陕西建工集团总公司杨百成和陕西建设技师学院的孙勇韬统稿。具体分工如下：第4章由安书科编写，第1章、第2章由翟文燕编写；第6章、第8章、第10章和第14章由杨文波编写；第3章、第5章、练习题由王景芹编写；第7章、第9章、第11~13章由高凤编写。

　　本教材在编写中引用了大量的规范、专业文献和资料，恕未在教材中一一注明出处。在此，对有关作者诚表敬意，并对所有热情支持和帮助编写本教材的人员表示谢意。

　　由于编者的水平和经验有限，材料取舍不一定完全妥当，对书中的疏漏和不当之处，敬请广大读者不吝指正。

建筑机械是现代化建设工程中的重要技术装备，概括地说，凡城建、交通、水利、矿山和国防等领域均需使用，在国民经济发展中起着十分重要的作用。

我国的建筑施工机械行业经过四十余年的发展历史，已基本形成了从设计、制造到销售服务，且产品门类齐全、品种基本完善的工业体系，许多产品的技术水平已接近或部分达到国际先进水平。近年来，仍不断从国外工业发达国家引进自动化程度高、技术性能先进的工程机械产品。

编者积累多年从事教育及施工的经验，主要依照《建筑机械使用安全技术规程》JGJ 33—2001，查阅大量相关文献资料，选择了现代施工工程中使用较为广泛、科技含量高、知识延展性好的国内外典型产品，编写了本教材。书中重点介绍了主要类型建筑施工机械的结构组成、工作原理、正确使用方法、安全操作规程及典型机械事故案例等。本教材具有实用性，便于学生和工程技术人员自学并指导工程实践。

全书共 15 章，由陕西省建筑职工大学安书科、翟文燕担任主编。第 7 章和第 9 章由安书科编写，绪论、第 1 章～第 4 章由翟文燕编写，第 6 章、第 8 章、第 10 章和第 14 章由陕西省建筑职工大学杨文波编写，第 5 章、第 11 章～第 13 章、第 15 章、综合题由陕西省建筑职工大学王景芹编写。全书由陕西建工集团总公司杨百成和陕西建设技师学院孙勇韬统稿。

本书编写中参考了许多现代工程施工机械方面的文献，对文献作者为推进我国工程施工机械的发展所作出的贡献表示敬意，并借此机会向他们表示由衷的感谢。

鉴于编者的水平和经验有限，书中难免会有不足和疏漏之处，恳请使用本教材的老师和读者批评指正。

目　　录　/　　　　　　　　　　　　　　　　　　　　　　　CONTENTS

▶ **绪论**

【主要内容】

1. 建筑机械的定义与分类；

2. 建筑机械的发展历程。

【学习要点】

1. 理解建筑机械的定义；

2. 掌握建筑机械的分类；

3. 了解建筑机械的发展。

建筑机械在工程中有至关重要的作用，优良的建筑机械和完善的建筑机械安全管理制度能够促进工程的高效运行。了解和熟悉机械基础知识，正确掌握建筑机械的使用方法，规范建筑机械的安全操作，并充分发挥其效能，能够极大提高工程的施工效率，并且保证工程的施工质量。

1.1   建筑机械的定义

建筑机械是工程建设和城乡建设所用机械设备的总称，在我国又称为"建设机械"、"工程机械"等。概括地说，凡土石方施工工程、路面建设与养护、流动式起重装卸作业和各种建筑工程所需的综合性机械化施工工程所必需的机械装备，称为建筑机械。它主要用于国防建设工程、交通运输建设、能源工业建设和生产、矿山等原材料工业建设和生产、农林水利建设、工业与民用建筑、城市建设、环境保护等领域。

在世界各国，对这个行业的称谓基本类同，其中美国和英国称为建筑机械与设备，德国称为建筑机械与装置，俄罗斯称为建筑与筑路机械，日本称为建设机械。在我们国家部分产品也称为建设机械，而在机械系统，根据国务院组建该行业批文时统称为工程机械，一直延续到现在。各国对该行业划定产品范围大致相同，我国工程机械与其他各国比较还增加了铁路线路工程机械、叉车与工业搬运车辆、装修机械、电梯、风动工具等行业。

1.2   建筑机械的分类

建筑机械可以分为以下几种类型：

（1）木工机械：包括带锯机、圆盘锯、木工平面刨（手压刨）等。

（2）手持电动工具：包括电剪刀、射钉枪、拉铆枪、冲击钻、电锤等。

（3）起重吊装机械：包括塔式起重机、自行式起重机、桅杆式起重机、桥式起重机、门式起重机、电动卷扬机、电动葫芦、施工升降机、物料提升机等。

（4）土石方机械：包括单斗挖掘机、推土机、拖式铲运机、自行式铲运机、静作业压路机、振动压路机、平地机、碎石机、振动冲击夯、蛙式打夯机、潜孔钻机、强夯机械等。

（5）水平和垂直运输机械：包括自卸式汽车、平板拖车、散装水泥车、机动翻斗车、带式输送机等。

（6）桩工及水工机械：包括柴油锤桩机、振动沉拔桩锤、螺旋钻孔机、履带式打桩机、静力压桩机、转盘钻孔机等。

（7）钢筋加工机械：包括钢筋调直切断机、钢筋切断机、钢筋弯曲机、钢筋冷拔机、钢筋冷拉机、预应力钢丝拉伸设备、钢筋螺纹成型机、钢筋除锈机等。

（8）混凝土机械：包括混凝土搅拌机、混凝土搅拌输送车、混凝土泵车、混凝土喷射机、混凝土振动器、混凝土真空吸水泵等。

（9）铆焊机械：包括交流电焊机、氩弧焊机、二氧化碳气体保护焊机、等离子切割机、埋弧焊机、竖向钢筋电渣压力焊机、对焊机、点焊机、气焊设备等。

1.3　建筑机械的发展历程

建筑机械的发展大致经历了 4 个阶段。

（1）以满足减轻劳动强度为目的的机械驱动阶段。此阶段的机械设备以机械传动为特点，结构笨重，功能单一，作业效率低下。

（2）以提高生产效率为目的，机械设备采用液压传动，这一阶段建筑机械设备的作业效率提高较快，液压元件行业的技术进步一直伴随着工程机械的发展。

（3）建筑机械的电子控制阶段，建筑机械的控制精度及机械作业效率大大提高，初步实现了机电液一体化。

（4）进入 21 世纪后，人类为了实现可持续发展，提出了建筑机械的环保技术、智能技术和信息技术，建筑机械发展进入了第 4 个发展阶段。

习　　题

1. 简述建筑机械的定义。
2. 简述起重吊装机械的分类。
3. 简述混凝土机械的分类。
4. 简述土石方机械的分类。
5. 简述水平和垂直运输机械的分类。

▶ **建筑机械专业基础知识**

【主要内容】

1. 建筑机械的组成部分；

2. 液压传动的基础知识。

【学习要点】

1. 掌握建筑机械的组成部分；

2. 了解液压传动的工作系统。

2.1　建筑机械的基础知识

各种建筑机械由若干机构及零部件组成，主要有传动机构、动力部分、电气控制、安全装置及工作机构组成。

2.1.1　传动机构

传动机构一般有：带传动（平带、V 形带、圆带等）、齿轮传动（开式、闭式）、链传动以及钢丝绳传动等。

1. 带传动

建筑机械中的混凝土搅拌机、砂浆搅拌机、卷扬机、水泵、机动翻斗车、蛙式打夯机等，大都有带传动部分，在带传动中 V 形带使用比较普遍。带传动的特点是：中心距变化范围广、结构简单、传动平稳、可以缓冲、成本低。带传动一般放于传动的第一级（高速级），因转速高，离心力大，所以必须使用牢固的金属防护罩封闭，防止发生伤人事故。

2. 齿轮传动

齿轮传动应用广泛，它有结构紧凑、效率高、寿命长、传动准确等优点。缺点是要求精度高，齿轮传动有开式、闭式两种。闭式传动使用安全，润滑条件好。中小型机械一般采用开式。安全规定中一般要求有轮必有罩，有轴必有套，以防齿轮伤害。安装后齿轮必须紧固。

3. 链传动

链传动也是一种常见的传动形式，链轮传动中心距变化大，要求不严，但在冲击荷载作用下，工作寿命短。对链条传动部位也必须安装防护罩。

4. 钢丝绳传动

中小型机械中也有使用钢丝绳作为传动系统的，如：混凝土搅拌机、砂浆搅拌机上料斗的传动。选用钢丝绳应规格合适，按照磨损和断丝的规定更换，安全系数不小于 5，卷筒上至少保留 2～3 圈。

2.1.2　动力部分

中小型建筑机械的动力多采用电动机，有些边远和电力不足的地区，也选用内燃机做动力。

1. 电动机

对电动机的选用主要视其功率、形式、额定电压以及电机转速。功率以机械负载的大小及工作时间而定。其防护形式应根据使用条件可分别选择开启式、防护式、封闭式和防爆式。电机的额定电压应与供电系统的电压相一致。

电动机驱动的设备在使用时，必须做到：

（1）每台设备应做到一机一闸，并安装漏电开关，根据电机的功率单独配备开关箱，选用额定电压等于或大于线路的额定电压的闸具，其额定电流不小于所控制电动机额定电流的 3 倍，熔丝按电动机额定电流的 1.5～2.5 倍选用，开关箱与设备距离不大于 3m。

（2）电器线路要绝缘良好，不得破皮漏电。

（3）对新安装和停用时间较长的电动机，应检测其绝缘阻值，当大于 0.5MΩ 才能使用。

2．内燃机

内燃机分柴油机和汽油机，建筑机械一般常用柴油机作为动力。内燃机的燃料无论是柴油或汽油，两种都属易燃品，要远离明火及易燃物，在运转中不得添加油料，须加油时必须待发动机停止运转后进行。

内燃机露在外面的传动部分都要安装防护罩，靠手摇启动的内燃机，启动时要五指并拢握住摇柄，由下往上提拉，防止机器回火摇把反击。打着火以后，要低速空转 3～5min，再投入工作。对于水冷却的内燃机，要加足冷却水，水箱内水温度高时，应打开水箱盖，操作人员要躲开水气流冲出的方向，防止烫伤。

2.1.3　电气控制

电气控制系统一般称为电气设备二次控制回路，不同的设备有不同的控制回路，而且高压电气设备与低压电气设备的控制方式也不相同。

常用的控制线路的基本回路由以下几部分组成。

（1）电源供电回路。供电回路的供电电源有 AC380V 和 220V 等多种。

（2）保护回路。保护（辅助）回路的工作电源有单相 220V、36V 或直流 220V、24V 等多种，对电气设备和线路进行短路、过载和失压等各种保护，由熔断器、热继电器、失压线圈、整流组件和稳压组件等保护组件组成。

（3）信号回路。能及时反映或显示设备和线路正常与非正常工作状态信息的回路，如不同颜色的信号灯，不同声响的音响设备等。

（4）自动与手动回路。电气设备为了提高工作效率，一般都设有自动环节，但在安装、调试及紧急事故的处理中，控制线路中还需要设置手动环节，通过组合开关或转换开关等实现自动与手动方式的转换。

（5）制动停车回路。切断电路的供电电源，并采取某些制动措施，使电动机迅速停车的控制环节，如能耗制动、电源反接制动，倒拉反接制动和再生发电制动等。

（6）自锁及闭锁回路。启动按钮松开后，线路保持通电，电气设备能继续工作的电气环节叫自锁环节，如接触器的动合触点串联在线圈电路中。两台或两台以上的电气装置和组件，为了保证设备运行的安全与可靠，只能一台通电启动，另一台不能通电启动的保护环节，叫闭锁环节，如两个接触器的动断触点分别串联在对方线圈电路中。

2.1.4　安全装置

安全装置通过自身的结构功能限制或防止机器的某种危险，或限制运动速度、压力等危险因素。常见的安全装置有联锁装置、双手操作式装置、自动停机装置，限位装置等。

2.1.5　工作机构

完成不同工作所需要的机构。

2.2　液压传动基础知识

用液体作为工作介质，主要以液压压力来进行能量传递的传动系统称为液压传动系统。常用工作介质主要是水或液压油，起重机液压系统传递能量的工作介质是液压油，液压油同时还肩负着摩擦部位的润滑、冷却和密封等作用，常用的液压油有 20 号、30 号和 40 号液压油。液压传动系统一般是由动力、控制、执行（工作）和辅助等 4 部分组成。

2.2.1　动力部分

液压系统中的动力部分主要液压元件是油泵，它是能量转换装置，通过油泵把发动机（或电动机）输出的机械能转换为液体的压力能，此压力能推动整个液压系统工作并使机构运转。

液压系统常用的油泵有齿轮泵、柱塞泵、叶片泵、转子泵和螺旋泵等。汽车起重机采用的油泵主要是齿轮泵和柱塞泵。

1. 齿轮泵

它是由装在壳体内的一对齿轮所组成。根据需要齿轮油泵设计有二联或三联油泵，各泵有单独或共同的吸油口及单独的排油口，分别给液压系统中各机构供压力油，以实现相应的动作。

2. 柱塞泵

它有轴向柱塞泵和径向柱塞泵之分。这种油泵的主要组成部分有柱塞、柱塞缸、泵体、压盘、斜盘、传动轴及配油盘等。

2.2.2　控制部分

液压系统中的控制部分主要由不同功能的各种阀类所组成，这些阀类的作用是用来控制和调节液压系统中油液流动的方向、压力和流量，以满足工作机构性能的要求。根据用途和工作特点之不同，阀类可分为 3 种类型，即方向控制阀、压力控制阀和流量控制阀。

方向控制阀有单向阀和换向阀等；压力控制阀有溢流阀、减压阀、顺序阀和压力调节阀等；流量控制阀有节流阀、调速阀和温度补偿调速阀等。

以下以汽车起重机液压系统控制部分采用的各种阀类为例作介绍。

1. 方向控制阀

汽车起重机常采用的方向控制阀为换向阀。换向阀也称分配阀，属于控制元件，它的作用是改变油液的流动方向，控制起重机各工作机构的运动，多个换向阀组合在一起称为多联阀，起重机下车常用二联阀操纵下车支腿，上车常用四联阀，操纵上车的起升机构、变幅机构、伸缩机构、回转机构。换向阀主要由阀芯和阀体 2 种基本零件组成，改变阀芯在阀体内的位置，油液的流动通路就发生变化，工作机构的运动状态也随之改变。

2. 压力控制阀

汽车起重机常采用的压力控制阀为平衡阀和溢流阀。

平衡阀是控制元件，它安装在起升机构、变幅机构、伸缩机构的液压系统中，防止工作机构在负载作用下产生超速运动，并保证负载可靠地停留在空中。平衡阀是保证起重机安全作业不可缺少的重要元件，其构造由主阀芯、主弹簧、导控活塞、单向阀、阀体、端盖等组成。主阀芯的开启受导控活塞的控制。主阀弹簧一般为固定式，也有的为可调式。通过调整端盖上的调节螺钉来改变平衡阀的控制压力。

溢流阀属于控制元件，它是液压系统的安全保护装置，可限制系统的最高压力或使系统的压力保持恒定。起重机使用溢流阀是先导式溢流阀，它主要由主阀和导阀两部分组成。主阀随导阀的启闭而启闭，主阀部分有主阀芯、主阀弹簧、阀座等。导阀部分有导阀、导阀弹簧、阀座、调整螺钉等。当系统压力高于调定压力时，导阀开启少量回油。由于阻尼作用，主阀下方压力大于上方压力，主阀上移开启，大量回油，使压力降至调定值，转动调节螺钉即可调整系统工作压力的大小。

3. 流量控制阀

汽车起重机常采用的流量控制阀为液压锁，液压锁又叫做液控单向阀，是控制元件。它安装在支腿液压系统中，能使支腿油缸活塞杆在任意位置停留并锁紧，支承起重机，也可以防止液压管路破裂可能发生的危险。凡是支腿油缸都装有液压锁，它主要由阀体、柱塞和两个单向阀组成，柱塞可左右移动，打开单向阀。

2.2.3　执行（工作）部分

液压传动系统的执行（工作）部分主要是靠油缸和液压马达（又称油马达）来完成，油缸和液压马达都是能量转换装置，统称液动机。

以下以汽车起重机用油缸和液压马达为例作简要介绍。

1. 油缸

油缸是执行元件，它将压力能转变为活塞杆直线运动的机械能，推动机构运动，变幅机构、伸缩机构、支腿等均靠油缸带动。油缸是由缸筒、活塞、活塞杆、缸盖、导向套、密封圈等组成。

2. 液压马达

液压马达又称油马达，是执行元件。它将压力能转变为机械能，驱动起升机构和回转机构运转。起重机上常用的油马达有齿轮式马达和柱塞式马达。轴向柱塞式油马达因其容积效率高、微动性能好，在起升机构中最为常用。油马达与油泵互为可逆元件，构造基本相同，有些柱塞马达与柱塞泵则完全相同，可互换使用。

2.2.4　辅助部分

液压系统的辅助部分是由液压油箱、油管、密封圈、滤油器和蓄能器等组成。它们分别起储存油液、传导液流、密封油压、保持油液清洁、保持系统压力、吸收冲击压力和油泵的脉冲压力等作用。

2.2.5　液压系统的基本回路

1. 调压回路

调压回路的作用是限定系统的最高压力，防止系统的工作超载。

如图 2-1 所示，是起重机主油路调压回溢流阀来调整压力的，由于系统压力在油泵的出口处较高，所以溢流阀设在油泵出油口侧的旁通油路上，油泵排出的油液到达 A 点后，一路去系统，一路去溢流阀，这两路是并联的，当系统的负载增大、油压升高并超过溢流阀的调定压力时，溢流阀开启回油，直至油压下降到调定值时为止。该回路对整个系统起安全保护作用。

2. 卸荷回路

当执行机构暂不工作时，应使油泵输出的油液在极低的压力下流回油箱，减少功率消耗，油泵的这种工况称为卸荷。卸荷的方法很多，起重机上多用换向阀卸荷，如图 2-2 所示是利用滑阀机能的卸荷回路，当执行机构不工作时，三位四通换向阀阀芯处于中间位置，这时进油口与回路口相通，油液流回油箱卸荷，图中 M、H、K 型滑阀机都能实现卸荷。

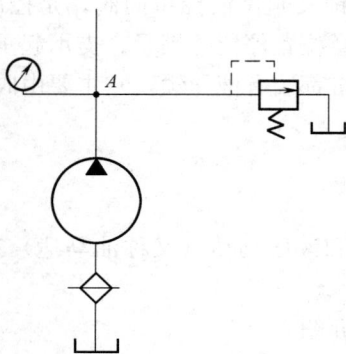

图 2-1　调压回路

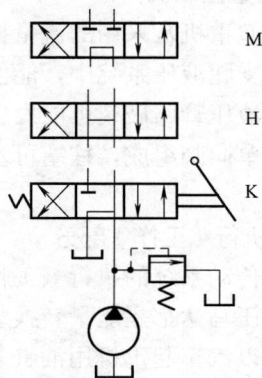

图 2-2　利用滑阀机能卸荷

3. 限速回路

限速回路也称为平衡回路，起重机的起升马达、变幅油缸及伸缩油缸在下降过程中，由于载荷与自重的重力作用，有产生超速的趋势，运用限速回路可靠地控制其下降速度，如图 2-3 所示为常见的限速回路。

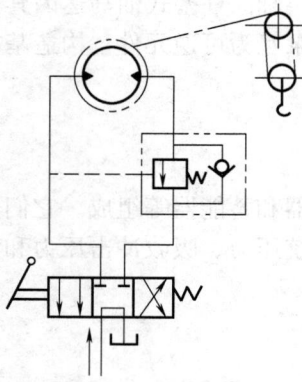

图 2-3　限速回路

当吊钩起升时，压力油经右侧平衡阀的单向阀通过，油路畅通。当吊钩下降时，左侧通油，但右侧平衡阀回油通路封闭，马达不能转动，只有当左侧进油压力达到开启压力，通过控制油路打开平衡阀芯形成回油通路，马达才能转动使重物下降，如在重力作用下马达发生超速运转，则造成进油路供油不足，油压降低，使平衡阀芯开口关小，回油阻力增大，从而限定重物的下降速度。

4. 锁紧回路

起重机执行机构经常需要在某个位置保持不动，如支腿、变幅与伸缩油缸等，这样必须把执行元件的进口油路可靠地锁紧，否则便会发生"坠臂"或"软腿"。

锁紧回路较危险。除用平衡阀锁紧外，还有如图 2-4 所示的液控单向阀锁紧，它用于起重机支腿回路中。

当换向阀处于中间位置，即支腿处于收缩状态或外伸支承起重机作业状态时，油缸上下腔被液压锁的单向阀封闭锁紧，支腿不会发生外伸或收缩现象，当支腿需外伸（收缩）时，液压油经单向阀进入油缸的上（下）腔，并同时作用于单向阀的控制活塞打开另一单向阀，允许油缸伸出（缩回）。

5. 制动回路

如图 2-5 所示为常闭式制动回路，起升机构工作时，扳动换向阀，压力油一路进入油马达，另一路进入制动器油缸推动活塞压缩弹簧实现松闸。

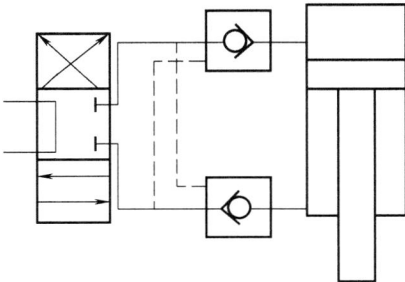

图 2-4 液控单向阀锁紧回路

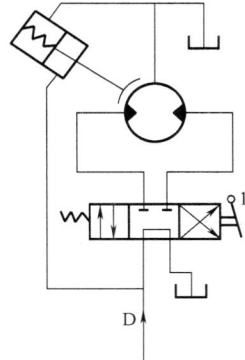

图 2-5 常闭式制动回路

2.2.6 流动式起重机液压系统

如图 2-6 所示是 QY-8 型汽车起重机的液压系统。该系统由油泵（1）供油，压力油经滤清器（6）、分路阀（5）后，可分别给上车或下车供油。当阀（5）在图示位置时，压力油经中心回转接头（22）流入上车四联换向阀 D、C、B、A，如果将阀（5）变换到左位，则压力油流入支腿换向阀（2、3），上车回油经阀 A，中心回转接头（22）返回油箱（23），下车回油经阀（3）返回油箱。

四联换向阀 A、B、C、D 分别控制卷扬机构的起升马达（18）、回转机构的回转马达（15）、变幅油缸（13）、伸缩油缸（11）的动作，当四个阀都处于中位时，油泵卸荷，油液全部流回油箱，由于四联换向阀油路串联，故当空载或轻载时，各工作机构可以进行组合动作。上车的起升、变幅和伸缩油路中分别装有平衡阀（12、14 和 19），用以控制负载下降的速度，防止重物坠落和油缸回缩。

起升马达（18）通过两级齿轮减速器驱动卷筒转动，在减速器高速轴上装有常闭式瓦块制动器（17），制动器靠弹簧力制动，当制动油缸通入压力油时，可以克服弹簧压力将制动器打开，制动油缸前装有单向节流阀（16），它与主油路在 K 点相接。由于相接点 K 位于起升控制阀 A 之前，所以只要阀 A 处于中位时，没有压力油进入制动油缸，制动器（17）处于制动状态。而阀 A 处于工作位置，起升马达（18）旋转时，制动油缸进入压力油，制动松开，单向节流阀（16）的作用是使制动器油缸滞后于起升马达（18）进油，这样可以避免马达转动瞬间发生溜钩现象。回转马达（15）的回路中没有制动装置，它的制动靠阀 B 的 M 型滑阀机来实现。下车的蛙式支腿油缸（7、8）分别由串联的 M 型三位四

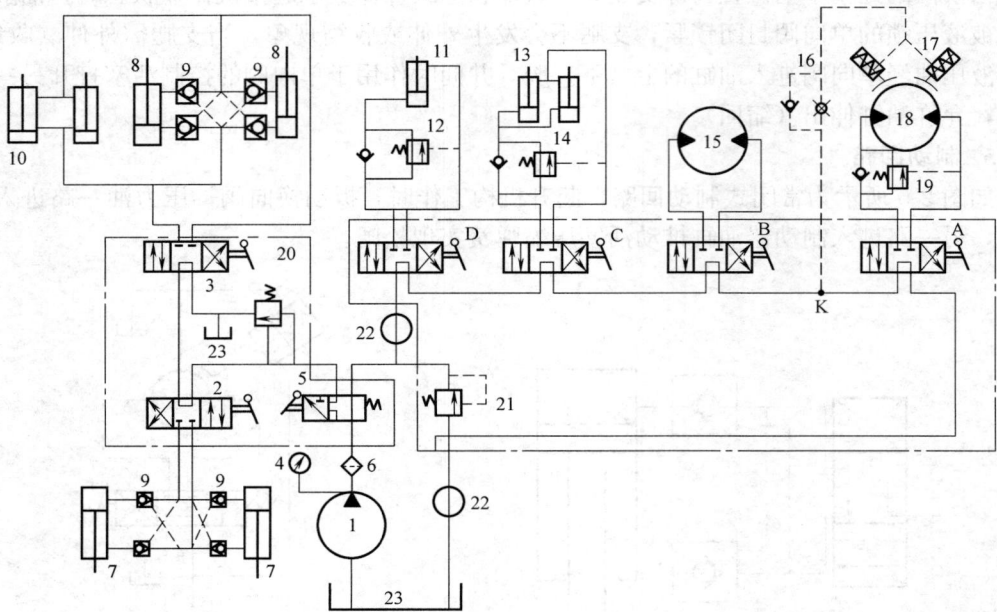

图 2-6   QY-8 型汽车起重机液压系统

1—油泵；2—前支腿换向阀；3—后支腿换向阀；4—压力表；5—分路阀；6—滤清器；
7—前支腿油缸；8—后支腿油缸；9—双向液压锁；10—稳定器油缸；11—伸缩油缸；
12、14、19—平衡阀；13—变幅油缸；15—回转马达；16—单向节流阀；17—制动器；
18—起升马达；20、21—溢流阀；22—中心回转接头；23—油箱

通阀（2、3）操纵，支腿油缸装有双向液压锁（9）。在后支腿回路中，并联有稳定器油缸
（10），放后支腿时，压力油同时将稳定器油缸的活塞杆推出，将后桥挂起；收后支腿时，
油缸收缩，将后桥放下。

溢流阀（20、21）分别保护上车与下车油路。上车与下车的工作压力不同，下车的工
作压力为 16MPa，上车的工作压力为 25MPa。在油泵出口处装有滤清器（6），用以保护
油泵以外的液压元件，为了避免滤清器堵塞而损坏滤芯或其他元件，滤清器前面管路设有
压力表（4），当空载时，如果压力表读数超过 1MPa，则说明滤清器很脏应进行保养清
洗。阻尼塞对压力油起阻尼作用，能保护压力表并防止压力表指针剧烈摆动。

2.2.7   液压系统的安全技术要求

（1）液压系统应有压力表，指示准确。

（2）液压系统应有防止过载和冲击的装置。采用溢流阀时，溢流压力不得大于系统工
作压力的 110%。

（3）应有良好的过滤器或其他防止液压油污染的措施。

（4）液压系统中，应有防止被吊重或臂架驱动使执行元件超速的措施。

（5）液压系统工作时，液压油的温升不得超过 40℃。

（6）支腿油缸处于支承状态时，基本臂在最小幅度悬吊最大额定起重量，15min 后，

变幅油缸和支腿油缸活塞杆的回缩量均应不大于 6mm。

（7）平衡阀必须直接或用钢管连接在变幅油缸、伸缩油缸和起升马达上，不得用软管连接。

（8）各平衡阀的开启压力应符合说明书要求。

（9）使用蓄能器时，蓄能充气压力与安装应符合规定。

（10）手动换向阀的操作与指示应方向一致，操纵轻便，无冲击跳动。起升离合器操纵手柄应设有锁止机构，工作可靠。

（11）液压系统应按设计要求用油，油量满足工作需要。

（12）油泵和液压马达无异响，系统工作正常，不得漏油。

习　　题

一、填空题

1. 各种建筑机械由若干机构及零部件组成，主要有＿＿＿＿＿、＿＿＿＿＿、＿＿＿＿＿、＿＿＿＿＿及＿＿＿＿＿组成。

2. 建筑机械常见的安全装置有＿＿＿＿＿、＿＿＿＿＿、＿＿＿＿＿、＿＿＿＿＿。

3. 液压系统中的动力部分主要液压元件是＿＿＿＿＿，它是能量转换装置，通过油泵把＿＿＿＿＿输出的机械能转换为液体的压力能，此压力能推动整个系统工作并使机构运转。

4. 液压系统中的控制部分主要由不同功能的各种阀类所组成，根据用途和工作特点之不同，阀类可分为 3 种类型，即＿＿＿＿＿、＿＿＿＿＿、＿＿＿＿＿。

5. 液压传动系统的执行部分主要是靠＿＿＿＿＿和＿＿＿＿＿来完成。

二、简答题

1. 电动机选择考虑的因素有哪些？

2. 液压系统的控制部分组成有哪些？

3. 叙述液压系统的安全技术要求。

▶ **木工机械**

【主要内容】

1. 木工机械的定义及分类；

2. 常见的木工机械的结构组成、工作原理及安全操作规程。

【学习要点】

1. 掌握木工机械的分类及结构组成；

2. 理解常见木工机械的工作原理及安全操作规程。

3.1   木工机械概况

木工机械主要是木工机床，木工机床是从原木锯剖到加工成木制品过程中所用的切削加工设备，它主要用于建筑、家具和木门等制造部门。木工机床可分为木工锯机、木工刨床、木工车床、木工铣床、木工钻床、开榫机、榫槽机、木工砂光机以及修整、刃磨木工刀具的辅机等。木工机床对于原木锯剖成成木制品起到至关重要的作用。

3.2   安全操作规程

（1）机械操作人员应穿紧口衣裤，并束紧长发，不得系领带和戴手套。

（2）机械的电源安装和拆除及机械电气故障的排除，应由专业电工进行。机械应使用单向开关，不得使用倒顺双向开关。

（3）机械安全装置应齐全有效，传动部位应安装防护罩，各部件应连接紧固。

（4）机械作业场所应配备齐全可靠的消防器材。在工作场所，不得吸烟和动火，并不得混放其他易燃易爆物品。

（5）工作场所的木料应堆放整齐，道路应畅通。

（6）机械应保持清洁，工作台上不得放置杂物。

（7）机械的皮带轮、锯轮、刀轴、砂轮等高速转动部件的安装应平衡。

（8）各种刀具破损程度不得超过使用说明书的规定要求。

（9）加工前，应清除木料中的铁钉、铁丝等金属物。

（10）装设除尘装置的木工机械作业前，应先启动排尘装置，排尘管道不得变形、漏气。

（11）机械运行中，不得测量工件尺寸和清理木屑、刨花和杂物。

（12）机械运行中，不得跨越机械传动部分。排除障碍、拆装刀具应在机械停止运转，并切断电源后进行。

（13）操作时，应根据木材的材质、粗细、湿度等选择合适的切削和进给速度。操作人员与辅助人员应密切配合，并应同步匀速接送料。

（14）使用多功能机械时，应只使用其中一种功能，其他功能的装置不得妨碍操作。

（15）作业后，应切断电源，锁好闸箱，并应进行清理、滑润。

（16）机械噪声不应超过建筑施工场界噪声限值；当机械噪声超过限值时，应采取降噪措施。机械操作人员应按规定佩戴个人防护用品。

3.3   带 锯 机

3.3.1   概述

带锯机在木材工业中应用广泛，机型繁多，按工艺用途可分为大带锯机、再剖带锯机和细木工带锯机；按锯轮安置方位分为立式的、卧式的和倾斜式的，立式的又分为右式的和左式的；按带锯机安装方式分为固定式的和移动式的；按组合台数分为普通带锯机和多联带锯机等。

3.3.2　结构组成及工作原理

带锯机是以环状无端的带锯条为锯具，绕在两个锯轮上做单向连续的直线运动来锯切木材的锯机，主要由床身、锯轮、上锯轮升降和仰俯装置、带锯条张紧装置、锯条导向装置、工作台、导向板等组成。床身由铸铁或钢板焊接制成。锯轮分有幅条式的上锯轮和幅板式的下锯轮；下锯轮为主动轮，上锯轮为从动轮，上锯轮的重量应比下锯轻 2.5～5 倍。带锯条的切削速度通常为 30～60m/s。上锯轮升降装置用于装卸和调整带锯条的松紧；上锯轮仰俯装置用于防止带锯条在锯切时从锯轮上脱落。带锯条张紧装置则能赋予上锯轮以弹性，保证带锯条在运行中张紧度的稳定。旧式的采用弹簧或杠杆重锤机构，新式的则采用气压、液压张紧装置。导向装置俗称锯卡，用以防止锯切时带锯条的扭曲或摆动。下锯卡固定在床身下端，上锯卡则可沿垂直滑轨上下调节。锯卡结构有滚轮式和滑块式，滑块式系用硬木或耐磨塑料制成。如图 3-1 所示为带锯机外形图。

3.3.3　带锯机的操作方法

带锯机的技术规格不同，但其构造大同小异，工作原理与制材用带基本相同，现以 MJ346A 型机床为例介绍其构造特点。

MJ346A 型细木工带锯机主要由机座（机身）、上下锯轮、工作台面、调整手轮、锯条、制动装置、电动机等部件组成。机床的所有传动部分采用封闭结构，以保证操作安全。机座、上下锯轮、工作台

图 3-1　带锯机

面等均用铸铁制成。直径相同的两个锯轮分别装在机身的上方和下方，上锯轮能够上下调整，以便装卸锯条和调节锯条的张紧度。下锯轮为主动轮，通过皮带轮传动。为了减少锯条与锯轮的磨损及杂音，锯轮轮缘上缠绕一层皮带。工作台面直接装在机身上，中间有一条缝隙，做为锯条的通路。锯条附设在台面左侧，工作台面可以倾斜 40°。为了防止锯割时锯条左右摆动，在台面的下面及上面各装有一个锯卡子，下锯卡直接装在工作台面的下面，上锯卡装在机身上，可以上下移动。在上锯卡后面有一滑轮，当锯条向后跑时，它起限制作用，不致使锯条掉落。机床采用集中排出锯末的方法，保证了工作地点的清洁。

3.3.4　带锯机安全操作规程

（1）作业前，应对锯条及锯条安装质量进行检查。锯条齿侧或锯条接头处的裂纹长度超过 10mm、连续缺齿 2 个和接头超过 2 处的锯条不得使用。当锯条裂纹长度在 10mm 以下时，应在裂纹终端冲一止裂孔。锯条松紧度应调整适当。带锯机启动后，应空载试运

转，并应确认运转正常，无串条现象后，开始作业。

（2）作业中，操作人员应站在带锯机的两侧，跑车开动后，行程范围内的轨道周围不应站人，不应在运行中跑车。

（3）原木进锯前，应调好尺寸，进锯后不得调整。进锯速度应均匀。

（4）倒车应在木材的尾端越过锯条 500mm 后进行，倒车速度不宜太快。

（5）平台式带锯作业时，接送料应配合一致。送料、接料时不得将手送进台面。锯短料时，应采用推棍送料。回送木料时，应离开锯条 50mm 及以上。

（6）带锯机运转中，当木屑堵塞吸尘管口时，不得清理管口。

（7）作业中，应根据锯条的宽度与厚度及时调节档位或增减带锯机的压砣（重锤）。当发生锯条口松或串条等现象时，不得采用增加压砣（重锤）重量的办法进行调整。

3.4 圆 盘 锯

3.4.1 结构组成及工作原理

圆盘锯，它由底座、安装在底座上的机架、安装在机架上的电机、安装在机架上的工作台、安装在机架上的主轴、安装在电机和主轴之间的皮带传动机构、安装在主轴上并露出工作台的圆锯片所构成。调整系统由前支座、后支座、带扇形蜗轮的前支架、后支架、导向柱、电机座、升降蜗杆蜗轮及手轮、回转蜗杆及手轮构成。圆锯片可以升降偏转，以适应锯口深浅、倾角大小的不同，调整方便。锯片带防护及吸尘口，安全可靠。它可广泛应用于木制品的圆锯加工中。如图 3-2 所示为圆盘锯外形图。

图 3-2 圆盘锯

圆盘锯的特征在于机架上安装有一个主轴高度和倾角调整系统，主轴、电机及皮带传动机构均安装在这个主轴高度和倾角调整系统上，主轴高度和倾角调整系统由固定在机架上带有圆弧槽且下部带有横向的蜗杆孔的前支座、固定在机架后面带圆弧槽的后支座、下部为扇形蜗轮、安装固定在前后支架的两组对应的导向柱孔中的两根导向柱、固定在两根导向柱后端的电机支撑座、安装在前支架的蜗杆孔并伸出机架的升降蜗杆、固定在升降蜗杆端部的升降手轮、以其下部的扇形蜗轮啮合在升降蜗杆上、上部带轴孔及轴安装在前支架的横向轴孔中、后部带主轴安装孔的升降蜗轮、安装在前支座的横向蜗杆孔中和机架右侧孔中、并与前支架下部的扇形蜗轮啮合和回转蜗杆固定在回转蜗杆端部的回转手轮构成，电机安装在电机支撑座上，主轴安装在主轴安装孔中。

3.4.2 圆盘锯安全操作规程

（1）木工圆锯机上的旋转锯片必须设置防护罩。

（2）安装锯片时，锯片应与轴同心，夹持锯片的法兰盘直径应为锯片直径的1/4。

（3）锯片不得有裂纹。锯片不得有连续2个及以上的缺齿。

（4）被锯木料的长度不小于500mm。作业时，锯片应露出木料10～20mm。

（5）送料时，不得将木料左右晃动或抬高；遇木节时，应缓慢送料；接近端头时，应采用推棍送料。

（6）当锯线走偏时，应逐渐纠正，不得猛扳，以防止损坏锯片。

（7）作业时，操作人员应戴防护眼镜，手臂不得跨越锯片，人员不得站在锯片的旋转方向。

3.5 木工平面刨（手压刨）

3.5.1 木工平面刨（手压刨）外形图

如图3-3所示为木工平面刨（手压刨）的外形图。

图 3-3 木工平面刨（手压刨）

3.5.2 木工平面刨（手压刨）安全操作规程

（1）刨料时，应保持身体平稳，用双手操作。刨大面时，手应按在木料上面；刨小料时，手指不得低于料高一半。不得手在料后推料。

（2）当被刨料的厚度小于30mm，或长度小于400mm时，应采用压板或推棍推进。厚度小于15mm，或长度小于250mm的木料，不得在平刨上加工。

（3）刨旧料前，应将料上的钉子、泥砂清除干净。被刨木料如有破裂或硬节等缺陷时，应处理后再施刨。遇木槎、节疤应缓慢送料。不得将手按在节疤上强行送料。

（4）刀片、刀片螺钉的厚度和重量应一致，刀架与夹板应吻合贴紧，刀片焊缝超出刀头或有裂隙的刀具不应使用。刀片紧固螺钉应嵌入刀片槽内，并离刀背不得小于10mm。刀片紧固力应符合使用说明书的规定。

（5）机械运转时，不得将手伸进安全挡板里侧去移动挡板或拆除安全挡板。

习　题

一、填空题

1. 带锯机作业前，应对锯条及锯条安装质量进行检查。锯条齿侧或锯条接头处的裂纹长度超过_____、连续缺齿两个和_____的锯条不得使用。当锯条裂纹长度在 10mm 以下时，应在裂纹终端冲一止裂孔。锯条松紧度应调整适当。带锯机启动后，应_____试运转，并应确认运转正常，无串条现象后，开始作业。

2. 带锯机作业中，应根据锯条的_____与_____及时调节档位或增减带锯机的压砣（重锤）。

3. 木工机械切削操作时，应根据木材的_____、_____、_____等选择合适的切削和进给速度。

二、判断题

1. 带锯机在作业中，操作人员应站在带锯机的两侧，跑车开动后，行程范围内的轨道不准站人。　　　　　　　　　　　　　　　　　　　　　　　　　　（　　）

2. 圆盘锯必须装设分料器，开料锯与料锯可以混用。　　　　　　　　　（　　）

3. 某木工在刨料时，手按在料的上面，手指离开刨口 100mm。　　　　（　　）

4. 甲木工和乙木工同时操作木工平面刨，甲进料速度快一些，乙进料速度慢一些。
　　　　　　　　　　　　　　　　　　　　　　　　　　　　　　（　　）

三、简答题

1. 木工机械主要有哪些机型？
2. 简述木工机械安全操作。
3. 简述带锯机结构组成及工作原理。
4. 简述圆盘锯的结构组成及工作原理。

▶ **手持电动工具**

【主要内容】

1. 手持电动工具的定义、分类、各类工具的使用场所；

2. 常见的手持电动工具的结构组成、工作原理及安全操作规程。

【学习要点】

1. 掌握手持电动工具的分类及分类依据、使用场所；

2. 理解常见手持电动工具的工作原理及安全操作规程。

4.1　手持电动工具概况

电动工具是一种低值易耗品，因而有较大的市场发展潜力。在义乌小商品批发市场上了解到，电锤这类电动工具销售量比较好。外贸销售的生意主要集中在欧美、中东地区。

手持式电动工具是指用手握持或悬挂进行操作的电动工具。比如施工中常用的电钻，电焊钳等。

4.1.1　分类

Ⅰ类工具：工具在防止触电的保护方面不仅依靠基本绝缘，而且它还包含一个附加的安全预防措施，其方法是将可触及的可导电的零件与已安装的固定线路中的保护（接地）导线连接起来，以这样的方法来使可触及的可导电的零件在基本绝缘损坏的事故中不成为带电体。

Ⅱ类工具：其额定电压超过 50V。工具在防止触电的保护方面不仅依靠基本绝缘，而且它还提供双重绝缘或加强绝缘的附加安全预防措施和没有保护接地或依赖安装条件的措施。

Ⅲ类工具：其额定电压工具外壳有金属和非金属，但手持部分是非金属，非金属处有"回"符号标志不超过 50V。由特低电压电源供电，工具内部不产生比安全特低电压高的电压。这类工具外壳均为全塑料。

4.1.2　各类工具的使用场所

空气湿度小于 75％的一般场所可选用Ⅰ类或Ⅱ类手持式电动工具，其金属外壳与 PE 线的连接点不得少于 2 个。除塑料外壳Ⅱ类工具外，相关开关箱中漏电保护器的额定漏电动作电流不应大于 15mA，额定漏电动作时间不应大于 0.1s，其负荷线插头应具备专用的保护触头。所用插座和插头在结构上应保持一致，避免导电触头和保护触头混用。

在潮湿场所或在金属构架上进行作业，应选用Ⅱ类或由安全隔离变压器供电的Ⅲ类工具。金属外壳Ⅱ类手持式电动工具使用时，其金属外壳与 PE 线的连接点不得少于 2 个，相关开关箱中漏电保护器的额定漏电动作电流不应大于 15mA，额定漏电动作时间不应大于 0.1s，其负荷线插头应具备专用的保护触头，所用插座和插头在结构上应保持一致，避免导电触头和保护触头混用。其开关箱和控制箱应设置在作业场所外面。在潮湿场所或金属架上严禁使用Ⅰ类手持式电动工具。

在狭窄场所（如锅炉、金属容器、金属管道内等）必须选用由安全隔离变压器供电的Ⅲ类手持式电动工具，其开关箱和安全隔离变压器均应设置在狭窄场所外面，并连接 PE 线。漏电保护器应采用防溅型产品，其额定漏电动作电流不应大于 15mA，额定漏电动作时间不应大于 0.1s。操作过程中，应有人在外面监护。

4.2　手持电动工具安全操作规程

（1）使用手持电动工具时，应穿戴劳动防护用品。施工区域光线应充足。

（2）刀具应保持锋利，并应完好无损；砂轮不得受潮、变形、破裂或接触过油、碱类，受潮的砂轮片不得自行烘干，应使用专用机具烘干。手持电动工具的砂轮和刀具的安装应稳固、配套，安装砂轮的螺母不得过紧。

（3）在一般作业场所应使用Ⅰ类电动工具；在潮湿或金属构架等导电性能良好的作业场所应使用Ⅱ类电动工具；在锅炉、金属容器、管道内等作业场所应使用Ⅲ类电动工具；Ⅱ、Ⅲ类电动工具开关箱、电源转换器应在作业场所外面；在狭窄作业场所操作时，应有专人监护。

（4）使用Ⅰ类电动工具时，应安装额定漏电动作电流不大于 15mA、额定漏电动作时间不大于 0.1s 的防溅型漏电保护器。

（5）在雨期施工前或电动工具受潮后，必须采用 50V 兆欧表检测电动工具绝缘电阻，且每年不少于 2 次。绝缘电阻不应小于表的规定。

绝缘电阻　　　　　　　　　　　　　　　　　　　　　表 4-1

测量部位	绝缘电阻（MΩ）		
	Ⅰ类电动工具	Ⅱ类电动工具	Ⅲ类电动工具
带电零件与外壳之间	2	7	1

（6）非金属壳体的电动机、电器，在存放和使用时不应受压、受潮，并不得接触汽油等溶剂。

（7）手持电动工具的负荷线应采用耐气候型橡胶护套铜芯软电缆，并不得有接头，水平距离不宜大于 3m，负荷线插头插座应具备专用的保护触头。

（8）作业前应重点检查下列项目，并应符合相应要求：

① 外壳、手柄不得裂缝、破损；

② 电缆软线及插头等应完好无损，保护接零连接应牢固可靠，开关动作应正常；

③ 各部防护装置应齐全牢固。

（9）机具启动后，应空载运转，检查并确认机具转动应灵活无阻。

（10）作业时，加力应平稳，不得超载使用。作业中应注意声响及温升，发现异常应立即停机检查。在作业时间过长，机具温升超过 60℃时，应停机冷却。

（11）作业中，不得用手触摸刃具、模具和砂轮，发现其有磨钝、破损情况时，应立即停机修整或更换。

（12）停止作业时，应关闭电动工具，切断电源，并收好工具。

（13）使用电钻、冲击钻或电锤时，应符合下列规定：

① 机具启动后，应空载运转，应检查并确认机具联动灵活无阻；

② 钻孔时，应先将钻头抵在工作表面，然后开动，用力应适度，不得晃动；转速急剧下降时，应减小用力，防止电机过载；不得用木杠加压钻孔；

③ 电钻和冲击钻或电锤实行 40% 断续工作制，不得长时间连续使用。

（14）使用角向磨光机时，应符合下列要求：

① 砂轮应选用增强纤维树脂型，其安全线速度不得小于 80m/s。配用的电缆与插头应具有加强绝缘性能，并不得任意更换；

② 磨削作业时，应使砂轮与工件面保持 15°～30°的倾斜位置；切削作业时，砂轮不

得倾斜，并不得横向摆动。

（15）使用电剪时，应符合下列规定：

① 作业前，应先根据钢板厚度调节刀头间隙量，最大剪切厚度不得大于铭牌标定值；

② 作业时，不得用力过猛，当遇阻力，轴往复次数急剧下降时，应立即减少推力；

③ 使用电剪时，不得用手摸刀片和工件边缘。

（16）使用射钉枪时，应符合下列规定：

① 不得用手掌推压钉管和将枪口对准人；

② 击发时，应将射钉枪垂直压紧在工作面上。当两次扣动扳机，子弹不击发时，应保持原射击位置数秒钟后，再退出射钉弹；

③ 在更换零件或断开射钉枪之前，射枪内不得装有射钉弹。

（17）使用拉铆枪时，应符合下列规定：

① 被铆接物体上的铆钉孔应与铆钉相配合，过盈量不得太大；

② 铆接时，可重复扣动扳机，直到铆钉被拉断为止，不得强行扭断或撬断；

③ 作业中，当铆接头子或并帽有松动时，应立即拧紧。

（18）使用云（切）石机时，应符合下列规定：

① 作业时应防止杂物、泥尘混入电动机内，并应随时观察机壳温度，当机壳温度过高及电刷产生火花时，应立即停机检查处理；

② 切割过程中用力应均匀适当，推进刀片时不得用力过猛。当发生刀片卡死时，应立即停机，慢慢退出刀片，重新对正后再切割。

4.3 电 剪 刀

4.3.1 概述

电剪刀是以单相串励电动机作为动力，通过传动机构驱动工作头进行剪切作业的双重绝缘手持式电动工具，具有方便剪切各种形状钢板，重量轻，安全可靠等特点。广泛用于汽车、造船、飞机及修配等部门的钣金工种，对金属薄板进行剪切作业。如图 4-1 所示为一般的电剪刀。

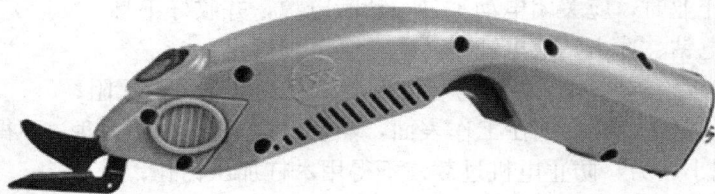

图 4-1 电剪刀

4.3.2 结构组成及工作原理

电剪刀由电动机、减速器、偏心轴-连杆机构、开关、不可重接插头和刀具等组成。

电动机采用单相串励电动机，置于塑料机壳内，塑料机壳既是支撑电动机的结构件又是定子附加绝缘，与转子附加绝缘构成双重绝缘结构。

电动机通过减速器驱动偏心轴-连杆机构，使刀杆带动上刀头作往复运动剪切金属板材，下刀头固定在刀架上不动。

电源线为三芯护套软电缆，与三柱橡胶插头构成不可重接插头。

4.3.3　电剪刀安全操作规程

（1）作业前应先根据钢板厚度调节刀头间隙量。

（2）使用刀具的机具，应保持刃磨锋利、完好无损、安装正确、牢固可靠。

（3）作业前的检查应符合下列要求：

① 外壳、手柄不出现裂缝、破损；

② 电缆软线及插头等完好无损，开关动作正常，保护接零连接正确、牢固可靠；

③ 各部防护罩齐全牢固，电气保护装置可靠。

（4）机具启动后，应空载运转，应检查并确认机具联动灵活无阻。作业时，加力应平稳，不得用力过猛。

（5）作业时不得用力过猛，当遇刀轴往复次数急剧下降时，应立即减少推力。

（6）严禁超载使用。作业中应注意异响及温升，发现异常应立即停机检查。在作业时间过长，机具温升超过 60℃时，应停机，自然冷却后再行作业。

（7）作业中，不得用手触摸刀具，发现其有磨钝、破损情况时，应立即停机修整或更换，然后再继续进行作业。

（8）机具转动时，不得撒手不管。

4.4　射　钉　枪

4.4.1　概述

射钉枪又称射钉器，由于外形和原理都与手枪相似，故常称为射钉枪。它是利用发射空包弹产生的火药燃气作为动力，将射钉打入建筑体的工具。发射射钉的空包弹与普通军用空包弹只是在大小上有所区别，对人同样有伤害作用。此产品的主要特点是可在设定范围内自由调节射钉力度。此产品采用新型弹夹，便于使用，并内置消声器，极大地降低了工作噪声。如图 4-2 所示为一般的射钉枪。

4.4.2　安全操作规程

（1）严禁用手掌推压钉管和将枪口对人。

（2）击发时，应将射钉枪垂直压紧在工作面上。当两次扣动扳机，子弹均不击发时，应保持原射击位置数秒钟后，再退出射钉弹。

（3）在更换零件或断开射钉枪之前，射枪内均不得装有射钉弹。

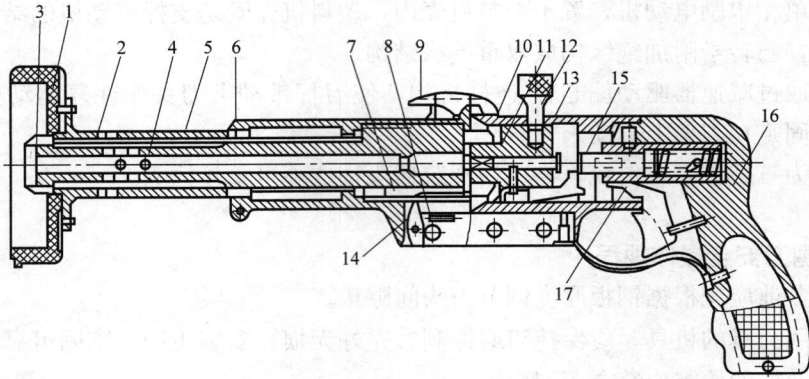

图 4-2   SHD66-3 型射钉枪结构

1—护罩；2—消音外壳；3—枪管螺帽；4—枪管；5—消声管；6—前部外套；7—退壳器；8—销轴；9—杠杆；
10—后部外套；11—击针体；12—转动轮；13—机针；14—凸轮；15—击杆；16—枪把；17—扳机

4.5 拉 铆 枪

4.5.1 概述

拉铆枪，用于各类金属板材、管材等制造工业的紧固铆接，目前广泛地使用在汽车、航空、铁道、制冷、电梯、开关、仪器、家具、装饰等机电和轻工产品的铆接上。为解决金属薄板、薄管焊接螺母易熔，攻内螺纹易滑牙等缺点而开发，它可铆接不需要攻内螺纹、不需要焊接螺母的拉铆产品，铆接牢固效率高，使用方便。如图 4-3 所示为一般的拉铆枪。

图 4-3   拉铆枪

4.5.2 用途

如果某一产品的螺母需装在外面，而里面空间狭小，无法让压铆机的压头进入进行压铆且涨铆等方法无法达到强度要求的时候，这时压铆和涨铆都不可行，必须用拉铆，其适用于各厚度板材、管材（0.5～6mm）紧固领域。使用气动或手动拉铆枪可一次铆固，方便牢固，取代传统的焊接螺母，弥补金属薄板、薄管焊接易熔，焊接螺母不顺等不足。

4.5.3 安全操作规程

（1）使用拉铆枪时应符合下列要求：

① 被铆接物体上的铆钉孔应与铆钉过度配合，并不得过盈量太大；

② 铆接时，当铆钉轴未拉断时，可重复扣动扳机，直到拉断为止，不得强行扭断或

撬断；

③ 作业中，接铆头或并帽若有松动，应立即拧紧。作业前应先根据钢板厚度调节刀头间隙量。

（2）作业前的检查应符合下列要求：

① 外壳、手柄不出现裂缝、破损；

② 电缆软线及插头等完好无损，开关动作正常，保护接零连接正确、牢固可靠；

③ 各部防护罩齐全牢固，电气保护装置可靠。

（3）严禁超载使用。作业中应注意异响及温升，发现异常应立即停机检查。在作业时间过长，机具温升超过 60℃时，应停机，自然冷却后再行作业。

4.6 冲 击 钻

4.6.1 概述

冲击钻的冲击机构有犬牙式和滚珠式 2 种。滚珠式冲击电钻由动盘、定盘、钢球等组成。动盘通过螺纹与主轴相连，并带有 12 个钢球；定盘利用销钉固定在机壳上，并带有 4 个钢球。在推力作用下，12 个钢球沿 4 个钢球滚动，使硬质合金钻头产生旋转冲击运动，能在砖、砌块、混凝土等脆性材料上钻孔。脱开销钉，使定盘随动盘一起转动，不产生冲击，可作普通电钻用。

图 4-4　冲击钻

冲击钻电机电压有 0～230V 与 0～115V 两种不同的电压，控制微动开关的离合，取得电机快慢二级不同的转速，配备了顺逆转向控制机构、松紧螺丝和攻牙等功能。如图 4-4 所示为一般的冲击钻。

4.6.2 用途

主要适用于对混凝土地板、墙壁、砖块、石料和多层脆性材料上进行冲击打孔；另外还可以在木材、金属、陶瓷和塑料上进行钻孔和攻牙（套丝），配备有电子调速装备的冲击钻还可进行顺、逆转等。

4.6.3 正确的使用方法

（1）操作前必须查看电源是否与电动工具上的常规额定 220V 电压相符，以免错接到 380V 的电源上。

（2）使用冲击钻前请仔细检查机体绝缘防护、辅助手柄及深度尺调节等情况，机器有无螺丝松动现象。

（3）冲击钻必须按材料要求装入 $\phi6\sim25mm$ 之间允许范围的硬质合金冲击钻头或钻孔通用麻花钻头。严禁使用超越范围的钻头。

（4）冲击钻导线要保护好，严禁满地乱拖防止轧坏、割破，更不准把电线拖到油水中，防止油水腐蚀电线。

（5）使用冲击钻的电源插座必须配备漏电开关装置，并检查电源线有无破损现象，使用当中发现冲击钻漏电、震动异常、高热或者有异响时，应立即停止工作，找电工及时检查修理。

（6）冲击钻更换钻头时，应用专用扳手及钻头锁紧钥匙，杜绝使用非专用工具敲打冲击钻。

（7）使用冲击钻时切记不可用力过猛或出现歪斜操作，事前务必装紧合适钻头并调节好冲击钻深度尺，垂直、平衡操作时要徐徐均匀地用力，不可强行使用超大钻头。

（8）熟练掌握和操作顺逆转向控制机构、松紧螺丝及钻孔攻牙等功能。

4.6.4　维护与保养

（1）由专业电工定期更换冲击钻的碳刷及检查弹簧压力。

（2）保障冲击钻机身整体是否完好、清洁及污垢是否清除，保证冲击钻转动顺畅。

（3）由专业人员定期检查手电钻各部件是否损坏，对损伤严重而不能再用的应及时更换。

（4）及时增补因作业中机身上丢失的机体螺钉紧固件。

（5）定期检查传动部分的轴承、齿轮及冷却风叶是否灵活完好，适时对转动部位加注润滑油，以延长手电钻的使用寿命。

（6）使用完毕后要妥善保管。

4.6.5　安全操作规程

（1）作业前的检查应符合下列要求：

① 外壳、手柄不得出现裂缝、破损；

② 电缆软线及插头等完好无损，开关动作正常，保护接零连接正确牢固可靠；

③ 各部防护罩齐全牢固，电气保护装置可靠。

（2）机具启动后，应空载运转，应检查并确认机具联动灵活无阻。作业时，加力应平稳，不得用力过猛。

（3）作业时应掌握电钻或电锤手柄，打孔时先将钻头抵在工作表面，然后开动，用力适度，避免晃动；转速若急剧下降，应减少用力，防止电机过载，严禁用木杆加压。

（4）钻孔时，应注意避开混凝土中的钢筋。

（5）电钻和电锤为 40％ 断续工作制，不得长时间连续使用。

（6）作业孔径在 25mm 以上时，应有稳固的作业平台，周围应设护栏。

（7）严禁超载使用。作业中应注意异响及温升，发现异常应立即停机检查。在作业时间过长，机具温升超过 60℃时，应停机，自然冷却后再行作业。

（8）作业中，不得用手触摸刃具、模具和砂轮，发现其有磨钝、破损情况时，应立即停机修整或更换，然后再继续进行作业。

（9）机具转动时，不得撒手不管。

4.7　电　　锤

4.7.1　概述

用电类工具中，电锤是电钻中的一类，主要用来在混凝土、楼板、砖墙和石材上钻孔。在墙面、混凝土、石材上面进行专业打孔，还有多功能电锤，调节到适当位置配上适当钻头可以代替普通电钻、电镐使用。

电锤是在电钻的基础上，增加了一个由电动机带动有曲轴连杆的活塞，在一个汽缸内往复压缩空气，使汽缸内空气压力呈周期变化，变化的空气压力带动汽缸中的击锤往复打击钻头的顶部，好像我们用锤子敲击钻头，故名电锤。

由于电锤的钻头在转动的同时还产生了沿着电钻杆的方向的快速往复运动（频繁冲击），所以它可以在脆性大的水泥混凝土及石材等材料上快速打孔。高档电锤可以利用转换开关，使电锤的钻头处于不同的工作状态，即只转动不冲击，只冲击不转动，既冲击又转动。如图 4-5 所示为一般的电锤。

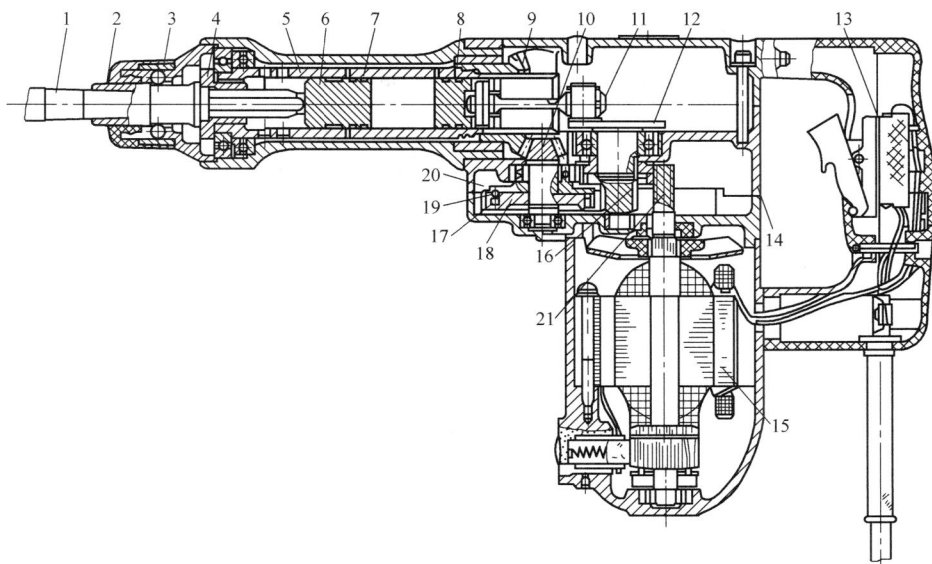

图 4-5　JLZC-22 型电锤结构原理图

1—钻头；2—钻杆；3—控制环；4—钎套；5—旋转套筒；6—冲击锤；7—绝缘密封环；8—活塞；9—大伞齿轮；10—小伞齿轮；11—连杆；12—偏心轴；13—开关；14—变速箱；15—电动机；16—一级从动齿轮；17—离合器弹簧；18—二级从动齿轮；19—钢球；20—离合器盖；21—电枢齿轮轴

4.7.2 电锤的优缺点

优点是效率高，孔径大，钻进深度长。

缺点是震动大，对周边构筑物有一定程度的破坏作用。对于混凝土结构内的钢筋，无法顺利通过，由于工作范围要求，不能够过于贴近建筑物。

4.7.3 工作原理

电锤原理是传动机构在带动钻头做旋转运动的同时，还有一个方向垂直于钻头的往复锤击运动。电锤是由传动机构带动活塞在一个汽缸内往复压缩空气，汽缸内空气压力周期变化带动汽缸中的击锤往复打击钻头的顶部，好像我们用锤子敲击钻头，故名电锤。

4.7.4 电锤安全操作规程

（1）作业前的检查应符合下列要求：

① 外壳、手柄不得出现裂缝、破损；

② 电缆软线及插头等完好无损，开关动作正常，保护接零连接正确牢固可靠；

③ 各部分防护罩齐全牢固，电气保护装置可靠。

（2）机具启动后，应空载运转，检查并确认机具联动灵活无阻。作业时，加力应平稳，不得用力过猛。

（3）作业时应握电钻或电锤手柄，打孔时先将钻头抵在工作表面，然后开动，用力适度，避免晃动；转速若急剧下降，应减少用力，防止电机过载，严禁用木杆加压。

（4）钻孔时，应注意避开混凝土中的钢筋。

（5）电钻和电锤为40％断续工作制，不得长时间连续使用。

（6）作业孔径在25mm以上时，应有稳固的作业平台，周围应设护栏。

（7）严禁超载使用。作业中应注意异响及温升，发现异常应立即停机检查。在作业时间过长，机具温升超过60℃时，应停机，自然冷却后再行作业。

（8）作业中，不得用手触摸刃具、模具和砂轮，发现其有磨钝、破损情况时，应立即停机修整或更换，然后再继续进行作业。

（9）机具转动时，不得撒手不管。

习   题

一、填空题

1. 电剪刀是以＿＿＿＿＿＿＿＿＿作为动力，通过＿＿＿＿＿＿＿驱动工作头进行剪切作业的双重绝缘手持式电动工具，具有方便剪切各种形状钢板，重量轻，安全可靠的特点。

2. 冲击钻的冲击机构有＿＿＿＿＿和＿＿＿＿＿。滚珠式冲击电钻由＿＿＿＿＿、＿＿＿＿、＿＿＿＿＿等组成。

3. 电锤是在电钻的基础上，增加了一个＿＿＿＿＿＿＿＿＿＿＿＿＿＿＿＿＿，在一个汽缸内往复压缩空气，使气缸内空气压力呈_____，变化的空气压力带动汽缸中的击锤往复打击钻头的顶部，好像我们用锤子敲击钻头，故名电锤。

4.电剪刀的电动机通过驱动_____，使刀杆带动上刀头作往复运动剪切金属板材，下刀头固定在刀架上不动。

二、判断题

1.电剪刀作业前应根据钢板厚度调节刀头间隙量。　　　　　　　　　　（　　）

2.冲击钻工作时，应接 380V 电压。　　　　　　　　　　　　　　　（　　）

3.电钻和电锤为 40% 连续工作制，不得长时间连续使用。　　　　　　（　　）

4.拉铆枪工作时，被铆接物体上的铆钉孔应与铆钉过度配合，并应留有大的过盈量。

　　　　　　　　　　　　　　　　　　　　　　　　　　　　　　　（　　）

5.冲击钻更换钻头时，应用扳手及钻头锁紧钥匙。　　　　　　　　　　（　　）

三、简答题

1.手持电动工具根据什么进行分类、共有哪几类？

2.简述电剪刀的工作原理？

3.拉铆枪的主要用途是什么？

▶ # 起重吊装机械

【主要内容】

1. 起重吊装机械的定义、分类和使用特点；

2. 起重机的基本参数；

3. 各类起重机械的特点、分类及安全操作规程。

【学习要点】

1. 掌握起重吊装机械的分类；

2. 掌握起重机的基本参数及各类起重机械的特点、分类；

3. 理解各类起重吊装机械的结构组成及安全操作规程。

5.1　起重吊装机械概况

起重机械是结构吊装中非常重要的机械，它的主要任务是将构件吊装到设计位置进行安装，起重机械的种类繁多，常用的有：履带式起重机、轮胎式起重机、汽车式起重机、随车式起重机、塔式起重机、门式起重机、桥式起重机以及各种土法吊装的各种拔杆、桅杆等。

5.1.1　起重机械的分类和使用特点

1. 起重机械的分类

目前工程中常将起重机械分为轻小型起重机械和起重机 2 大类，如图 5-1 所示。

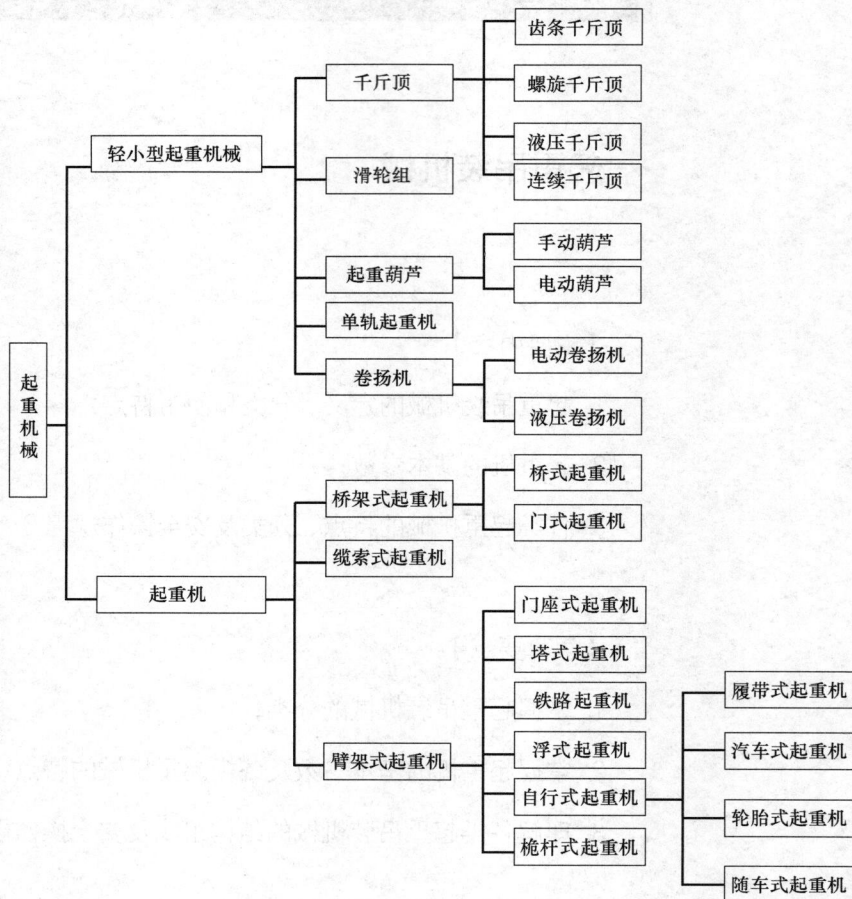

图 5-1　起重机械的分类

其中自行起重机分为：履带式起重机、汽车式起重机、轮胎式起重机、随车式起重机。而汽车式起重机、轮胎式起重机、随车式起重机一般统称为轮式起重机。

（1）桥式起重机

该类起重机安装在车间内，起升高度和跨度固定，起重量不随起升高度和跨度变化，适合车间内的结构配件组对、构件的翻身。

（2）门式起重机

该类起重机一般安装在露天场地，起升高度和跨度固定，其重量不随起升高度和跨度的变化而变化，适合于施工材料堆放场地、构件组装场地的吊装工作。

（3）缆索式起重机

该类起重机由 2 个支架和支架间的钢缆组成，起重小车在钢缆上移动，进行重物的垂直吊装和水平运输。其工作特点是：受地形影响小，工作范围大，故广泛应用于山区和峡谷、河流地区的桥梁以及厂房维修。

（4）塔式起重机

该类起重机又分压杆式和水平臂架加小车式。其主要特点有：

① 用前需安装，使用后需拆除，不适合单件物体的吊装。

② 起重机位置固定或仅能在一定范围（轨道铺设范围）内移动。

③ 起升高度高，如加上附着杆，则更高。

④ 幅度利用率高，可吊装体积较大的物体。

⑤ 起重量小，一般只有几吨。

鉴于上述特点，塔式起重机主要适宜于某一固定范围内，数量多但重量小的场合，如一般建筑工地。在建筑结构工程中，主要用于网架、梁的组装和吊装。

（5）浮式起重机

该类起重机装在专用的船上，主要用于水上吊装，桥梁结构施工常常用到它，建筑结构吊装一般不采用。

（6）自行式起重机

该类起重机可以自己行走，尤其是汽车式起重机和随车式起重机，不需要辅助设施便可长途转移，使用前不需要安装，使用后不需拆除，使用极为方便、效率高、范围广，是现代起重机的代表。但其幅度利用率低（较塔式起重机），起重量随起升高度和幅度的增加而大幅度下降，对施工现场的道路和地基要求较高，台班使用费较高。主要适用于单件或小批量的大、中型构件的吊装。

（7）桅杆式起重机

它是一种非标准起重机，其结构简单，起重量大，可以组合成各种形式，从而形成各种适合现场条件和设备（构件）技术要求的工艺方法。但使用效率低，一般在使用前需专门设计和制造。该类起重机适用于某些其他起重机无法完成的特重、特高、场地受限的特殊场合的吊装。

2. 常用起重机的使用特点

建筑结构吊装中常用的起重机械主要有轻小型起重机械和塔式起重机、桥式起重机、门式起重机、自行式起重机、浮式起重机、缆索式起重机、桅杆式起重机等，它们各有其独特的使用特点。在选择起重机时应充分考虑其特点，才能使其发挥最大效能。

5.1.2　起重机的基本参数

起重机的基本参数表征了其基本性能，为合理选择、正确使用起重机械提供依据。起重机的基本参数主要包括：额定起重量（G_n）；最大起升高度（H）；最大幅度或跨度（R

或 L）；机构工作速度（v）；外形尺寸（长×宽×高）；自重。

1. 额定起重量

额定起重量指起重机容许吊装的最大荷载，单位为 kN（塔式起重机用 kN·m 表示）或 t 表示。它由起重机的整体稳定性、结构强度、各机构的承载能力等决定。这是选择起重机的首要参数。

2. 最大起升高度

最大起升高度是指工作场地地面或轨道面至起重机取物装置（一般为吊钩中心线）的上极限位置的距离，单位为 m。对桥架式、缆索式起重机，该参数是固定的，对具有变幅机构的臂架式起重机，该距离随着起重机臂架伸长、缩短和起重机臂架的倾斜角度的改变而改变。它直接决定了起重机吊装设备（构件）能达到的最大高度。

3. 幅度或跨度

幅度指的是具有变幅机构的臂架式起重机的旋转中心垂线与取物装置垂线间的水平距离，单位为 m，如图 5-2（a）所示。这个距离随着起重机臂架伸长、缩短和起重机臂架的倾斜角度的改变而改变，最大幅度 R 指的是起重机的旋转中心垂线与取物装置垂线间能达到的最大水平距离。该参数直接决定了起重机可达到的吊装位置和可吊装的构件的几何尺寸和起升高度。

跨度针对的是桥架式和缆索式起重机。对于桥架式起重机，指的是桥架两轨道中心线间的水平距离，如图 5-2（b）所示。对于缆索式起重机，指的是两支架中心垂线间的水平距离，如图 5-2（c）所示。对某一固定的桥架式或缆索式起重机，该参数是固定的，它直接决定了起重机的工作范围。所以，在设计材料、构件堆放、组装场地时，应根据工艺要求确定该类起重机的这一参数。

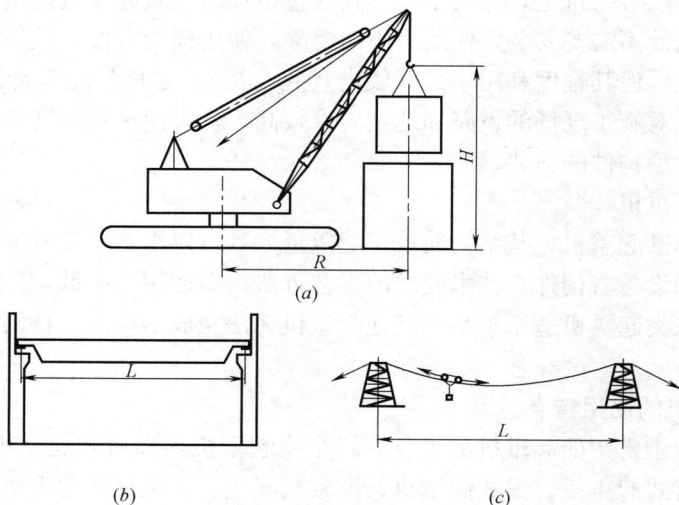

图 5-2 起重机的起升高度和幅度
（a）起重机的高度与幅度；（b）桥架式起重机的跨度；（c）缆索式起重机的跨度

4. 工作速度

起重机的工作速度包括起升、变幅、旋转和运行 4 个工作速度。

（1）起升速度，指的是吊钩或取物装置上升的速度。

（2）变幅速度，指的是取物装置从最大幅度移动到最小幅度的平均线速度。

（3）旋转速度，指的是起重机每分钟旋转的转数。

（4）运行速度，指的是起重机行走速度，其单位一般是 m/s，对于自行式起重机，则以 km/h 为单位。

5. 外形尺寸和自重，起重机的外形尺寸和自重同样是不可忽视的重要参数，他们在一定程度上反映了起重机的经济性和通用性能，也是吊装方案可行性需要参考的指标。额定起重量、最大起升高度、幅度或跨度 3 个参数直接影响起重机吊装物体的技术可行性，而工作速度、外形尺寸、自重等，主要影响起重机吊装重物的经济性。

5.2　起重吊装机械安全操作规程

5.2.1　起重机的内燃机、电动机和电气装置的安全操作规程

1. 内燃机

（1）内燃机作业前的重点检查应符合下列要求：

① 曲轴箱内润滑油油面在标尺规定范围内；

② 冷却水或防冻液量应充足、清洁、无渗漏、风扇三角胶带应松紧合适；

③ 燃油箱油量充足，各油管及接头处无漏油现象；

④ 各总成连接件应安装牢固，附件应完整。

（2）内燃机启动前，离合器应处于分离位置，有减压装置的柴油机，应先打开减压阀。

（3）不得用牵引法强制启动内燃机；当用摇柄启动汽油机时，应由下向上提动，不得向下硬压或连续摇转，启动后应迅速拿出摇把。当用手拉绳启动时，不得将绳的一端缠在手上。

（4）启动机每次启动时间应符合使用说明书的要求，当连续启动 3 次仍未能启动时，应检查原因，排除故障后再启动。

（5）启动后，应急速运转 3～5min，并应检查机油压力和排烟，各系统管路应无泄漏现象；应在温度和机油压力均正常后，开始作业。

（6）作业中内燃机水温不得超过 90℃，超过时，不应立即停机，应继续急速运转降温。当冷却水沸腾需开启水箱盖时，操作人员应戴手套，面部应避开水箱盖口，并应先卸压，后拧开。不得用冷水注入水箱或泼浇内燃机体强制降温。

（7）内燃机运行中出现异响、异味、水温急剧上升及机油压力急剧下降等情况时，应立即停机检查并排除故障。

（8）停机前应卸去载荷，进行低速运转，待温度降低后再停止运转。装有涡轮增压器的内燃机，作业后应急速运转 5～10min 后停机。

（9）有减压装置的内燃机，不得使用减压杆进行熄火停机。

（10）排气管向上的内燃机，停机后应在排气管口上加盖。

2. 电动机

（1）长期停用或可能受潮的电动机，使用前应测量绕组间和绕组对地的绝缘电阻，绝缘电阻值应大于 0.5MΩ，绕线转子电动机还应检查转子绕组及滑环对地绝缘电阻。

（2）电动机应装设过载和短路保护装置，并应根据设备需要装设断、错相和失压保护装置。

（3）电动机的熔丝额定电流应按下列条件选择：

① 单台电动机的熔丝额定电流为电动机额定电流的 150％～250％。

② 多台电动机合用的总熔丝额定电流为其中最大一台电动机额定电流 150％～250％再加上其余电动机额定电流的总和。

（4）采用热继电器作电动机过载保护时，其容量应选择电动机额定电流的 100％～125％。

（5）绕线式转子电动机的集电环与电刷的接触面不得小于满接触面的 75％。电刷高度磨损超过原标准 2/3 时应更换。在使用过程中不应有跳动和产生火花现象，并应定期检查电刷簧的压力确保可靠。

（6）直流电动机的换向器表面应光洁，当有机械损伤或火花灼伤时应修整。

（7）电动机额定电压变动范围应控制在 −5％～＋10％ 之内。

（8）电动机运行中不应异响、漏电，轴承温度应正常，电刷与滑环应接触良好。旋转中电动机滑动轴承的允许最高温度应为 80℃，滚动轴承的允许最高温度应为 95℃。

（9）电动机在正常运行中，不得突然进行反向运转。

（10）电动机在工作中遇停电时，应立即切断电源，将启动开关置于停止位置。

（11）电动机停止运行前，应首先将载荷卸去，或将转速降到最低，然后切断电源，启动开关应置于停止位置。

3. 电气装置

（1）电气设备的金属外壳应进行保护接地或保护接零，并应符合现行行业标准《施工现场临时用电安全技术规范》JGJ 46—2005 的规定。

（2）冷却系统的水质应保持洁净，硬水应经处理后使用，并应按要求定期检查更换。

（3）在同一供电系统中，不得将一部分电气设备保护接地，而将另一部分电气设备作保护接零。不得将暖气管、煤气管、自来水管作为工作零线或接地线使用。

（4）在保护接零的零线上不得装设开关或者熔断器，保护接零线应采用黄/绿双色线。

（5）不得利用大地工作零线，不得借用机械本身金属结构做工作零线。

（6）电气设备的每个保护接地或保护接零点应采用单独的接地（零）线与接地干线（或保护零线）相连接。不得在一个接地（零）线中串接几个接地（零）点。大型设备应设置独立的保护接零，对高度超过 30m 的垂直运输设备应设置防雷接地保护装置。

（7）清洗机电设备时，不得将水冲到电气设备上。

（8）发生人身触电时，应立即切断电源，然后方可对触电者做紧急救护。严禁在未切断电源之前与触电者直接接触。

（9）各种配电箱、开关箱应配锁，电箱门上应有编号和责任人标牌，电箱门内侧应有线路图，箱内不得存放任何其他物件并应保持清洁。非本岗位人员不得擅自开箱合闸。每班工作完毕后，应切断电源，锁好箱门。

（10）发生人身触电时，应立即切断电源后对触电者作紧急救护。不得在未切断电源之前与触电者直接接触。

（11）电气设备或路线发生火警时，应首先切断电源，在未切断电源之前，不得使身体接触导线或电气设备，也不得用水或泡沫灭火器进行灭火。

5.2.2　其他要求

（1）建筑起重机械进入施工现场应具备特种设备制造许可证、产品合格证、特种设备制造监督检验证明、备案证明、安装使用说明书和自检合格证明。

（2）建筑起重机械有下列情形之一时，不得出租和使用：

① 属国家明令淘汰或禁止使用的品种、型号；

② 超过安全技术标准或制造厂规定的使用年限；

③ 经检验，达不到安全技术标准规定；

④ 没有完整的安全技术档案；

⑤ 没有齐全有效的安全保护装置。

（3）建筑起重机械的安全技术档案应包括下列内容：

① 购销合同、特种设备制造许可证、产品合格证、特种设备制造监督检验证明、安装使用说明书、备案证明等原始资料；

② 定期检验报告、定期自行检查记录、定期维护保养记录、维修和技术改造记录、运行故障和生产安全事故记录、累积运转记录等运行资料；

③ 历次安装验收资料。

（4）建筑起重机械装拆方案的编制、审批和建筑起重机械首次使用、升节、附墙等验收应按现行有关规定执行。

（5）建筑起重机械的装拆应由起重设备安装工程承包资质的单位施工，操作和维修人员应持证上岗。

（6）选用建筑起重机械时，其主要性能参数、利用等级、载荷状态、工作级别等应与建筑工程相匹配。

（7）施工现场应提供符合起重机械作业要求的通道和电源等工作场地和作业环境。基础与地基承载能力应满足起重机械的安全使用要求。

（8）操作人员在作业前应对行驶道路、架空电线、建（构）筑物等现场环境以及起吊重物进行全面了解。

（9）建筑起重机械应装有音响清晰的信号装置。在起重臂、吊钩、平衡重等转动物体上应有鲜明的色彩标志。

（10）建筑起重机械的变幅限位器、力矩限制器、起重量限制器、防坠安全器、钢丝绳防脱装置、防脱钩装置以及各种行程限位开关等安全保护装置，必须齐全有效，严禁随意调整或拆除。严禁利用限制器和限位装置代替操纵机构。

（11）建筑起重机械安装工、司机、信号司索工作业时应密切配合，按规定的指挥信号执行。当信号不清或错误时，操作人员应拒绝执行。

（12）施工现场采用旗语、口哨、对讲机等有效的联络措施确保通信畅通。

（13）在风速达到 9.0m/s 及以上或大雨、大雪、大雾等恶劣天气时，严禁进行建筑起重机械的安装拆卸作业。

（14）在风速达到 12.0m/s 及以上或大雨、大雪、大雾等恶劣天气时，应停止露天的起重吊装作业。重新作业前，应先试吊，并应确认各种安全装置灵敏可靠后进行作业。

（15）操作人员进行起重机械回转、变幅、行走和吊钩升降等动作前，应发出音响信号示意。

（16）建筑起重机械作业时，应在臂长的水平投影覆盖范围外设置警戒区域，并应有监护措施；起重臂和重物下方不得有人停留、工作或通过。不得用吊车、物料提升机载运人员。

（17）不得使用建筑起重机械进行斜拉、斜吊和起吊埋设在地下或凝固在地面上的重物以及其他不明重量的物体。

（18）起吊重物应绑扎平稳、牢固，不得在重物上再堆放或悬挂零星物件。易散落物件应使用吊笼吊运。标有绑扎位置的物件，应按标记绑扎后吊运。吊索的水平夹角宜为 45°～60°，不得小于 30°，吊索与物件棱角之间应加保护垫料。

（19）起吊载荷达到起重机械额定起重量的 90% 以上时，应先将重物吊离地面不大于 200mm，检查起重机械的稳定性和制动可靠性，并应在确认重物绑扎牢固平稳后再继续起吊。对大体积或易晃动的重物应拴拉绳。

（20）重物的吊运速度应平稳、均匀，不得突然制动。回转未停稳前，不得反向操作。

（21）建筑起重机械作业时，在遇突发故障或突然停电时，应立即把所有控制器拨到零位，并及时关闭发动机或断开电源总开关，然后进行检修。起吊物不得长时间悬挂在空中，应采取措施将重物降落到安全位置。

（22）起重机械的任何部位与架空输电导线的安全距离应符合现行行业标准《施工现场临时用电安全技术规范》JGJ 46—2005 的规定。

（23）建筑起重机械使用的钢丝绳，应有钢丝绳制造厂提供的质量合格证明文件。

（24）建筑起重机械使用的钢丝绳，其结构形式、强度、规格等应符合起重机械使用说明书的要求。钢丝绳与卷筒应连接牢固，放出钢丝绳时，卷筒上应至少保留 3 圈，收放钢丝绳时应防止钢丝绳损坏、扭结、弯折和乱绳。

（25）钢丝绳采用编结固接时，编结部分的长度不得小于钢丝绳直径的 20 倍，并不应小于 300mm，其编结部分应用细钢丝捆扎。当采用绳卡固接时，与钢丝绳直径匹配的绳卡数量应符合表 5-1 的规定，绳卡间距应是 6～7 倍钢丝绳直径，最后一个绳卡距绳头的长度不得小于 140mm。绳卡滑鞍（夹板）应在钢丝绳承载时受力的一侧，U 形螺栓应在钢丝绳的尾端，不得正反交错。绳卡初次固定后，应待钢丝绳受力后再次紧固，并宜拧紧到使尾端钢丝绳受压处直径高度压扁 1/3。作业中应经常检查紧固情况。

与绳径匹配的绳卡数   表 5-1

钢丝绳公称直径（mm）	≤18	>18～26	>26～36	>36～44	>44～60
最少绳卡数（个）	3	4	5	6	7

（26）每班作业前，应检查钢丝绳的连接部位。钢丝绳报废标准按现行国家标准《起重机 钢丝绳 保养、维护、安装、检验和报废》GB/T 5972—2016 的规定执行。

（27）在转动的卷筒上缠绕钢丝绳时，不得用手拉或脚踩引导钢丝绳，不得给正在运转的钢丝绳涂抹润滑脂。

（28）建筑起重机械报废及超龄使用应符合国家现行有关规定。

（29）建筑起重机械的吊钩和吊环严禁补焊。当出现下列情况之一应更换：

① 表面有裂纹、破口；

② 危险断面及钩颈永久变形；

③ 挂绳处断面磨损超过高度 10%；

④ 吊钩衬套磨损超过原厚度 50%；

⑤ 销轴磨损超过其直径的 5%。

（30）建筑起重机械使用时，每班都应对制动器进行检查。当制动器的零件出现下列情况之一时，应作报废处理：

① 裂纹；

② 制动器摩擦片厚度磨损达原厚度 50%；

③ 弹簧出现塑性变形；

④ 小轴或轴孔直径磨损达原直径的 5%。

（31）建筑起重机械制动轮的制动摩擦面不应有妨碍制动性能的缺陷或沾染油污。制动轮出现下列情况之一时，应作报废处理：

① 裂纹；

② 起升、变幅机构的制动轮，轮缘厚度磨损大于原厚度的 40%；

③ 其他机构的制动轮，轮缘厚度磨损大于原厚度的 50%；

④ 轮面凹凸不平度达 1.5～2.0mm（小直径取小值，大直径取大值）。

5.3　塔式起重机

5.3.1　概述

塔式起重机是臂架安置在垂直的塔身顶部的可回转臂架型起重机。塔式起重机又称塔机或塔吊，是现代工程建设中一种主要的起重机械，它由钢结构、工作机构、电气系统及安全装置 4 部分组成。下面对塔式起重机的特点、分类型号和主要技术性能参数进行简单介绍。

1. 塔式起重机的主要特点

（1）塔式起重机的主要优点

① 具有足够的起升高度，较大的工作幅度和工作空间。

② 可同时进行垂直、水平运输，能使吊、运、装、卸在三维空间中的作业连续完成，作业效率高。

③ 司机室视野开阔，操作方便。

④ 结构较简单、维护容易、可靠性好。

（2）塔式起重机的缺点

① 结构庞大，自重大，安装劳动量大。

② 拆卸、运输和转移不方便。

③ 轨道式塔式起重机轨道基础的构筑费用大。

2. 塔式起重机的分类与型号

（1）塔式起重机的分类

① 按可否进行移动，分为固定式塔机和移动式塔机。

② 按行走装置不同，移动式塔机又可分为轨道式、汽车式、轮胎式和履带式 4 种。

③ 按固定方式不同，固定式塔机又可分为有压重固定式和无压重固定式 2 种。

④ 按回转部位，分为上回转式塔机和下回转式塔机。

⑤ 按变幅方式，分为吊臂变幅式塔机和小车变幅式塔机。

⑥ 按安装形式，可分为自升式、整体快速拆装式和拼装式 3 种。

目前应用最广的是自升式和快速拆装式塔机。前者为上回转形式，后者为下回转形式。为了扩大塔机的应用范围，满足各种工程施工的要求，自升式塔机一般设计成一机四用的形式，即轨道行走自升式塔机、固定自升式塔机、附着自升式塔机和内爬升式塔机。

（2）塔式起重机的型号

根据《建筑机械与设备产品型号编制方法》ZBJ 04008—88 的规定，塔式起重机的型号组成如下：

QTZ80H：QTZ——组、型、特性代号；80——最大起重力矩（t·m）；H——更新、变型代号。其中，更新、变型代号用汉语拼音字母（大写印刷体）表示；主要参数代号用阿拉伯数字表示，它等于塔式起重机额定起重力矩（单位为 kN·m）$\times 10^{-1}$。组、型、特性代号含义如下：QT——上回转式塔式起重机（图 5-3）；QTZ——上回转自升式塔式起重机；QTA——下回转式塔式起重机；QTK——快速安装式塔式起重机；QTP——内爬升式塔式起重机；QTG——固定式塔式起重机；QTQ——汽车式塔式起重机；QTL——轮胎式塔式起重机；QTU——履带式塔式起重机。

另外，现在有的塔机厂家，根据国外标准，用塔机最大臂长（m）与臂端（最大幅度）处所能吊起的额定重量（kN）两个主参数来标记塔机的型号。如中联的 QTZ100，又标记为 TC5613，其意义是，T——塔的英语第一个字母（Tower）；C——起重机英语第一个字母（Crane）；56——最大臂长 56m；13——臂端起重量 13kN（1.3t）。

3. 塔式起重机的主要技术性能参数

（1）起重量 G

① 起重量 G——被起升重物的质量，单位为 t。

② 额定起重量 G_n——起重机允许吊起的重物连同吊具质量的总和。

③ 最大起重量 G_{max}——起重机正常工作条件下，允许吊起的最大额定起重量。

（2）幅度 L

① 幅度 L——起重机置于水平场地时，空载吊具垂直中心线至回转中心线之间的水平距离，单位为 m。

② 最大幅度 L_{max}——起重机工作时，臂架倾角最小或小车在臂架最外极限位置时的幅度。

③ 最小幅度 L_{min}——臂架倾角最大或小车在臂架最内极限位置的幅度。

（3）起重力矩 M

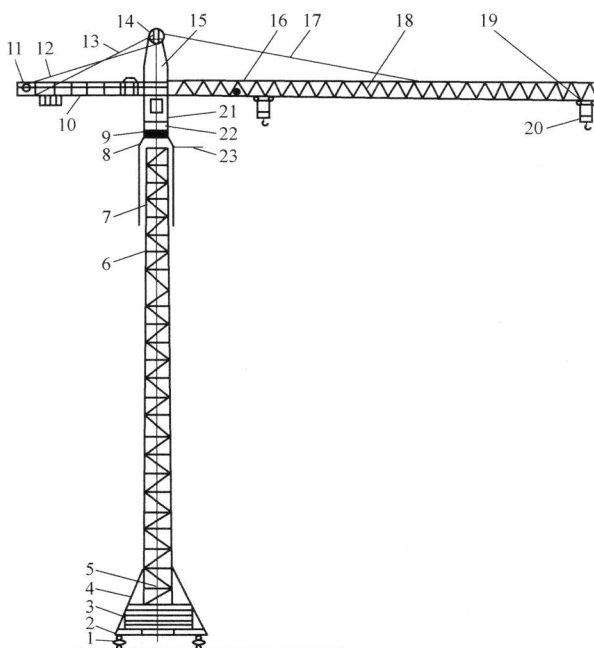

图 5-3　上回转自升式塔式起重机外形结构示意图

1—台车；2—底架；3—压重；4—斜撑；5—塔身基础节；6—塔身标准节；7—顶升套架；8—承座；
9—转台；10—平衡臂；11—起升机构；12—平衡重；13—平衡臂拉锁；14—塔帽操作平台；
15—塔帽；16—小车牵引机构；17—起重臂拉索；18—起重臂；19—起重小车；20—吊钩滑轮；
21—司机室；22—回转机构；23—引进轨道

幅度 L 和相应起吊物品重力 Q 的乘积称为起重力矩，单位为 kN·m。塔式起重机的起重能力是以起重力矩表示的。它是以最大工作幅度与相应的最大起重载荷的乘积作为起重力矩的标定值。

（4）起升高度 H

它是指起重机水平停车面至吊具允许最高位置的垂直距离，单位为 m。

（5）工作速度

① 起升（下降）速度 v_n——稳定运动状态下，额定载荷的垂直位移速度，单位为 m/min。

② 起重机（大车）运行速度 v_k——稳定运动状态下，起重机运行的速度。规定为在水平路面（或水平轨面）上，离地 10m 高度处，风速小于 3m/s 时的起重机带额定载荷时的运行速度。

③ 小车运行速度 v_t——稳定运动状态下，小车运行的速度。规定为离地 10m 高度处，风速小于 3m/s 时，带额定载荷的小车在水平轨道上运行的速度。

④ 变幅速度 v_r——稳定运动状态下，额定载荷在变幅平面内水平位移的平均速度。规定为离地 10m 高度处，风速小于 3m/s 时，起重机在水平面上，幅度从最大值至最小值的平均速度。

⑤ 回转速度 W——稳定运动状态下，起重机转动部分的回转速度。规定为在水平场地上离地 10m 高度处，风速小于 3m/s 时，起重机幅度最大，且带额定载荷时的转速，单

位为 rpm。

（6）轨距或轮距 K

对于除铁路起重机之外的臂架型起重机，它为轨道中心线或起重机行走轮踏面（或履带）中心线之间水平距离，单位为 m。

（7）起重机总质量 G

它包括压重、平衡重、燃料、油液、润滑剂和水等在内的起重机各部分质量的总和，单位为 t。

5.3.2 自升式塔式起重机的安装与拆卸

塔式起重机的类型多种多样，安装和拆除方法也各不相同，本节介绍工程中最常用的安装、拆除的方法和要求。

1. 一般安全要求

塔式起重机的安装、架设和转移比较频繁，危险性也大。安装架设时必须遵守有关的安全操作规程。

（1）要充分掌握该塔式起重机的性能和特点，严格遵守《塔式起重机安全规程》GB 5144—2006 及随机技术文件中的安装架设顺序和方法，安装单位和安装作业人员必须具备相应的资质，持证上岗。

（2）安装前，安装单位编制可行的安装施工方案，并按照要求提供资质、安装人员上岗证、塔机随机技术文件和告知申请等到当地技术监督部门办理告知手续。经审查合格后才能进行安装工作。

（3）安装时注意风速的变化，风速必须符合设计要求，一般不超过 13m/s。

（4）严格检查起重设备和吊装索具。

（5）各零部件连接正确、可靠。其中包括高强螺栓初拧、终拧的大小，销轴的配合间隙、开口销的固定、钢丝绳末端的固定等。

（6）安装时，要注意观察、监视，统一指挥，联络可靠。

（7）必须按照设计要求安装零部件，不得随意取消、代换和增添，任何修改必须经过专职技术人员的同意才可执行。如：塔式起重机上常见的大型标牌的位置、大小尺寸都具有特殊的意义，在非工作状态时能起到风帆的作用，使风吹向尾部，减少塔顶弯矩，使之符合设计要求，如果随意改变就可能造成重大事故。塔身上不允许张挂大型宣传标语牌，以免增大风载导致倾翻事故。

（8）钢丝绳在使用和安装过程中，不能产生"硬弯"、"笼形畸变"、"松股"、"断丝"、"露芯"等现象。特别是多层不旋转的钢丝绳，要由包装卷筒直接绕进工作卷筒。如要切断，用铁丝扎紧钢丝绳切口两端，防止松散。

（9）在塔式起重机使用说明书中，对使用设备的能力、吊装各部件的重量、重心位置、外形尺寸、吊点高度都有说明，必须严格遵守。吊装前，仔细检查起重设备、吊装索具，进行试吊，确认安全可靠后才能正式吊装。

（10）塔式起重机安装完成后，必须经过当地技术监督局检验合格后，才能使用。

2. 对安装场地的要求

（1）保证安全操作距离不小于 500m，塔式起重机任何部位与架空电线的安全距离不小于规范要求。

（2）两台塔式起重机之间的最小距离不小于 200m。

（3）保证塔式起重机回转时不经过其他建筑物和街道。

（4）场地的大小要确保最大组装件的长度。

（5）道路应适于运输车辆和自行式起重机方便出入。

（6）建筑物竣工后，要保证塔式起重机方便拆卸，避免无法拆除。

3. 自升式塔式起重机的安装方法

自升式塔式起重机采用"上加节"形式爬升，其爬升原理如图 5-4 所示。具体操作步骤如下：

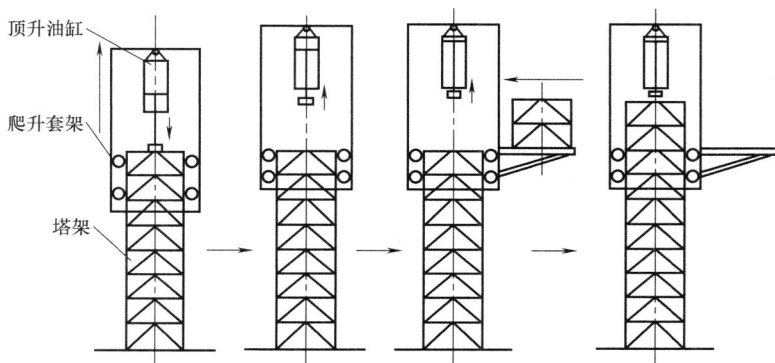

图 5-4　自升式塔式起重机爬升原理图

（1）吊钩吊起一个待加节，放在摆渡小车上，然后空钩向外移动到指定位置（由塔式起重机的设计确定）。

（2）开动平衡重移动机构，使平衡重向塔身靠近到指定位置（由设计确定）。

（3）拧下过渡节与塔身的连接螺栓。

（4）开动油泵，使油缸的上腔进油，下腔回油，将活塞杆和横梁支承在塔身上，爬升套架带动起重机顶部沿塔身向上爬升，爬升 2 个标准节的高度后停止，这时起重机上部和爬升套架的重量靠油缸支撑。

（5）插入支承销，使爬升套架与塔身连接固定。

（6）爬升油缸的下腔进油、上腔回油，活塞杆及横梁向上缩回，起重机上部通过爬升套架和支承插销，支承在内塔身上。

（7）将待加节用摆渡小车推进爬升套架内，这时，油缸的上腔进油、下腔回油，使活塞杆和横梁稍向下移，然后将横梁与推入的待加节系牢。

（8）操纵油缸，使横梁带动待加节上提稍许，推出摆渡小车。

（9）利用油缸将待加节落在塔身上，并与塔身用螺栓联接牢固。

（10）平衡重外移到原位，消除爬升油缸油压，爬升完毕。

5.3.3　轨道式塔式起重机安全操作规程

（1）塔式起重机应有专职司机操作，司机必须持证上岗，并应由专职指挥工持证指挥。

（2）必须遵守"十不吊"等有关安全技术规定。

（3）塔式起重机安装之后，必须按规定验收通过后，方可使用。

（4）夜间作业必须有充足的照明。

（5）起重机必须有可靠接地，所有电气设备外壳都应与机体妥善连接。

（6）起重机行驶轨道不得有障碍物或下沉现象。轨道压板螺栓完整有效，轨道末端应有止挡装置和限位器撞杆。

（7）工作前应检查传动部分润滑油量、钢丝绳磨损情况及各种限位和保险装置等，如不符合要求，应及时修整，经试运转正常后方可正式施工。

（8）司机必须得到指挥信号后，方可进行操作，操作前司机必须按电铃，发信号。

（9）工作休息或下班时，不得将重物悬挂在空中。

（10）工作完毕，起重机应开到轨道中部位置停放，并用夹轨钳夹紧在轨道上，吊钩上升到上限位。起重臂应转至平行于轨道的方向。动臂变幅式塔机起重臂放到最大回转半径处，小车变幅式塔机的小车收置里端。所有控制器必须扳到停止位，拉开电源总开关。

（11）遇有台风警报，下旋式塔机应将夹轨器夹紧撑住转台后部，放下起重臂，用缆风绳拉住塔身上部或将整机放倒在地面上，上旋行走式塔机应用四根缆风绳拉住塔身上部，夹紧夹轨器。

5.4　自行式起重机

自行式起重机是建筑结构吊装工程中一种重要的起重机械，使用非常广泛，可以说，一个国家、一个地区拥有的自行式起重机的吊装能力在一定程度上代表了该国家和地区的吊装水平，因此掌握自行式起重机的合理选择和正确使用，具有自行式起重机的基本知识，不仅是起重专业人员必须的，而且对工程建设的各类人员科学地管理工程也有着重要的意义。

5.4.1　自行式起重机的分类

自行式起重机一般按行驶机构分为履带式、汽车式、轮胎式和随车式，如图 5-5 ～图 5-8 所示。

自行式起重机也可以按照起重量大小、起重臂的形式来划分，而自行式起重机中数量最多、用途广泛的汽车式起重机也有按照变幅机构来划分的，如：机械式汽车起重机用 Q 表示，液压式汽车起重机用 QY 表示，电动式汽车起重机用 QD 来表示等；按照起重臂自行式起重机一般划分为"格构式"和"箱型"两种，随车式起重机按照起重臂划分为"折叠臂"和"伸缩臂"起重机。

图 5-5　履带式起重机

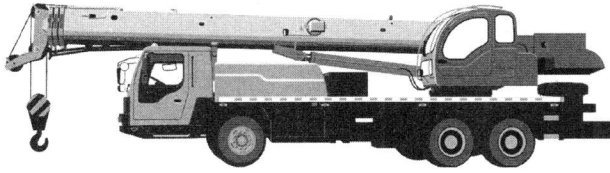

图 5-6　汽车式起重机

图 5-7　轮胎式起重机

图 5-8　随车式起重机

5.4.2　自行式起重机的结构组成

自行式起重机除有发动机、底盘、液压控制、照明等汽车的特征组成以外，主要由起重臂、提升机构、变幅机构、旋转机构、行走机构、承重机构等组成。

1. 起重臂

起重臂是起重机将重物提起的支撑机构，起重臂根据结构形式分为"格构式"和"箱型"臂 2 种。

箱型臂主要由数节截面为箱型的臂套在一起，各节之间可以滑动，在非工作状态时，各节臂在液压装置的作用下缩回到基本臂中，便于起重机的移动。工作时可根据具体吊装工程对臂长的要求，用液压装置进行顶升，使用方便。但是箱型臂起重能力小，臂长受限制，一般中小型起重机采用箱型臂。

格构式臂主要由臂头、臂脚和中间节组成，各节臂之间用螺栓连接，根据具体要求组合成不同长度。格构式臂起重能力大，起升高度高，但是吊装辅助工作量大，起重机转场不便，不如箱型臂方便、快捷。

2. 提升机构

起重机用以提升重物到高处的机构叫提升机构，它包括起升滑车组、钢丝绳、卷扬机等。它的承载能力是一定的，不随起重机臂长和幅度变化。

3. 变幅机构

变幅机构是用于改变起重臂的倾角而改变起重机幅度的机构，分为机械式和液压式。机械式变幅机构由变幅滑轮组和液压卷扬机组成，一般用格构式臂。液压变幅机构由液压缸、液压泵和液压线路组成，一般用于箱型臂。变幅机构的承载能力也是一定的，不随幅度的变化而变化。

4. 旋转机构

旋转机构提供起重机的旋转运动，其基本构造是在起重机的承重结构上固定一内齿大齿轮与之啮合一外齿小齿轮，小齿轮的转轴与起重机旋转部分相连，当小齿轮旋转时，不仅绕自身轴旋转，而且绕起重机旋转中心公转。

起重机工作时，要求机身水平，即要保证小齿轮公转在同一水平面上，否则旋转机构将增加载荷。旋转机构的承载能力同样是确定的。

5. 行走机构

行走机构用于起重机转移场地，改变吊装位置。这是自行式起重机与其他起重机的主要区别标志之一。

除传动系统外，自行式起重机的行走机构分轮式和履带式 2 大类，汽车式、随车式、轮胎式起重机属于轮式，履带式属于履带式。

行走机构的能力一般与起重机的吊装能力无关。

6. 承重机构

自行式起重机承重机构主要承受起重机自重和吊装载荷，并传送到地面。自行式起重机的承重机构分为履带和支腿 2 类。支腿有"蛙式"、"液压式"和"组装式"等形式，支腿一般用于汽车吊、轮胎吊和随车吊。吊装时用支腿将起重机顶升离开地面，使吊装荷载直接作用在支腿上。

5.4.3 履带式起重机

1. 概述

履带式起重机与轮式起重机主要区别是起重机的行走机构不同，由于履带式起重机结构简单、易于操作、适用各种自然环境、可以吊物行走等优点，随着自动化和液压技术的成熟，公路网的日趋完善，越来越多的大型履带起重机进行使用，而履带式起重机转场运输难、效率低下的缺点造成了目前小吨位的履带式起重机基本淘汰，但履带式起重机越来越向大吨位方向发展，目前最大的履带起重机为 3200t，我们国家现使用的最大履带起重机为 3200t。

1）履带式起重机的构造

履带式起重机由动力装置（发动机）、传动装置（包括主离合器、减速器、换向机构等）、回转机构、行走机构（包括履带、行走支架）、卷扬机构（包括吊钩升降机构和吊杆升降机构）、操作系统、工作装置（包括吊杆、起重滑车组等）及电气设备（照明和喇叭）以及自动控制系统等几部分组成。

2）履带式起重机的特点

履带式起重机将起重机构安装在专用底盘上，其行走机构和吊装作业都由履带支撑，履带的接触面积较大，可以支撑大载荷。因此，一般大型起重机较多采用履带式，履带式起重机对地面要求较低，带载行走时载荷不得大于允许其重量的75%（或按照起重机说明书）。履带式起重机行走速度慢，转场时需要解体拖车拖运，同时由于液压技术受到材料等的限制，履带式起重机一般采用格构式起重臂，格构式起重臂起重能力大，起升高度高，但每次改变臂长和转场需要拆除安装，吊装的辅助工作量大，拆装时间长，使用效率低下。

3）履带式起重机的转移

履带式起重机可根据运距、运输条件和设备的情况，采用自行转移、拖车运输和铁路运输等方法。一般情况下，起重机的短途运输可自行转移，中、长途运输可采用分件拆除、拖车运输或者火车运输的方法。

（1）自行转移

一般在山区、工地现场、非高等级道路时，运距不超过 5km，履带起重机可以自行转移。起重机自行转移时，在行驶前必须对起重机行走机构进行检查，搞好润滑、紧固、调整等保养工作，吊杆拆至最短。行走时，驱动轮应在后面，刹住回转台，吊杆和履带平行并放低，吊钩要升起。按照事先确定好的行车路线行驶，在地面承载力达不到要求时采用铺设"路基箱"或者提前处理地面的方式提高承载力。在途中注意上空电线，机体和吊杆与电线的安全距离必须符合。在上下坡中，禁止中途变速或空挡滑行，上陡坡必须倒行。上下坡要有专人监护，准备好垫木支护，防止起重机快速下滑引起事故。

（2）拖车运输

① 准备工作

A. 了解所运输的起重机的自重、各部分自重、外形尺寸、运输路线、公路桥梁的承载力和桥洞高度等问题。

B. 根据所运输的起重机部件的外形尺寸和自重选择相应的平板拖车，根据现在高速公路的各项规定，一般不允许超载，但也不宜以大带小，避免载重太轻，运输中颤动太大而损坏起重机零部件。

C. 准备好一定数量的道木、三角垫木、道链、紧线器、跳板、铁丝和钢丝绳等材料。

D. 根据起重机的说明书拆除吊杆、配重、吊钩、钢丝绳等需拆除运输的部件，有时只将吊杆首节拆去，留下根部一节不拆，另用一根钢丝绳将其拉住，这节吊杆虽然不重，但因钢丝绳和吊杆的夹角较小，因此钢丝绳受力往往很大，必须按照受力选择钢丝绳的直径。

② 上车和固定

起重机可以从固定或活动的登车台开上拖车，也可以采用拖车的两个钢制的上车板上车，如果没有可选择的场地，用跳板或者适当规格的方木搭成 10°～15°左右的坡道，从坡道上拖车。起重机上坡道前应认真检查行走机构的工作状况和制动器的作用是否良好，上坡道时将履带对正，尾部对着拖车向上倒行。如果驾驶室对着拖车向上开行，在起重机重心即将离开坡道时，起重机会发生"点头"现象，吊杆可能会砸着驾驶室，此时必须适当关小油门，以保证安全。此外，在坡道上严禁打方向和回转，如果发生危险可将起重机慢慢退下来。

起重机上拖车必须由经验丰富的人指挥，并由熟悉该机车的驾驶员操作。上拖车时，拖车驾驶员必须离开驾驶室，拖车制动牢固，前后车轮用三角垫木垫实。遇雨雪天气时，还要做好防滑措施。

起重机在拖车上的停放位置应是起重机的重心大致在拖车载重面的中心上，起重机停好后应将起重机的所有制动器制动牢固。履带前后用三角垫木垫实并固定，履带左右两面用钢丝绳和道链或紧线器紧固。如运距远、路面差，必须将尾部用高凳或者道木跺垫实，吊杆中部两侧用绳索固定。在运距短、路面平坦、但转弯困难的情况下，吊杆不必固定以便必要时发动起重机配合转弯。

此外，在吊杆头部用红布做出明显标记，在通过有较低电线地区时，起重机最高处需捆绑竹竿，以便顺利通过。

③ 运输

装有起重机的拖车在行走时要保持平稳，避免紧急刹车，途中坚持中速行驶，转弯、下坡减速，遇有涵洞通过困难时，可先将起重机开下拖车，待通过后再上拖车。

④ 下拖车

起重机下拖车比上拖车更要注意安全操作。除将坡道按规定搭设牢固，由熟练的驾驶员操作和经验丰富的人员外，必须注意：

A. 用慢速挡向下开行，不能放空挡。否则，下行速度过快，会因猛烈地冲击地面而使起重机受损。

B. 在下行途中不可刹车，否则起重机会因刹车自动拐弯滑出坡道，造成危险。

4）铁路运输

长途转运起重机应采用价格更加低廉的铁路平板运输，不过铁路运输有手续繁琐、周期长的缺点。所需申请铁路平板的规格，根据起重机部件外形尺寸和重量来确定。

起重机一般可用货场的平台上铁路平板，有顶头上车和侧向上车 2 种。上车前必须刹住铁路平板制动器并用道木将平板垫实，以免在上车中平板翘头或倾覆。垫实处应留有一定空隙，防止上车后拆除垫木困难。

起重机上平板后停车位置与固定方法和拖车相同，但必须注意将支垫吊杆的高凳或道木跺搭设在起重机停放的同一个平板上，固定吊杆的绳索也绑在这个平板上。如吊杆长度超出一个铁路的平板，则必须另挂一个辅助平板，但吊杆在此平板上不设支垫，也不用绳索固定，吊钩钢丝绳应抽掉。

铁路运输车身较高、重量较重的起重机时，常用凹形平板装载，以便顺利通过隧道。起重机必须从侧向开上凹形平板，又因为凹形平板的载重面都比货场平台低，所以必须侧向搭设一个 10°～15°的坡道。在凹形平板上，为防止起重机滑动，需在履带的前后左右电焊角钢代替三角木和绳索捆绑。

2. 履带式起重机的组装方法

1) 基本臂的组装方法

（1）将基础臂节吊到与本体相联接的水平位置上，慢慢地移动本体，使基础臂根部销孔与之相吻合，插入销子，再用锁紧销固定。

（2）将拉紧器安装在基础臂节上面的托架上。

（3）将起重臂的变幅钢绳挂在吊挂装置与拉紧器之间，然后将变幅钢绳慢慢拉紧，使基础臂节稍稍抬起，移动本体，使它处于顶部臂节连结状态。

（4）把基础臂节轻轻放下，使其上侧的连接销孔与相应的顶部臂节连接销孔相吻合，然后插入销子，再用锁紧销固定好，之后轻轻地抬起基础臂节。

（5）在起重臂的下面垫上枕木，将拉紧器与顶部臂节用吊挂钢绳联结起来，将拉紧器与托架相连接的连接销卸下，慢慢地卷起变幅钢绳，升高 A 型架，使钢绳拉紧。把防倾杆安装到 A 型架的前支架的耳板上。

（6）检查起重钩防过卷装置是否与使用臂长的倍率一致，起重臂防过卷装置的线路是否接好，各种自动停止装置的动作是否正常。

（7）启动柴油机，低速动转，慢慢地抬起起重臂，使起重臂与水平成 30°。

（8）将配重按顺序安装好。

（9）将履带部伸展到位成工作状态后方能作业。

2) 基本臂上增加中间节的组装方法

在基本臂上增加中间节时，按下面步骤进行：

（1）使基本臂和用枕木垫起来的中间臂节成一条直线。若要安装副臂时，要预先安装好副臂以及拔杆，然后用枕木把它垫起来，像组装基本臂一样，使副臂与起重臂连接。

（2）先将基础臂分解开（仅与顶部臂节分解），并将分解下来的顶部臂节与组装好的中间节连接在一起。

（3）使基础臂节接近中间臂节，并与上侧的连接销孔相吻合，然后插入连接销，再用固定销固定。

（4）使下侧连接销孔相吻合，并慢慢地拉紧起重臂变幅钢绳。但一定不要抬起起重臂。如果将起重臂抬起离开枕木，易损坏起重臂。最后在吻合的连接孔处插入连接销，用固定销固定。

（5）下放变幅钢绳，使其放松拉紧器与基础臂节托架的连接后，取下拉紧器和基础臂节托架上的连接销，使基础臂节与拉紧器分离。

（6）钢绳连接完毕，卷起变幅钢绳使起重臂抬起。在起重臂与地面夹角小于 30°时，起重钩始终落在地上，主卷扬钢绳始终处于放松状态。

3) 副臂的组装方法

副臂是由副臂顶部、副臂基础、副臂中间节组成。组装副臂时按下列顺序进行：

（1）事先把副臂和桅杆装好放在枕木上，装垫起的高度与起重臂连接处成水平状态。

（2）将装有主臂的本体移近副臂，用安装副臂的销子把顶部臂节与副臂连接起来，然后把起重臂用枕木垫起来。

（3）将副臂的吊挂钢绳通过副臂桅杆把它连接在主臂上侧的托架上。

（4）与基本臂的情况一样，安装好副臂的提升钢绳。

（5）上述各项完成以后，提升起重臂，在主臂与地面夹角小于 30°时，主副钩必须始终放在地面上。在主副卷扬钢绳始终处于放松状态，使副臂离开地面，确定副臂的安装角度是否在 10°～30°以内，如果超过规定值时，应将起重臂落下，重新确定拉紧绳的长度，以保证安装角度。

3. 履带式起重机的安全操作规程

（1）起重机应在平坦坚实的地面上作业、行走和停放。作业时，坡度不得大于 3°，起重机械应与沟渠、基坑保持安全距离。

（2）起重机机械启动前应重点检查下列项目，并应符合相应要求：

① 各安全防护装置及各指示仪表应齐全完好；

② 钢丝绳及连接部位应符合规定；

③ 燃油、润滑油、液压油、冷却水等应添加充足；

④ 各连接件不得松动；

⑤ 在回转空间范围内不得有障碍物。

（3）起重机械启动前应将主离合器分离，各操纵杆放在空挡位置。并符合《建筑机械使用安全技术规程》JGJ 33—2012 第 3.2 节规定启动内燃机。

（4）内燃机启动后，应检查各仪表指示值，应在运转正常后接合主离合器，空载运转时，应按顺序检查各工作机构及制动器，应在确认正常后作业。

（5）作业时，起重臂的最大仰角不得超过使用说明书的规定，当无资料可查时，不得超过 78°。

（6）起重机械变幅应缓慢平稳，在起重臂未停稳前不得变换挡位。

（7）起重机械工作时，在行走、起升、回转及变幅 4 种动作中，应只允许不超过 2 种动作的复合操作。当负荷超过该工况额定负荷 90%及以上时，应慢速升降重物，严禁超过 2 种动作的复合操作和下降起重臂。

（8）在重物起升过程中，操作人员应把脚放在制动踏板上，控制起升高度，防止吊钩冒顶。当重物悬停空中时，即使制动踏板被固定，仍应脚踩在制动踏板上。

（9）采用双机抬吊作业时，应选用起重性能相似的起重机进行。抬吊时应统一指挥，动作应配合协调，载荷应分配合理，起吊重量不得超过 2 台起重机在该工况下允许起重量总和的 75%，单机的起吊荷载不得超过允许荷载的 80%。在吊装过程中，2 台起重机的吊钩滑轮组应保持垂直状态。

（10）起重机械行走时，转弯不应过急；当转弯半径过小时，应分次转弯。

（11）起重机械不宜长距离负载行驶。起重机械负载时应缓慢行驶，起重量不得超过相应工况额定起重量的 70%，起重臂应位于行驶方向的正前方，载荷离地面高度不得大于 500mm，并应拴好拉绳。

（12）起重机械上、下坡道时应无载行走，上坡时应将起重臂仰角适当放小，下坡时应将起重臂仰角适当放大。下坡严禁空挡滑行。在坡道上严禁带载回转。

（13）作业后，起重臂应转至顺风方向，并降至 40°～60°之间，吊钩应提升到接近顶端的位置，应关停内燃机，将各操纵杆放在空挡位置，各制动器加保险固定，操作室和机棚应关门加锁。

（14）起重机转移工地，应采用火车或平板车运输，所用跳板的坡度不得大于 15°；

起重机械装上车后，应将回转、行走、变幅等机构制动，应采用木楔楔紧履带两端，并应绑扎牢固；吊钩不得悬空摆动。

（15）起重机械自行转移时，应卸去配重，拆短起重臂，主动轮应在后面，机身、起重臂、吊钩等必须处于制动位置，并应加保险固定。

（16）起重机械通过桥梁、水坝、排水沟等构筑物时，应先查明允许载荷后再通过，必要时应采取加固措施。通过铁路、地下水管、电缆等设施时，应铺设垫板保护，机械在上面行走时不得转弯。

5.4.4　轮式起重机

1. 概述

轮式起重机是指行走机构采用轮胎形式的起重机，轮式起重机主要分为汽车式起重机、轮胎式起重机和随车式起重机3种。汽车起重机是将行走机构装在普通汽车底盘或特制汽车底盘上的一种起重机，而起重作业部分安装在专门设计的自行轮胎底盘上所组成的起重机称为轮胎式起重机，随车起重机是将起重作业部分装在载重货车上的一种起重机。

1) 轮式起重机的结构

轮式起重机是采用轮胎式底盘行走的动臂旋转起重机。其中轮胎式起重机是把起重机构安装在加重型轮胎和轮轴组成的特制底盘上的一种全回转式起重机，其上部构造与履带式起重机基本相同，为了保证安装作业时机身的稳定性，起重机设有4个可伸缩的支腿。

汽车式起重机由上车和下车2部分组成。上车为起重作业部分，设有动臂、起升机构、变幅机构、平衡重和转台等；下车为支承和行走部分。上、下车之间用回转支承在起重臂里面的下面有一个转动卷筒，上面绕钢丝绳，钢丝绳通过在下一节臂顶端上的滑轮，将上一节起重臂拉出去，依此类推。缩回时，卷筒倒转回收钢丝绳，起重臂在自重作用下回缩。这个转动卷筒采用液压马达驱动，因此能看到两根油管，但千万别当成油缸。

另外有一些汽车起重机的伸缩臂里面安装有套装式的柱塞式油缸，但此种应用极少。因为多级柱塞式油缸成本昂贵，而且起重臂受载时会发生弹性弯曲，对油缸寿命影响很大。吊重时一般需放下支腿，增大支承面，并将机身调平，以保证起重机的稳定。

随车式起重机将起重作业装置安装在载重货车上，此起重作业装置相对于汽车式起重机和轮胎式起重机较为简单，一次性起重量比较低，一般设有2个或4个可伸缩的支腿。

2) 轮式起重机的特点

（1）轮胎起重机因为它的底盘不是汽车底盘，因此设计起重机时不受汽车底盘的限制，轴距、轮距可根据起重机总体设计的要求而合理布置。轮胎起重机一般轮距较宽，稳定性好；轴距小，车身短，故转弯半径小，适用于狭窄的作业场所。轮胎起重机可前后左右四面作业，在平坦的地面上可不用支腿吊重以及吊重慢速行驶，轮胎式起重机需带载行走时，道路必须平坦坚实，载荷必须符合原厂规定。重物离地高度不得超过50cm，并拴好拉绳，缓慢行驶，严禁长距离带载行驶。一般来说，轮胎起重机行驶速度比汽车起重机慢，其机动性不及汽车起重机。但与履带式起重机相比，它具有便于转移和在城市道路上通过的性能。与汽车式起重机相比其优点有：轮距较宽、稳定性好、车身短、转弯半径小、可在360°范围内工作。

（2）汽车式起重机采用驾驶室和操纵室分开设置，道路行驶视野开阔，在一般道路上均可以行使。汽车式起重机移动速度很快，同时目前超过起重量 100t 以上的汽车式起重机，起重机的配重设计便于拆除、安装形式，在起重机需要移动时采用自行拆装的方法，配重由专门的货车运送，提高了起重机转场的移动速度；功率大，油耗小，噪声符合国家标准要求；走台板为全覆盖式，便于在车上工作与检修；支腿系统采用双面操纵，方便实用。汽车式起重机相对于轮胎式起重机的缺点是：不能带载行走；起重作业时必须打好支腿；对道路的承载力和平整度要求较高。

（3）随车起重机具备既能起重又能载货，机动灵活、操作简单、支腿不需要精平等独特的优点，特别是在人工成本日益高涨的前提下更具有快速发展的前景，主要用于载货的装卸车。同时在野外作业时也具有不可替代的优势。但是它具有一次起重量低、起升高度小、幅度低的限制。

3）汽车式起重机性能表

见表 5-2。

徐工 25 吨汽车式起重机起重性能表   表 5-2

工作幅度(m)	QY-25K 汽吊车性能表							
	全伸支腿(侧方、后方作业)或选装第五支腿(360°作业)							
	基本臂 10.40m		中长臂 17.60m		中长臂 24.80m		全伸臂 32.00m	
	起重量(kg)	起升高度(m)	起升重量(kg)	起升高度(m)	起重量(kg)	起升高度(m)	起重量(kg)	起升高度(m)
3.0	25000	10.50	14100	18.11				
3.5	25000	10.25	14100	17.98				
4.0	24000	9.97	14100	17.82	8100	25.28		
4.5	21500	9.64	14100	17.65	8100	25.16		
5.0	18700	9.28	13500	17.47	8000	25.03		
5.5	17000	8.86	13200	17.26	8000	24.89	6000	32.32
6.0	14500	8.39	13000	17.04	8000	24.74	6000	32.30
7.0	11400	7.22	11500	16.54	7210	24.41	5600	31.95
8.0	9100	5.54	9450	15.95	6860	24.02	5300	31.66
9.0			7750	15.27	6500	23.59	4500	31.33
10.0			6310	14.48	6000	23.10	4000	30.97
12.0			4600	12.49	4500	21.94	3500	30.13
14.0			3500	9.60	3560	20.51	3200	29.12
16.0					2800	18.74	2800	27.93
18.0					2300	16.52	2200	26.52
20.0					1800	13.61	1700	24.95
22.0					1500	9.29	1400	22.90
24.0							1100	20.54
26.0							850	17.60
28.0							640	13.71
29.0							550	11.07

2. 汽车、轮胎式起重机安全操作规程

（1）起重机械工作的场地应保持平坦坚实，符合起重时的受力要求；起重机械应与沟渠、基坑保持安全距离。

（2）起重机启动前重点检查项目应符合下列要求：

① 各安全保护装置和指示仪表应齐全完好；

② 钢丝绳及连接部位应符合规定；

③ 燃油、润滑油、液压油及冷却水应添加充足；

④ 各连接件不得松动；

⑤ 轮胎气压应符合规定；

⑥ 起重臂应可靠搁置在支架上。

（3）起重机械启动前，应将各操纵杆放在空挡位置，手制动器应锁死，应按本章有关规定启动内燃机。应在怠速运转 3～5min 后进行中高速运转，并应在检查各仪表指示值，确认运转正常后接合液压泵，液压达到规定值，油温超过 30℃ 时，方可作业。

（4）作业前，应全部伸出支腿，调整机体使回转支撑面的倾斜度在无载荷时不大于 1/1000（水准居中）。支腿的定位销必须插上。底盘为弹性悬挂的起重机，插支腿前应先收紧稳定器。

（5）作业中不得扳动支腿操纵阀。调整支腿时应在无载荷时进行，应先将起重臂转至正前方或正后方之后，再调整支腿。

（6）起重作业前，应根据所吊重物的重量和起升高度，并应按起重性能曲线，调整起重臂长度和仰角；应估计吊索长度和重物本身的高度，留出适当起吊空间。

（7）起重臂顺序伸缩时，应按使用说明书进行，在伸臂的同时应下降吊钩。当制动器发出警报时，应立即停止伸臂。

（8）汽车式起重机变幅角度不得小于各长度所规定的仰角。

（9）汽车式起重机起吊作业时，汽车驾驶室内不得有人，重物不得超越汽车驾驶室上方，且不得在车的前方起吊。

（10）起吊重物达到额定起重量的 50% 及以上时，应使用低速挡。

（11）作业中发现起重机倾斜、支腿不稳等异常现象时，应在保证作业人员安全的情况下，将重物降至安全的位置。

（12）当重物在空中需停留较长时间时，应将升卷筒制动锁住，操作人员不得离开操作室。

（13）起吊重物达到额定起重量的 90% 以上时，严禁向下变幅，同时严禁进行 2 种及以上的操作动作。

（14）起重机械带载回转时，操作应平稳，应避免急剧回转或急停。换向应在停稳后进行。

（15）起重机械带载行走时，道路应平坦坚实，荷载应符合使用说明书的规定，重物离地面不得超过 500mm，并应拴好拉绳，缓慢行驶。

（16）作业后，应先将起重臂全部缩回放在支架上，再收回支腿；吊钩应使用钢丝绳挂牢；车架尾部的两撑杆应分别撑在尾部下方的支座内，并应采用螺母固定；阻止机身旋转的销式制动器应插入销孔，并应将取力器操纵手柄放在脱开位置，最后应锁住起重操室门。

（17）起重机械行驶前，应检查确认各支腿收存牢固，轮胎气压应符合规定。行驶时，发动机水温应在80～90℃范围内，当水温未达到80℃时，不得高速行驶。

（18）起重机械应保持中速行驶，不得紧急制动，过铁道口或起伏路面时应减速，下坡时严禁空挡滑行，倒车时应有人监护指挥。

（19）行驶时，底盘走台上不得有人员站立或蹲坐，不得堆放物件。

5.5 桅杆式起重机

5.5.1 概述

地灵式起重机经过定型后，可以成为桅杆式起重机，如图5-9所示。

图5-9 桅杆式起重机

起重量在5t以下的桅杆式起重机，大多用圆木做成，用于吊装小型构件；起重量在10t左右的桅杆式起重机大多用无缝钢管做成桅杆，拔杆高度可达25m，用于一般工业厂房的吊装；大型的桅杆式起重机，起重量可以达到60t，拔杆高度80m，拔杆用角钢组成的格构式截面，用于中型工业厂房和大型构件的吊装。目前国内最大的桅杆式起重机为1000t。

桅杆式起重机的主臂和副臂的截面选择，必须经过计算确定。主臂和副臂的连接有多种形式，有的将主臂和副臂分开，副臂直接连接在底盘上，主臂不动，由设在副臂顶端两侧的耳绳牵动旋转；有的将主臂和副臂连接在一个转盘上，由卷扬机牵动旋转，并共同支撑在止推轴承或球形支座上。如果主臂不动，仅副臂旋转，主臂揽风绳可以直接固定。如果主臂副臂一起旋转，则揽风绳必须通过活动装置连接在主臂顶端。桅杆式起重机的揽风绳为6～8根。

桅杆式起重机的移动也有多种形式。大型桅杆式起重机大多在下部设有专门的行走装置，在钢轨上移动，也有在滚筒上移动的。移动时要将副臂收起，并随时调整揽风松紧，使拔杆保持稳定。移动完成后，将起重机安全垫实牢固可靠后才能继续工作。

桅杆式起重机由拔杆、动臂、支撑装置和起升、变幅、回转机构组成。

按支撑方式分斜撑式桅杆起重机和钎缆式桅杆起重机。斜撑式桅杆起重机用两根刚性斜撑支持拔杆，动臂比拔杆长，只能在 270°以内回转，但起重机占地面积小。钎缆式桅杆起重机用多根缆绳稳定拔杆，即在拔杆底部装上转盘，动臂比拔杆短，能作 360°回转。

桅杆起重机一般都利用自身变幅滑轮组和绳索自行架设，具有结构轻便、传动简单、装拆容易等优点。广泛应用于定点装卸重物和安装大型构件。

5 种桅杆式起重机的起重能力和主要数据见表 5-3。

5 种桅杆式起重机的起重能力和主要参数 　　　　表 5-3

编号	1	2	3	4	5
最大起重量(t)	18	30	35	40	45
桅杆高度(m)	24.7	50	64	32.1	85
吊杆长度(m)	20	45	58	27	77
自重(t)	13.18	—	—	27.7	—
桅杆及吊杆截面(mm)					
中间	800×800	900×900	1200×1200	1000×1000	1600×1600
端部	800×800	550×550	800×800	900×900	800×800
主肢角钢	∟100×10	∟120×1	∟150×12	∟150×12	∟200×20
缀条	∟65×6	∟75×8	∟90×10	∟90×10	∟100×10
起重滑车组					
工作线数	4	8	10	10	10
钢丝绳直径	21.5	19.5	21.5	21.5	26
吊杆起伏滑车组					
工作线数	6	8	10	12	10
钢丝绳直径	21.5	19.5	21.5	21.5	28.5
缆风根数	8	9	12	12	12
缆风直径	32.5	32.5	34.5	37	39.5

注：自重不包括卷扬机重量。

5.5.2　桅杆式起重机安全操作规程

（1）桅杆式起重机应按现行国家标准《起重机设计规范》GB/T 3811—2008 的规定进行设计，确定其使用范围及工作环境。

（2）桅杆式起重机专项方案必须按规定程序审批，并应经专家论证后实施。施工单位必须指定技术人员对桅杆式起重机的安装、使用和拆卸进行现场监督和监测。

（3）专项方案应包含下列主要内容：

① 工程概况、施工平面布置；

② 编制依据；

③ 施工计划；

④ 施工技术参数、工艺流程；

⑤ 施工安全技术措施；

⑥ 劳动力计划；

⑦ 计算书及相关图纸。

（4）桅杆式起重机的卷扬机应符合本章 5.8 节中的有关规定。

（5）桅杆式起重机的安装和拆卸应划出警戒区，清除周围的障碍物，在专人统一指挥下，应按使用说明书和装拆方案进行。

（6）桅杆式起重机的基础应符合专项方案的要求。

（7）缆风绳的规格、数量及地锚的拉力、埋设深度等应按照起重机性能经过计算确定，缆风绳与地面的夹角不得大于 60°，缆绳与桅杆和地锚的连接应牢固。地锚不得使用膨胀螺栓、定滑轮。

（8）缆风绳的架设应避开架空电线。在靠近电线的附近，应设置绝缘材料搭设的护线架。

（9）桅杆式起重机安装后进行试运转，使用前应组织验收。

（10）提升重物时，吊钩钢丝绳应垂直，操作应平稳；当重物吊起离开支撑面时，应检查并确认各机构工作正常后，继续起吊。

（11）在起吊额定起重量的 90% 及以上重物前，应安排专人检查地锚的牢固程度。起吊时，缆风绳应受力均匀，主杆应保持直立状态。

（12）作业时，桅杆式起重机的回转钢丝绳应处于拉紧状态。回转装置应有安全制动控制器。

（13）桅杆式起重机移动时，应用满足承重要求的枕木排和滚杠垫在底座，并将起重臂收紧处于移动方向的前方。移动时，桅杆不得倾斜，缆风绳的松紧应配合一致。

（14）缆风钢丝绳安全系数不应小于 3.5，起升、锚固、吊索钢丝绳安全系数不应小于 8。

5.6　桥式起重机

5.6.1　概述

桥式起重机是在固定的跨间内吊装重物的机械设备，被广泛用于车间、仓库或露天场地。

桥式起重机的大梁横跨于跨间内一定高度的专用轨道上，可沿轨道在跨间的纵向移动，在大梁上布置有起升装置，大多数起升装置采用起重小车，起升装置可沿大梁在跨间横向移动，外观像一条金属的桥梁，所以人们称它为桥式起重机。桥式起重机俗称"天车"、"行车"。如图 5-10 所示是箱形双梁桥式起重机。

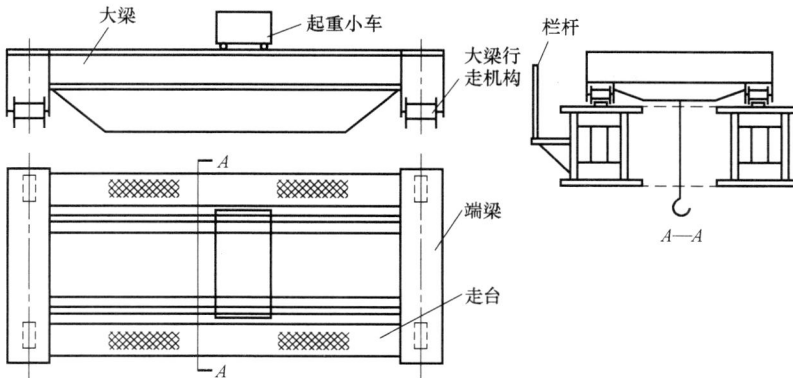

图 5-10　箱形双梁桥式起重机结构简图

5.6.2　桥式起重机的分类

桥式起重机的种类较多，可按不同方法分类。

根据吊具不同，可分为吊钩式起重机、抓斗式起重机、电磁吸盘式起重机。

根据用途不同，可分为通用桥式起重机、专用桥式起重机两大类。专用桥式起重机的形式较多，主要有：锻造桥式起重机、铸造桥式起重机、冶金桥式起重机、电站桥式起重机、防爆桥式起重机、绝缘桥式起重机、挂梁桥式起重机、两用（三用）桥式起重机、大起升高度桥式起重机等。

按主梁结构形式可分为箱形结构桥式起重机、桁架结构桥式起重机、管形结构桥式起重机。还有由型钢（工字钢）和钢板制成的简单截面梁的起重机，称为梁式起重机。梁式起重机多采用电动葫芦作为起重小车。

5.6.3　桥式起重机的用途

桥式起重机被广泛应用于各类工业企业、港口车站、仓库、料场、水电站、火电站等场所。不同类型的桥式起重机所适合吊装的重物不同，并根据不同的要求采用不同的吊具。吊钩起重机吊装各种成件重物。抓斗起重机吊装各种散装物品，如煤、焦炭、砂、盐等；电磁起重机吊装导磁的金属材料，如型钢、钢板、废钢铁等。两用起重机是为了提高生产效率，在一台小车上装有可换的吊钩和抓斗或者电磁盘和抓斗，但每一工作循环只能使用其中的一种取物装置。三用起重机即吊钩、抓斗、电磁铁 3 种可以互换的取物装置，可吊装成件、散粒物品或导磁的金属材料，但每次吊装重物时，只能使用其中的一种取物装置。

防爆起重机用于在有易燃、易爆介质的车间、库房等场所吊装成件重物，起重机上的电气设备和有关装置具有防爆特性，以免发生火花而爆炸。绝缘起重机用于吊装电解车间的各种成件物品，起重机上有关部分具有可靠的绝缘装置，保证安全操作。

双小车起重机是在同一主梁上设有 2 台相同的小车，用来搬运长件材料，各小车又可单独使用。

挂梁起重机通过 2 个吊钩上的平衡梁挂钩或平衡梁上的电磁盘吊装和堆垛各种长件材

料，如木材、钢管、棒材、型材、钢板等。

5.6.4　桥式起重机的基本结构组成

尽管桥式起重机的类型繁多，但其基本结构是相同的。桥式起重机主要由大梁、起升装置、端梁、大梁行走机构、起升装置行走机构、轨道和电气动力、控制装置等构成。如图 5-11 所示。

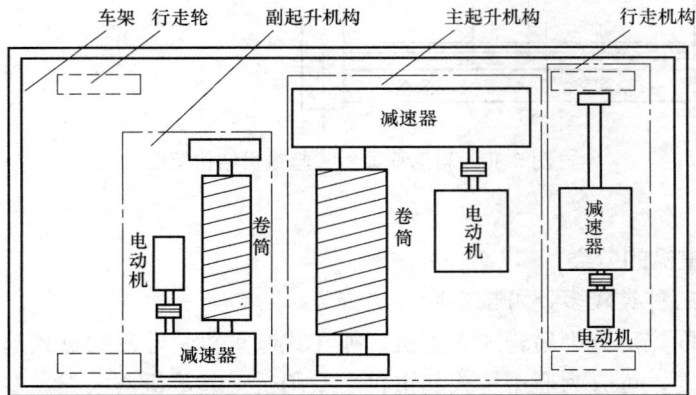

图 5-11　桥式起重机小车示意图

1. 大梁结构

桥式起重机一般采用两根端部连接的大梁组合结构，称为双梁桥式起重机，只有少数轻型桥式起重机采用单梁，称为梁式起重机。

桥式起重机大梁的结构形式主要有箱形结构、偏轨箱形结构、偏轨空腹箱形结构、单主梁箱形结构、四桁架式结构、三角形桁架式结构、单腹板梁结构、曲腹板梁结构及预应力箱形梁结构等。最常见的是箱形结构。箱形梁由上盖板、下盖板和 2 个腹板构成 1 个箱体，箱内还有纵横长短筋板。在箱形主梁的一侧铺设走台板和栏杆，在上盖板上铺设起升装置的行走轨道。为了检修的方便，在大梁上还布置有供人行走的走台和栏杆。

2. 起升机构

起升机构用来实现重物的升降，是起重机上最重要和最基本的机构。桥式起重机的起升机构，除了少数梁式起重机采用电动葫芦外，一般均采用起重小车。起重小车由车架、运行机构、起升卷绕机构和电气设备等组成。

车架支承在 4 个车轮上，车架上的运行机构带动车轮沿小车轨道运行，以实现在跨间宽度方向不同位置的吊装。

起升卷绕机构实际上是一台电动卷扬机和滑轮组的组合。起重量大于 150kN 的桥式起重机，一般具有两套起升卷绕机构，即主钩和副钩，主钩的额定载荷较大，但起升速度缓慢，副钩的额定载荷较小，但起升速度较快，用以起吊较轻的物件或作辅助性工作，以提高工作效率。在桥式起重机的铭牌上对其额定载荷的标注通常将主钩额定载荷标注在前，副钩额定载荷标注在后，中间用"/"隔开，如"1600kN/500kN"。

5.7 门式起重机

5.7.1 概述

门式起重机被广泛应用于工程建设中的各类露天场地，如房屋建筑与桥梁建设工地中的构件预制场，工业设备安装工地中的设备堆放、组装、部件预制场地等。其他诸如在车站、码头、料场、水电站、造船工业中也有着广泛的应用。

门式起重机按用途可分为一般用途门式起重机、集装箱门式起重机、水电站门式起重机、船坞门式起重机等数种。在土木工程建设中，使用较为普遍的是一般用途门式起重机。门式起重机由金属结构（包括桥架、支腿、驾驶室等）、机构（包括起重小车起升机构、起重小车行走机构、门式起重机行走机构等）以及电气与控制系统组成，如图 5-12 所示。

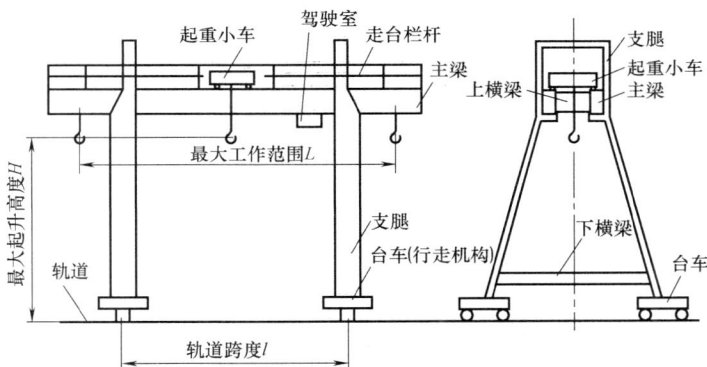

图 5-12　门式起重机示意图

按取物装置的形式，门式起重机可分为吊钩式门式起重机、抓斗式门式起重机、电磁式龙门起重机、两用或三用门式起重机。

按行走机构的形式，门式起重机可分为轨道式门式起重机和轮胎式门式起重机。

按主梁的结构可分为箱型梁门式起重机和桁架梁门式起重机；按主梁的数量又可分单梁门式起重机和双梁门式起重机。

按支腿的形式可分为 L 形支腿门式起重机、C 形支腿门式起重机、带马鞍的八字形支腿龙门起重机、U 形支腿门式起重机等，如图 5-13 所示。

按悬臂的数量可分为双悬臂门式起重机、单悬臂门式起重机、无悬臂门式起重机等。

目前国内生产的门式起重机，其额定起重量一般不大于 400kN（40t），其跨度可以达到 60m，起升高度可达到 16m，满载起升速度可达到 35～45m/min，空载起升速度可达到 70～100m/min。

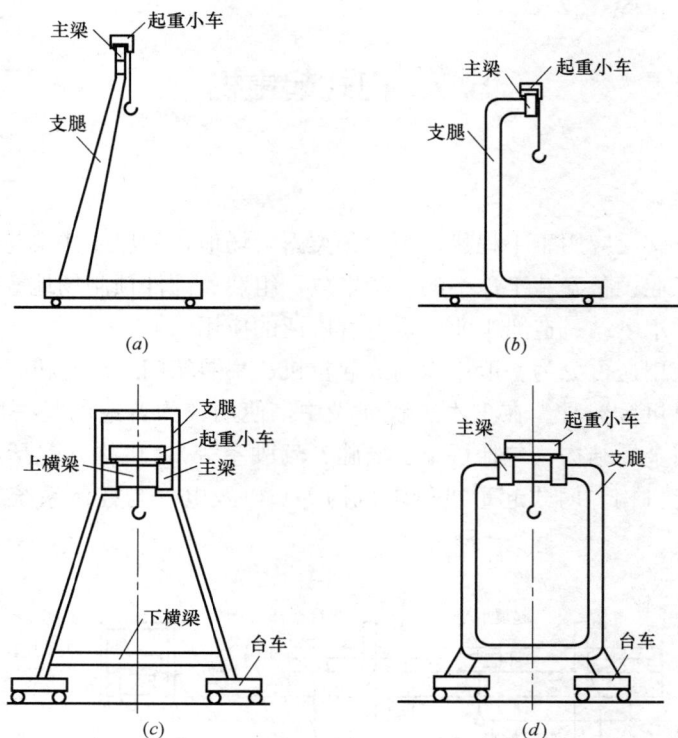

图 5-13 门式起重机支腿的几种常见形式

（a）L 形支腿（单梁）；（b）C 形支腿（单梁）；（c）带马鞍的八字形支腿（双梁）；（d）U 形支腿（双梁）

5.7.2 门式、桥式起重机安全操作规程

（1）起重机路基和轨道的铺设应符合使用说明书的规定，轨道接地电阻不得大于 4Ω。

（2）门式起重机的电缆应设有电缆卷筒，配电箱应设置在轨道中部。

（3）用滑线供电的起重机应在滑线的两端标有鲜明的颜色，滑线应设置防护装置，防止人员及吊具钢丝绳与滑线意外接触。

（4）轨道应平直，鱼尾板连接螺栓不得松动，轨道和起重机运行范围内不得有障碍物。

（5）门式、桥式起重机作业前的重点检查项目应符合下列要求：

① 机械结构外观正常，各连接件无松动；

② 钢丝绳外表情况良好，绳卡牢固；

③ 各安全限位装置齐全完好。

（6）操作室内应垫木板或绝缘板，接通电源后应采用试电笔测试金属结构部分，确认无漏电方可上机；上、下操纵室应使用专用扶梯。

（7）作业前，应进行空载运转，在确认各机构运转正常，制动可靠，各限位开关灵敏有效后，方可作业。

（8）在提升大件时不得快速，并应拴拉绳防止摆动。

（9）吊动易燃、易爆、有害等危险品时，应经安全主管部门批准，并应有相应的安全措施。

（10）吊运路线不得从人员、设备上面通过；空车行走时，吊钩应离地面 2m 以上。

（11）吊运重物应平稳、慢速，行驶中不得突然变速或倒退，2 台起重机同时作业时，应保持 5m 以上距离。不得用一台起重机顶推另一台起重机。

（12）起重机行走时，两侧驱动轮应保持同步，发现偏移应及时停止作业，调整修理后继续使用。

（13）作业中，人员不得从一台桥式起重机跨越到另一台桥式起重机。

（14）操作人员进入桥架前应切断电源。

（15）门式、桥式起重机的主梁挠度超过规定值时，必须修复后方可使用。

（16）作业后，门式起重机应停放在停机线上，用夹轨器锁紧；桥式起重机应将小车停放在两条轨道中间，吊钩提升到上部位置。吊钩上不得悬挂重物。

（17）作业后，应将控制器拨到零位，切断电源，关闭并锁好操纵室门窗。

5.8　电动卷扬机

5.8.1　概述

电动卷扬机主要由卷筒、电动机、控制器、制动器和变速器等部件组成，如图 5-14 所示。卷扬机的卷扬速度有快速和慢速之分，在构件吊装中常用慢速。电动卷扬机有卷扬能力大、速度快和操作简便等优点。因此在建筑施工中被广泛用作土法吊装、升降机、打桩机和拖运设备等动力装置。常用电动卷扬机的规格和技术性能见表 5-4。

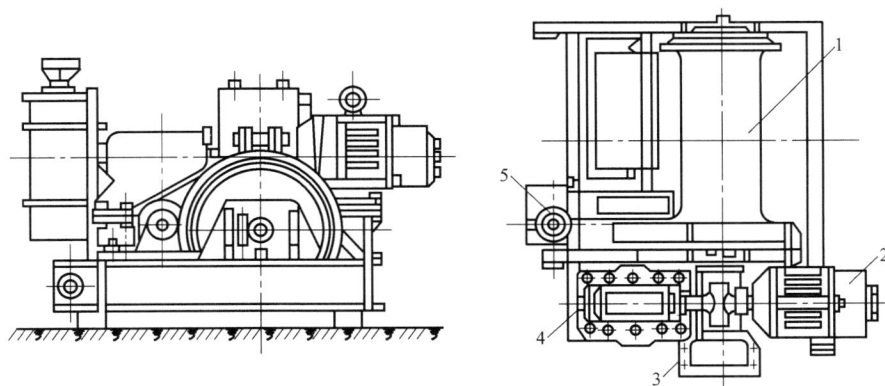

图 5-14　电动卷扬机
1—卷筒；2—电动机；3—控制器；4—制动器；5—变速器

常用电动卷扬机的规格和技术性能　　表 5-4

类型	起重能力 （t）	滚筒直径×长度 （mm）	平均绳速 （m·min⁻¹）	缠绳量/直 径(m/mm)	电动机功率 （kW）
单滚筒	1	200×350	36	200/12.5	7
	3	340×500	7	110/12.5	7.5
	5	400×840	7.8	190/24	11

续表

类型	起重能力 （t）	滚筒直径×长度 （mm）	平均绳速 （m·min⁻¹）	缠绳量/直 径（m/mm）	电动机功率 （kW）
双滚筒	3	350×500	27.5	300/16	28
	5	220×600	32	500/28	40
	7	800×1050	6	1000/31	20
单滚筒	10	750×1312	6.5	1000/31	22
	20	850×1324	10	600/42	55

5.8.2　卷扬机安全操作规程

（1）卷扬机地基与基础应平整、坚实，场地应排水畅通，地锚应设置可靠。卷扬机应搭设防护棚。

（2）操作人员的位置应在安全区域，视线应良好。

（3）卷扬机卷筒中心线与导向滑轮的轴线应垂直，且导向滑轮的轴线应在卷筒中心位置，钢丝绳的出现偏角应符合表5-5的规定。

卷扬机钢丝绳出绳偏角限值　　　　　　　　表 5-5

排绳方式	槽面卷筒	光面卷筒	
		自然排绳	排绳器排绳
出绳偏角	≤4°	≤2°	≤4°

（4）作业前，应检查卷扬机与地面的固定、弹性联轴器的连接应牢固，并应检查安全装置、防护设施、电气线路、接零或接地装置、制动装置和钢丝绳等并确认全部合格后再使用。

（5）卷扬机至少应装有一个常闭式制动器。

（6）卷扬机的传动部分及外露的运动件应设防护罩。

（7）卷扬机应在司机操作方便的地方安装能迅速切断总控制电源的紧急断电开关，并不得使用倒顺开关。

（8）钢丝绳卷绕在卷筒上的安全圈数不得少于3圈。钢丝绳末端应固定可靠。不得用手拉钢丝绳的方法卷绕钢丝绳。

（9）钢丝绳不得与机架、地面摩擦，通过道路时，应设过路保护装置。

（10）建筑施工现场不得使用摩擦式卷扬机。

（11）卷筒上的钢丝绳应排列整齐，当重叠或斜绕时，应停机重新排列，不得在转动中用手拉或脚踩钢丝绳。

（12）作业中，操作人员不得离开卷扬机，物件或吊笼下面不得有人员停留或通过。休息时，应将物件或吊笼降至地面。

（13）作业中如发现异响、制动失灵、制动带或轴承等温度剧烈上升等异常情况时，应立即停机检查，排除故障后再使用。

（14）作业中停电时，应将控制手柄或按钮置于零位，并应切断电源，将物件或吊笼降至地面。

（15）作业完毕，应将物件或吊笼降至地面，并应切断电源，锁好开关箱。

5.9　电动葫芦

5.9.1　概述

电动葫芦是一种固定于高处，直接用于垂直提升的电动物品。由于把电动机、减速器、卷筒及制动装置紧密集合在一起，结构非常紧凑，且通常由专门厂家生产，价格便宜，从而在中、小型物品的提升工作中得到广泛的应用。电动葫芦可以单独地悬挂在固定的高处，用于专用设备的吊装或检修工作，或对指定地点的物品进行装卸作业；也可以备有小车，以便在工字梁的下翼缘上运行，使吊重在一定范围内移动，作为电动单轨起重机、电动单梁或双梁桥式起重机以及塔式、龙门起重机的起重小车之用，为较大的作业范围服务。

5.9.2　电动葫芦的构造及工作原理

我国生产的电动葫芦构造形式很多，目前以 CD 型和经过改进设计以后的 CD1 型电动葫芦应用最广。

如图 5-15 所示为 CD 型电葫芦总图。布置在卷筒装置（4）一端的电动机（1），通过弹性联轴器（2），与装在卷筒装置另一端的减速器（3）相连。工作时，电动机通过联轴器直接带动减速器的输入轴——齿轮轴，通过三级齿轮减速，由减速器的输出轴——空心轴驱动卷筒转动，缠绕钢丝绳，使吊钩（8）升降。不工作时，装在电动机尾端风扇轮轴上的锥形制动器（7）处于制动状态，葫芦便不能工作。一般在电动葫芦的卷筒上，还装有导绳装置，该装置用螺旋传动，以保证钢丝绳在卷筒上的整齐排列。

电动葫芦的电动小车（5），多数采用由一个电动机驱动两边车轮的形式，且一般仍是采用带锥形制动器的电动机。

电动葫芦大都采用三相交流鼠笼式电动机。电动机的控制常常采用地面按钮控制。在悬垂电缆下部挂着电气按钮盒（6），其上装有按钮，一般为升降 2 个，左右运行 2 个。如果电动葫芦用在电动单梁等起重机上，也可以采用在司机室里操纵的方式。

5.9.3　电动葫芦安全操作规程

（1）电动葫芦使用前应检查机械部分和电气部分，钢丝绳、链条、吊钩、限位器等应完好，电气部分应无漏电，接地装置应良好。

（2）电动葫芦应设缓冲器，轨道两端应设挡板。

（3）第一次吊重物时，应在吊离地面 100mm 时停止上升，检查电动葫芦制动情况，确认完好后再正式作业。露天作业时，电动葫芦应设有防雨棚。

（4）电动葫芦起吊时，手不得握在绳索与物体之间，吊物上升时应防止冲顶。

（5）电动葫芦吊重物行走时，重物离地不宜超过 1.5m。工作间歇时不得将重物悬挂在空中。

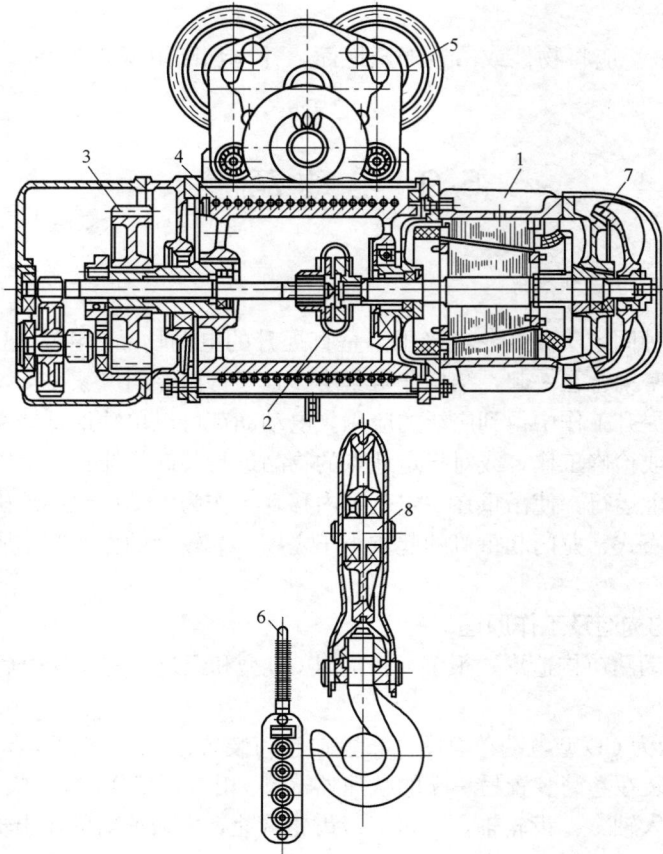

图 5-15　CD 型电葫芦总图

1—锥形转子电动机；2—弹性联轴器；3—减速器；4—卷筒装置；5—电动小车；
6—电气按钮盒；7—制动器；8—吊钩

（6）电动葫芦作业中发生异味、高温等异常情况，应立即停机检查，排除故障后方可
继续使用。

（7）使用悬挂电缆电气控制开关时，绝缘应良好，滑动应自如。人的站立位置后方应
有 2m 空地并应正确操作电钮。

（8）在起吊中，由于故障造成重物失控下滑时，必须采取紧急措施，向无人处下放重物。

（9）在起吊中不得急速升降。

（10）电动葫芦在额定载荷制动时，下滑位移量不应大于 80mm。

（11）作业完毕后，应停放在指定位置，吊钩升起，并切断电源，锁好开关箱。

5.10　施工升降机（人货两用电梯）

5.10.1　施工升降机的分类

（1）建筑施工升降机按驱动方式分为齿轮齿条驱动（SC 型）、卷扬机钢丝绳驱动

（SS 型）和混合驱动（SH 型）3 种。

（2）按导轨架的结构可分为单柱和双柱 2 种。

一般情况下，SC 型建筑施工升降机多采用单柱式导轨架，而且采取上接节方式。SC 型建筑施工升降机按其吊笼数又分单笼和双笼 2 种。单导轨架双吊笼的 SC 型建筑施工升降机，在导轨架的两侧各装一个吊笼，每个吊笼各有自己的驱动装置，并可独立地上、下移动，从而提高了运送客货的能力。

5.10.2 施工升降机的构造

施工升降机主要由金属结构、驱动机构、安全保护装置和电气控制系统等部分组成，如图 5-16 所示。

1. 金属结构

金属结构由吊笼、底笼、导轨架、对（配）重、天轮架及小起重机构、附墙架等组成。

（1）吊笼（梯笼）

吊笼是施工升降机运载人和物料的构件，笼内有传动机构、限速器及电气箱等，外侧附有驾驶室，设置了门保险开关与联锁，只有当吊笼前后两道门均关好后，梯笼才运行。吊笼内空净高度不得小于 2m。对于 SS 型人货两用升降机，提升吊笼的钢丝绳不得少于 2 根，且应是彼此独立的。钢丝绳的安全系数不得小于 12，直径不得小于 9mm。

（2）底笼

底笼的底架是施工升降机与基础连接部分，多用槽钢焊接成平面框架，并用地脚螺栓与基础相固结。底笼的底架上装有导轨架的基础节，吊笼不工作时停在其上。底笼四周有钢板网护栏，入口处有门，门的自动开启装置与梯笼门配合动作。在底笼的骨架上装有 4 个缓冲弹簧，以防梯笼坠落时起缓冲作用。

（3）导轨架

导轨架是吊笼上下运动的导轨，升降机的主体，能承受规定的各种载荷。导轨架是由若干个具有互换性的标准节，经螺栓连接而成的多支点的空间桁架，用来传递和承受荷载。标准节的截面形状有正方形、矩形和三角形，标准节的长度与齿条的模数有关，一般每节为 1.5m。导轨架的主弦杆和腹杆多用钢管制造，横缀条则选用不等边角钢。

（4）对（配）重

对重用以平衡吊笼的载重。

（5）天轮架及小起重机构

天轮架由导向滑轮和天轮架钢结构组成，用来支承和导向配重的钢丝绳。

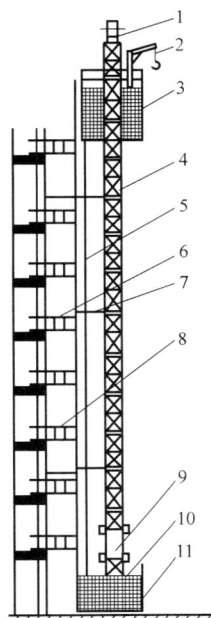

图 5-16 施工升降机整机示意图
1—天轮架；2—吊杆；3—吊笼；
4—导轨架；5—电缆；6—后附墙架；
7—前附墙架；8—护栏；9—配重；
10—吊笼；11—基础

（6）天轮

立柱顶的左前方和右后方安装两组定滑轮，分别支承两对吊笼和对重。单笼时，只使用一组天轮。

（7）附墙架

立柱的稳定是靠与建筑结构进行附墙连接来实现的。附墙架用来使导轨架可靠地支承在所施工的建筑物上。附墙架多由型钢或钢管焊成平面桁架。

2. 驱动机构

施工升降机的驱动机构一般有2种形式，一种为齿轮齿条式，另一种为卷扬机钢丝绳式。

3. 安全保护装置

（1）限速器

限速器是施工升降机的主要安全装置，它可以限制梯笼的运行速度，防止坠落。齿条驱动的施工升降机，为防止吊笼坠落均装有锥鼓式限速器。

限速器的工作原理：当吊笼沿导轨架上、下移动时，齿轮沿齿条随动。当吊笼以额定速度工作时，齿轮带动传动轴及其上的离心块空转。一旦驱动装置的传动件损坏，吊笼将失去控制并沿导轨架快速下滑（当有配重，而且配重大于吊笼一侧载荷时，吊笼在配重的作用下，快速上升）。随着吊笼的速度提高，限速器齿轮的转速也随之增加。当转速增加到限速器的动作转速时，离心块在离心力和重力的作用下与制动轮的内表面上的凸齿相啮合，并推动制动轮转动。制动轮尾部的螺杆使螺母沿着螺杆作轴向移动，进一步压缩碟形弹簧组，逐渐增加制动轮与制动翼之间的制动力矩，直到将工作笼制动在导轨架上为止。在限速器左端的下表面上，装有行程开关。当导板向右移动一定距离后，与行程开关触头接触，并切断驱动电动机的电源。

限速器每动作一次后，必须进行复位，在调整限速器之前，必须确认传动机构的电磁制动作用可靠，方可进行。

（2）缓冲弹簧

在施工升降机的底架上有缓冲弹簧，以便当吊笼发生坠落事故时，减轻吊笼的冲击。

（3）上、下限位器

为防止吊笼上、下时超过需停位置时，因司机误操作和电气故障等原因继续上升或下降引发事故而设置。

（4）上、下极限限位器

上、下极限限位器是在上、下限位器一旦不起作用，吊笼继续上行或下降到设计规定的最高极限或最低极限位置时能及时切断电源，以保证吊笼安全。

（5）安全钩

安全钩是为防止吊笼到达预先设定位置，上限位器和上极限限位器因各种原因不能及时动作，吊笼继续向上运行，将导致吊笼冲击导轨架顶部而发生倾翻坠落事故而设置的。安全钩是安装在吊笼上部的重要装置，也是最后一道安全装置，它能使吊笼上行到导轨架顶部的时候，安全钩钩住导轨架，保证吊笼不发生倾翻坠落事故。

（6）吊笼门、底笼门联锁装置

施工升降机的吊笼门、底笼门均装有电气联锁开关，它们能有效地防止因吊笼或底笼门未关闭就启动运行而造成人员坠落和物料滚落，只有当吊笼门和底笼门完全关闭时才能启动运行。

（7）急停开关

当吊笼在运行过程中发生各种原因的紧急情况时，司机应能及时按下急停开关，使吊笼立即停止，防止事故的发生。急停开关必须是非自行复位的电气安全装置。

（8）楼层通道门

施工升降机与各楼层均搭设了运料和人员进出的通道，在通道口与升降机结合部必须设置楼层通道门。此门在吊笼上下运行时处于常闭状态，只有在吊笼停靠时才能由吊笼内的人打开。应做到楼层内的人员无法打开此门，以确保通道口处在封闭的条件下不出现危险的边缘。

4. 电气控制系统

施工升降机的每个吊笼都有一套电气控制系统。施工升降机的电气控制系统包括电源箱、电控箱、操作台和安全保护系统等组成。

5.10.3　施工升降机安装与拆除

1. 安装前的准备工作

施工升降机在安装和拆除前，必须编制专项施工方案，必须由有相应资质的队伍来施工。在安装施工升降机前需做以下几项准备工作：

（1）必须有熟悉施工升降机产品的钳工、电工等作业人员，作业人员应当具备熟练的操作技术和排除一般故障的能力，清楚了解升降机的安装工作。

（2）认真阅读全部随机技术文件。通过阅读技术文件清楚了解升降机的型号、主要参数尺寸，搞清安装平面布置图、电气安装接线图，并在此基础上进行下列工作：

① 核对基础的宽度、平面度、楼层高度、基础深度，并做好记录。

② 核对预埋件的位置和尺寸，确定附墙架等的位置。

③ 核对和确定限位开关装置、限速器装置、电缆架、限位开关碰铁的位置。

④ 核对电源线位置和容量。确定电源箱位置和极限开关的位置，并做好施工升降机安全接地方案。

（3）按照施工方案，编制施工进度。

（4）清查或购置安装工具和必要的设备和材料。

2. 安装拆卸安全技术

安装与拆卸时应注意如下的安全事项：

（1）操作人员必须按高处作业要求，在安装时戴好安全帽，系好安全带，并将安全带系好在立柱节上。

（2）安装过程中必须由专人负责统一指挥。

（3）升降机在运行过程中绝对不允许乘人。

（4）每个吊笼顶平台作业人数不得超过 2 人，顶部承载总重量不得超过 650kg。

（5）吊杆额定起重量为 180kg，不允许超载，并且只允许用来安装或拆卸升降机零部件，不得作其他用途。

（6）遇有雨、雪、雾及风速超过 13m/s 的恶劣天气，不得进行安装和拆卸作业。

5.10.4 施工升降机的安全使用和维修保养

施工升降机同其他机械设备一样，如果使用得当、维修及时、合理保养，不仅会延长使用寿命，而且能够降低故障率，提高运行效率。

1. 施工升降机的安全使用

（1）收集和整理技术资料，建立健全施工升降机档案。

（2）建立施工升降机使用管理制度。

（3）操作人员必须了解施工升降机的性能，熟悉使用说明书。

（4）使用前，做好检查工作，确保各种安全保护装置和电气设备正常。

（5）操作过程中，司机要随时注意观察吊笼的运行通道有无异常情况，发现险情立即停车排除。

2. 施工升降机的维修保养

（1）检修蜗轮减速机。

（2）检查配重钢丝绳。检查每根钢丝绳的张力，使之受力均匀，相互差值不超过5％。钢丝绳严重磨损，达到钢丝绳报废标准时要及时更换新绳。

（3）检查齿轮齿条。应定期检查齿轮、齿条磨损程度，当齿轮、齿条损坏或超过允许磨损值范围时应予更换。

（4）检修限速制动器。制动器垫片磨损到一定程度，须进行更换。

（5）检修其他部件、部位的润滑。

5.10.5 施工升降机（人货两用电梯）安全操作规程

（1）施工升降机基础应符合使用说明书要求，当使用说明书无要求时，应经专项设计计算，地基上表面平整度允许偏差为10mm，场地应排水通畅。

（2）施工升降机导轨架的纵向中心线至建筑物外墙面的距离宜选用使用说明书中提供的较小的安装尺寸。

（3）安装导轨架时，应采用经纬仪在两个方向进行测量校准。其垂直度允许偏差应符合表 5-6 的规定。

施工升降机导轨架垂直度   表 5-6

架设高度 H(m)	$H \leqslant 70$	$70 < H \leqslant 100$	$100 < H \leqslant 150$	$150 < H \leqslant 200$	$H > 200$
垂直度偏差(mm)	$\leqslant 1/1000H$	$\leqslant 70$	$\leqslant 90$	$\leqslant 110$	$\leqslant 130$

（4）导轨架自由高度、导轨架的附墙距离、导轨架的两附墙连接点间距离和最低附墙点高度不得超过使用说明书的规定。

（5）施工升降机应设置专用开关箱，馈电容量应满足升降机直接启动的要求，生产厂家配置的电气箱内应装设短路、过载、错相、断相及零位保护装置。

（6）施工升降机周围应设置稳固的防护围栏。楼层平台通道应平整牢固，出入口应设防护门。全行程不得有危害安全运行的障碍物。

（7）施工升降机安装在建筑物内部井道中时，各楼层门应封闭并应有电气连锁装置。装设在阴暗处或夜班作业的施工升降机，在全行程上应有足够的照明，并应装设明亮的楼层编号标志灯。

（8）施工升降机的防坠安全器应在标定期限内使用，标定期限不应超过一年。使用中不得任意拆检调整防坠安全器。

（9）施工升降机使用前，应进行坠落试验。施工升降机在使用中每隔 3 个月，应进行一次额定载重量的坠落试验，试验程序应按说明书规定进行，吊笼坠落试验制动距离应符合现行行业标准的规定。防坠安全器试验后及正常操作中，每发生一次防坠动作，应由专业人员进行复位。

（10）作业前应重点检查下列项目，并应符合相应要求：

① 各部结构无变形，连接螺栓无松动；

② 齿条与齿轮、导向轮与导轨均结合正常；

③ 钢丝绳应固定良好，不得有异常磨损；

④ 运行范围内不得有障碍；

⑤ 安全保护装置应灵敏可靠。

（11）启动前，应检查并确认供电系统、接地装置安全有效，控制开关应在零位。电源接通后，应检查并确认电压正常。应试验并确认各限位装置、吊笼、围护门等处的电气连锁装置良好可靠，电气仪表应灵敏有效。作业前应进行试运行，测定各机构制动器的效能。

（12）施工升降机应按使用说明书要求，进行维护保养，并应定期检验制动器的可靠性，制动力矩应达到使用说明书要求。

（13）吊笼内乘人或载物时，应使载荷均匀分布，不得偏重，不得超载运行。

（14）操作人员应按指挥信号操作。作业前应鸣笛示意。在施工升降机未切断总电源开关前，操作人员不得离开操作岗位。

（15）施工升降机运行中发现有异常情况时，应立即停机并采取有效措施将吊笼就近停靠楼层，排除故障后再继续运行。在运行中发现电气失控时，应立即按下急停按钮，在未排除故障前，不得打开急停按钮。

（16）在风速达到 20m/s 及以上大风、大雨、大雾天气以及导轨架、电缆等结冰时，施工升降机应停止运行，并将吊笼降到底层，切断电源。暴风雨等恶劣天气后，应对施工升降机各有关安全装置等进行一次检查，确认正常后运行。

（17）施工升降机运行到最上层或最下层时，不得用行程限位开关作为停止运行的控制开关。

（18）当升降机在运行中由于断电和其他原因而中途停止时，可进行手动下降，将电动机尾端制动电磁铁手动释放，拉手缓缓向外拉出，使吊笼缓慢地向下滑动。吊笼下滑时不得超过额定运行速度，手动下降必须由专业维修人员进行操作。

（19）当需在吊笼的外面进行检修时，另外一个吊笼应停机配合，检修时应切断电源，并应有专人监护。

（20）作业后，应将吊笼降到底层，各控制开关拨到零位，切断电源，锁好开关箱，闭锁吊笼门和围护门。

5.11　物料提升机

物料提升机是建筑施工现场常用的一种输送物料的垂直运输设备。它以卷扬机为动力，以底架、立柱及天梁为架体，以钢丝绳为传动，以吊笼（吊篮）为工作装置。在架体上装设滑轮、导轨、导靴、吊笼、安全装置等和卷扬机配套构成完整的垂直运输体系。物料提升机构造简单，用料品种和数量少，制作容易，安装拆卸和使用方便，价格低，是一种投资少、见效快的装备机具，因而受到施工企业的欢迎，近几年得到了快速发展。

5.11.1 物料提升机的分类

1. 概念

根据《龙门架及井架物料提升机安全技术规范》JGJ 88—2010 规定，起重量在 2000kg 以下，以地面卷扬机为动力，由天梁组成架体，吊笼沿导轨升降运动，垂直输送物料的起重设备。

2. 分类

（1）按结构形式的不同，物料提升机可分为龙门架式物料提升机和井架式物料提升机。

① 龙门架式物料提升机：以地面卷扬机为动力，由 2 根立柱与天梁构成门架式架体，吊篮（吊笼）在 2 根立柱间沿轨道作垂直运动的提升机。

② 井架式物料提升机：以地面卷扬机为动力，由型钢组成井字架体，吊笼（吊篮）在井孔内或架体外侧沿轨道作垂直运动的提升机。

（2）按架设高度的不同，物料提升机可分为高架物料提升机和低架物料提升机。

① 架设高度在 30m（含 30m）以下的物料提升机为低架物料提升机。

② 架设高度在 30（不含 30m）～150m 的物料提升机为高架物料提升机。

5.11.2 物料提升机的结构

物料提升机由架体、提升与传动机构、吊笼（吊篮）、稳定机构、安全保护装置和电气控制系统组成。本节介绍物料提升机的架体、提升与传动机构和吊笼（吊篮）。

物料提升机结构的设计和计算应符合《钢结构设计规范》GB 50017—2017、《塔式起重机设计规范》GB/T 13752—2017 和《龙门架及井架物料提升机安全技术规范》JGJ 88—2010 等标准的有关要求。物料提升机结构的设计和计算应提供正式、完整的计算书，结构计算应含整体抗倾翻稳定性，基础、立柱、天梁、钢丝绳、制动器、电机、安装抱杆、附墙架等的计算。

1. 架体

架体的主要构件有底架、立柱、导轨和天梁。

（1）底架

架体的底部设有底架，用于立柱与基础的连接。

（2）立柱

由型钢或钢管焊接组成，用于支承天梁的构件，可为单立柱、双立柱或多立柱。立柱可由标准节组成，也可以由杆件组成，其断面可组成三角形、方形。当吊笼在立柱之间，立柱与天梁组成龙门形状时，称为龙门架式；当吊笼在立柱的一侧或两侧时，立柱与天梁组成井字形状时，称为井架式。

（3）导轨

导轨是为吊笼提供导向的部件，可用工字钢或钢管。导轨可固定在立柱上，也可直接用立柱作为吊笼垂直运行的导轨。

（4）天梁

安装在架体顶部的横梁，是主要的受力构件，承受吊笼（吊篮）自重及所吊物料重，天梁应使用型钢，其截面高度应经计算确定，但不得小于 2 根 [14 槽钢。

2. 提升与传动机构

（1）卷扬机

卷扬机是物料提升机主要的提升机构。按构造形式分为可逆式卷扬机和摩擦式卷扬机。提升机卷扬机应符合《建筑卷扬机》GB/T 1955—2008 的规定，并且应能够满足额定起重量、提升高度、提升速度等参数的要求。在选用卷扬机时宜选用可逆式卷扬机，高架提升机不得选用摩擦式卷扬机。

卷扬机卷筒应符合下列要求：卷扬机卷筒边缘外周至最外层钢丝绳的距离应不小于钢丝绳直径的 2 倍，且应有防止钢丝绳滑脱的保险装置。卷筒与钢丝绳直径的比值应不小于 30。

（2）滑轮与钢丝绳

装在天梁上的滑轮称天轮，装在架体底部的滑轮称地轮，钢丝绳通过天轮、地轮及吊篮上的滑轮穿绕后，一端固定在天梁的销轴上，另一端与卷扬机卷筒锚固。滑轮按抽丝绳的直径选用。

（3）导靴

导靴是安装在吊笼上沿导轨运行的装置，可防止吊笼运行中偏移或摆动，保证吊笼垂直上下运行。

（4）吊笼（吊篮）

吊笼（吊篮）是装载物料沿提升机导轨作上下运行的部件。吊笼（吊篮）的两侧应设置高度不小于 100cm 的安全挡板或挡网。高架提升机不能使用吊篮，只能使用吊笼。

5.11.3　物料提升机的稳定

物料提升机的稳定性能主要取决于物料提升机的基础、附墙架、缆风绳及地锚。

1. 基础

物料提升机的基础要依据提升机的类型及土质情况确定基础的做法，基础应符合以下规定：

（1）高架提升机的基础应进行设计，基础应能可靠地承受作用在其上的全部荷载，基础的埋深与做法应符合设计和提升机出厂使用规定。

（2）低架提升机的基础当无设计要求时应符合下列要求：

① 土层压实后的承载力应不小于 80kPa；

② 浇筑 C20 混凝土，厚度不少于 30cm；

③ 基础表面应平整，水平度偏差不大于 10mm。

（3）基础应有排水措施，距基础边缘 5m 范围内开挖沟槽或有较大振动的施工时，必须有保证架体稳定的措施。

2. 附墙架

为增强提升机架体的稳定性而连接在物料提升机架体立柱与建筑物结构之间的钢结构。附墙架的设置应符合以下要求：

（1）附墙架与建筑结构的连接应进行设计计算，附墙架与立柱及建筑物连接时，应采用刚性连接，并形成稳定结构。

（2）附墙架的材质应达到现行国家标准《碳素结构钢》GB/T 700—2006 的要求，不得使用木杆、竹竿等作附墙架与金属架体连接。

（3）附墙架的设置应符合设计要求，其间隔不宜大于 9m，且在建筑物的顶层宜设置 1 组，附墙后立柱顶部的自由高度不宜大于 6m。

3. 缆风绳

缆风绳是为保证架体稳定而在其四个方向设置的拉结绳索，所用材料为钢丝绳。缆风绳的设置应当满足以下条件：

（1）缆风绳应经计算确定，直径不得小于 9.3mm，按规范要求，当钢丝绳用作缆风绳时，其安全系数为 3.5。

（2）高架物料提升机在任何情况下均不得采用缆风绳。

（3）提升机高度在 20m（含 20m）以下时，缆风绳不少于 1 组（4 根）；提升机高度在 20～30m 时不少于 2 组。

（4）缆风绳应在架体四角有横向缀件的同一水平面上对称设置。

（5）缆风绳的一端应连接在架体上，对连接处的架体焊缝及附件必须进行设计计算。

（6）缆风绳的另一端应固定在地锚上，不得随意拉结在树上、墙上、门窗框上或脚手架上等。

（7）缆风绳与地面的夹角不应大于 60°，应以 45°～60°为宜。

（8）当缆风绳需改变位置时，必须先做好预定位置的地锚，并加临时缆风绳，确保提升机架体的稳定，方可移动原缆风绳的位置，待与地锚拴牢后，再拆除临时缆风绳。

4. 地锚

地锚的受力情况、埋设的位置都直接影响着缆风绳的作用，常常因地锚角度不够或受力达不到要求发生变形，而造成架体歪斜甚至倒塌。在选择缆风绳的锚固点时，要视其土质情况，决定地锚的形式和做法。

5.11.4　物料提升机的安全保护装置

1. 安全保护装置

物料提升机的安全保护装置主要包括：安全停靠装置、断绳保护装置、载重量限制装置、上极限限位器、下极限限位器、吊笼安全门、缓冲器和通信信号装置等。

（1）安全停靠装置

当吊笼停靠在某一层时，能使吊笼稳妥地支靠在架体上的装置。防止因钢丝绳突然断裂或卷扬机抱闸失灵时吊篮坠落。其装置有制动和手动 2 种，当吊笼运行到位后抽簧控制或人工搬动使支承杆伸到架体的承托架上，其荷载全部由承托架负担，钢丝绳不受力。当吊笼装载 125% 额定载重量，运行至各楼层位置装卸载荷时，停靠装置应能将吊笼可靠定位。

（2）断绳保护装置

吊笼装载额定载重量，悬挂或运行中发生断绳时，断绳保护装置必须可靠地把吊笼刹制在导轨上，最大制动滑落距离应不大于 1m，并且不应对构件造成永久性损坏。

（3）载重量限制装置

当提升机吊笼内载荷达到额定载重量的 90％时，应发出报警信号；当吊笼内载荷达到额定载重量的 100％～110％时，应切断提升机工作电源。

（4）上极限限位器

上极限限位器应安装在吊笼允许提升的最高工作位置，吊笼的越程（指从吊笼的最高位置与天梁最低处的距离）应不小于 3m。当吊笼上升达到限定高度时，限位器即行动，作切断电源（指可逆式卷扬机）或自动报警（指摩擦式卷扬机）。

（5）下极限限位器

下极限限位器应能在吊笼碰到缓冲装置之前动作，当吊笼下降至下限位时，限位器应自动切断电源，使吊笼停止下降。

（6）吊笼安全门

吊笼的上料口处应装设安全门。安全门宜采用联锁开启装置。安全门联锁开启装置，可为电气联锁，也可为机械联锁。吊笼上行时安全门自动关闭，如果安全门未关，可造成断电，提升机不能工作。

（7）缓冲器

缓冲器应装设在架体的底坑里，当吊笼以额定荷载和规定的速度作用到缓冲器上时，应能承受相应的冲击力。缓冲器的形式可采用弹簧或弹性实体。

（8）通信信号装置

信号装置是由司机控制的一种音响装置，其音量应能使各楼层使用提升机装卸物料人员清晰听到。当司机不能清楚地看到操作者和信号指挥人员时，必须加装通信装置。通信装置必须是一个闭路的双向电气通信系统，司机和作业人员能够相互联系。

2. 安全保护装置的设置

（1）低架物料提升机应当设置安全停靠装置、断绳保护装置、上极限限位器、下极限限位器、吊笼安全门和信号装置。

（2）高架物料提升机除了应当设置低架物料提升机应当设置的安全保护装置外，还应当设置载重量限制装置、上极限限位器、下极限限位器、缓冲器和通信装置等。

5.11.5　物料提升机的安装与拆卸

1. 安装前的准备

（1）根据施工要求和场地条件，并综合考虑发挥物料提升机的工作能力，合理确定安装位置。

（2）做好安装的组织工作，包括安装作业人员的配备，高处作业人员必须具备高处作业的业务素质和身体条件。

（3）按照说明书基础图制作基础。

（4）基础养护期应不少于 7d，基础周边 5m 内不得挖排水沟。

2. 安装前的检查

（1）检查基础的尺寸是否正确，地脚螺栓的长度、结构、规格是否正确，混凝土的养护是否达到规定期，平面度是否达到要求（用水平仪进行验证）。

（2）检查提升卷扬机是否完好，地锚拉力是否达到要求，刹车开、闭是否可靠，电压是否在 380V±5％之内，电机转向是否合乎要求。

（3）检查钢丝绳是否完好，与卷扬机的固定是否可靠，特别要检查计算安装好全部架体达到规定高度时，在全部钢丝绳输出后，钢丝绳长度是否能在卷筒上保持至少三圈。

（4）各标准节是否完好，导轨、导轨螺栓是否齐全、完好，各种螺栓是否齐全、有效，特别是用于紧固标准节的高强度螺栓数量是否充足，各种滑轮是否齐备，有无破损。

（5）吊笼是否完整，焊缝是否有裂纹，底盘是否牢固，顶棚是否安全。

（6）断绳保护装置、重量限制器等安全防护装置事先进行检查，确保安全、灵敏、可靠无误。

3. 安装与拆卸

井架式物料提升机的安装一般按以下顺序：将底架按要求就位——→将第一节标准节安装于标准节底架上——→提升抱杆——→安装卷扬机——→利用卷扬机和抱杆安装标准节——→安装导轨架——→安装吊笼——→穿绕起升钢丝绳——→安装安全装置。物料提升机的拆卸按安装架设的反程序进行。

5.11.6　安全使用和维修保养

1. 物料提升机的安全使用

（1）建立物料提升机的使用管理制度。物料提升机应有专职机构和专职人员管理。

（2）组装后应进行验收，并进行空载、动载和超载试验。

① 空载试验：即不加荷载，只将吊篮按施工中各种动作反复进行，并试验限位灵敏程度。

② 动载试验：即按说明书中规定的最大载荷进行动作运行。

③ 超载试验：一般只在第一次使用前，或经大修后按额定载荷的 125％逐渐加荷进行。

（3）物料提升机司机应经专门培训，人员要相对稳定，每班开机前，应对卷扬机、钢丝绳、地锚、缆风绳进行检验，并进行空车运行。

（4）严禁载人。物料提升机主要是运送物料的，在安全装置可靠的情况下，装卸料人员才能进入到吊篮作业，严禁各类人员乘吊篮升降。

（5）禁止攀登架体和从架体下面穿越。

（6）司机在通信联络信号不明时不得开机，作业中不论任何人发出紧急停车信号，司机应立即执行。

（7）缆风绳不得随意拆除。凡需临时拆除的，应先行加固，待恢复缆风绳后，方可使用升降机；如缆风绳改变位置，要重新埋设地锚，待新缆风绳拴好后，原来的缆风绳方可拆除。

（8）严禁超载运行。

（9）司机离开时，应降下吊篮并切断电源。

2. 物料提升机的维修保养

（1）建立物料提升机的维修保养制度。

（2）使用过程中要定期检修。

（3）除定期检查外，提升机必须做好日常检查工作。日常检查应由司机在每班前进行，主要内容有：

① 附墙杆与建筑物连接有无松动，或缆风绳与地锚的连接有无松动。

② 空载提升吊篮做一次上下运行，查看运行是否正常，同时验证各限位器是否灵敏可靠及安全门是否灵敏完好。

③ 在额定荷载下，将吊篮提升至离地面1～2m高处停机，检查制动器的可靠性和架体的稳定性。

④ 卷扬机各传动部件的连接和紧固情况是否良好。

（4）保养设备必须在停机后进行。禁止在设备运行中擦洗、注油等工作。如需重新在卷筒上缠绳时，必须两人操作，一人开机一人扶绳，相互配合。

（5）司机在操作中要经常注意传动机构的磨损，发现磨绳、滑轮磨偏等问题，要及时向有关人员报告并及时解决。

（6）架体及轨道发生变形必须及时维修。

习　　题

一、填空题

1. 塔式起重机在建筑结构工程中，主要用于＿＿＿＿＿＿、＿＿＿＿＿＿和＿＿＿＿＿＿。

2. 塔式起重机是现代工程中一种主要的起重机械，它由＿＿＿＿＿＿、＿＿＿＿＿＿、＿＿＿＿＿＿＿＿＿＿及＿＿＿＿＿＿4部分组成。

3. 桥式起重机根据吊具不同，可分为＿＿＿＿＿＿、＿＿＿＿＿＿、＿＿＿＿＿＿。

4. 轨道式起重机按行走机构的形式，可分为＿＿＿＿＿＿＿和＿＿＿＿＿＿。

5. 电动卷扬机有＿＿＿＿＿＿、＿＿＿＿＿＿和＿＿＿＿＿＿等优点。

6. 架设高度在＿＿＿＿＿＿＿＿＿＿＿＿的物料提升机为高架物料提升机。

7. 限速器是施工升降机的主要＿＿＿＿＿＿＿，它可以限制梯笼的＿＿＿＿＿＿、＿＿＿＿＿。

8. 施工升降机上、下极限限位器是在＿＿＿＿＿＿＿一旦不起作用，吊笼继续上行或下降到设计规定的＿＿＿＿＿＿＿极限位置时能及时切断电源，以保证吊笼安全。

二、判断题

1. 起重机的内燃机运行中出现异响、异味、水温急剧上升及机油压力急剧下降等情况时，应立即排除障碍。　　　　　　　　　　　　　　　　　　　　　（　）

2. 某塔式起重机的司机是有6年施工经验的施工员。　　　　　　　　　（　）

3. 当重物在空中需停留较长时间时，应将升卷筒制动锁住，操作人员不得离开操作室。　　　　　　　　　　　　　　　　　　　　　　　　　　　　　（　）

4. 吊运易燃、易爆、有害等危险品时，应经安全主管部门批准，并应有相应的安全措施。　　　　　　　　　　　　　　　　　　　　　　　　　　　　（　）

5. 电动葫芦第一次吊重物时，应在吊离地面 100mm 时停止上升，检查电动葫芦制动情况，确认完好后再正式作业。露天作业时，电动葫芦应设有防雨棚。   （   ）

6. 施工升降机使用前，应进行坠落试验。施工升降机在使用中每隔半年，应进行一次额定载重量的坠落试验，试验程序应按说明书规定进行。   （   ）

三、简答题

1. 建筑结构吊装主要用哪些起重设备？

2. 起重机的基本参数是什么？

3. 塔式起重机的主要优点和缺点是什么？

4. 简述履带式起重机的转移方法。

5. 轮式起重机主要有哪几种？

6. 简述桥式起重机的用途。

7. 简述电动卷扬机的结构组成。

8. 叙述电动葫芦的结构及工作原理。

9. 施工升降机作业前应重点检查哪些项目？

▶ **土石方机械**

【主要内容】

1. 土石方机械的特点及常用的土方机械；

2. 常用土方机械的特点、分类、结构组成及工作原理；

3. 各类土方机械的安全操作规程。

【学习要点】

1. 掌握常用土方机械的特点、分类、结构组成；

2. 理解各类土方机械的工作原理及安全操作规程。

6.1　土石方机械概况

　　土方工程所应用的机械，其特点是功率大、机型大、机动性大、生产效率高和类型复杂。根据所起的作用不同，可将土方施工机械分为铲土运输机械、挖掘机械和压实机械 3 大类。市政工程施工中常用的土方机械有推土机、铲运机、单斗挖掘机、装载机、平地机和压路机等。

　　土方是整个市政工程中工程量最大、工期长、施工条件复杂的工程之一。土方工程主要有平整、挖掘、运输、回填和压实等劳动强度大的施工作业。

　　土方工程施工必须实现机械化，据统计，一台斗容量为 $1m^3$ 的单斗挖掘机，挖掘 Ⅲ 类以下的土壤时，每个台班的生产率相当 $300 \sim 400$ 工人 1 天的工作量；一台班产 $200000m^3$ 大型斗轮式挖掘机可代替 5 万～6 万人的劳动，由此可见，实现土方工程施工机械化，可以大大提高生产率，减轻劳动强度，加快施工进度，缩短工期，降低工程成本，且能有效地保证工程质量。

　　本书就常用的几种土方施工机械加以介绍。

6.2　土石方机械安全操作规程

　　（1）土石方机械的内燃机、电动机和液压装置的使用，应符合有关规定。

　　（2）机械进入现场前，应查明行驶路线上的桥梁、涵洞的上部净空和下部承载能力，保证机械安全通过。

　　（3）机械通过桥梁时，应采用低速挡慢性，在桥面上不得转向或制动。

　　（4）作业前，必须查明施工场地内明、暗铺设的各类管线等设施，并应采用明显记号标识。严禁在离地下管线、承压管道 1m 距离以内进行大型机械作业。

　　（5）作业中，应随时监视机械各部位的运转及仪表指示值，如发现异常，应立即停机检修。

　　（6）机械运行中，不得接触转动部位。在修理工作装置时，应将工作装置降到最低位置，并应将悬空工作装置垫上垫木。

　　（7）在电杆附近取土时，对不能取消的拉线、地垄和杆身，应留出土台，土台大小应根据电杆结构、掩埋深度和土质情况由技术人员确定。

　　（8）机械与架空输电线路的安全距离应符合现行行业标准《施工现场临时用电安全技术规范》JGJ 46—2005 的规定。

　　（9）在施工中遇下列情况之一时应立即停工：

　　① 填挖区土体不稳定，土体有可能坍塌；

　　② 地面涌水冒浆、机械陷车或因雨水机械在坡道打滑；

　　③ 遇大雨、雷电、浓雾等恶劣天气；

　　④ 施工标志及防护设施被损坏；

⑤ 工作面安全净空不足。

（10）机械回转作业时，配合人员必须在机械回转半径以外工作。当需在回转半径以内工作时，必须将机械停止回转并制动。

（11）雨期施工时，机械应停放在地势较高的坚实位置。

（12）机械作业不得破坏基坑支护系统。

（13）行驶或作业中的机械，除驾驶室外的任何地方不得有乘员。

6.3　单斗挖掘机

6.3.1　概述

单斗挖掘机是挖掘机中最常见的一种。同多斗挖掘机相对应，单斗挖掘机只有一个挖斗。单斗挖掘机是大型基坑开挖中最常用的一种土方机械。

（1）根据其工作装置的不同，分为正铲、反铲、拉铲、抓铲4种。

正铲挖掘机的铲斗铰装于斗杆端部，由动臂支持，其挖掘动作由下向上，斗齿尖轨迹常呈弧线，适于开挖停机面以上的土壤。

反铲挖掘机的铲斗也与斗杆铰接，其挖掘动作通常由上向下，斗齿轨迹呈圆弧线，适于开挖停机面以下的土壤。反铲挖掘机的铲斗沿动臂下缘移动，动臂置于固定位置时，斗齿尖轨迹呈直线，因而可获得平直的挖掘表面，适于开挖斜坡、边沟或平整场地。

拉铲挖掘机的铲斗呈畚箕形，斗底前缘装斗齿。工作时，将铲斗向外抛掷于挖掘面上，铲斗齿借斗重切入土中，然后由牵引索拉拽铲斗挖土，挖满后由提升索将斗提起，转台转向卸土点，铲斗翻转卸土。可挖停机面以下的土壤，还可进行水下挖掘，挖掘范围大，但挖掘精确度差。

抓铲挖掘机的铲斗由2个或多个颚瓣铰接而成，颚瓣张开，掷于挖掘面时，瓣的刃口切入土中，利用钢索或液压缸收拢颚瓣，挖抓土壤。松开颚瓣即可卸土。用于基坑或水下挖掘，挖掘深度大，也可用于装载颗粒物料。土方工程中常用的中小型挖掘机，其工作装置可以拆换，换装上不同铲斗，可进行不同作业。还可改装成起重机、打桩机、夯土机等，故称通用（多能）挖掘机。采掘或矿用挖掘机一般只配备一种工作装置，进行单一作业，故称专用挖掘机。

（2）按行走方式分为履带式和轮胎式2类。

（3）按传动方式有机械传动和液压传动2种。

液压传动单斗挖掘机是利用油泵、液压缸、液压马达等元件传递动力的挖掘机。油泵输出的压力油分别推动液压缸或马达工作，使机械各相应部分运转。常见的是反铲挖掘机。反铲作业时，动臂放下，作为支承，由斗杆液压缸或铲斗液压缸将铲斗放在停机面以下并使之作弧线运动，进行挖掘和装土，然后提起动臂，利用回转马达转向卸土点，翻转铲斗卸土。整机行走采用左右液压马达驱动，马达正逆转配合，可以进、退或转弯。轮胎行走也有由发动机经变速箱、主传动轴和差速器传动的，但机构复杂。中小型机多采用双泵驱动，也有再添设一泵单独驱动回转机构的，可以节省功率。液压传动挖掘机的主要技术参数是铲斗容量，也有以机重或发动机功率为主要参数的。此种挖掘机结构紧凑、重量轻，常拥有品种较多的可换工作装置，以适应各种作业需要，操作轻便灵活，工作平稳可靠，故发展迅速，已成为挖掘机的主要品种，如图 6-1 所示为液压式单斗挖掘机构造。

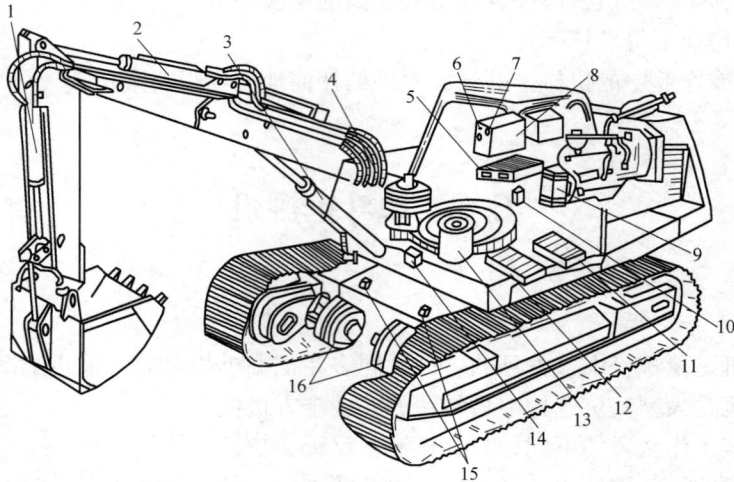

图 6-1   液压式单斗挖掘机构造

1—铲斗油缸；2—斗杆油缸；3—动臂油缸；4—回转油马达；5—冷却器；6—滤油器；
7—磁性滤油器；8—液压油箱；9—油泵；10—背压阀；11—后四路组合阀；
12—前四路组合阀；13—中央回转接头；14—回转制动阀；15—限速阀；16—行走油马达

6.3.2   结构组成和工作原理

单斗挖掘机主要由发动机、液压系统、工作装置、行走装置和电气控制等部分组成。液压系统由液压泵、控制阀、液压缸、液压马达、管路、油箱等组成。电气控制系统包括监控盘、发动机控制系统、泵控制系统、各类传感器、电磁阀等。

根据其构造和用途可以区分为：履带式、轮胎式、步履式、全液压、半液压、全回转、非全回转、通用型、专用型、铰接式、伸缩臂式等多种类型。

工作装置是直接完成挖掘任务的装置。它由动臂、斗杆、铲斗等 3 部分铰接而成。动臂起落、斗杆伸缩和铲斗转动都用往复式双作用液压缸控制。为了适应各种不同施工作业的需要，液压挖掘机可以配装多种工作装置，如挖掘、起重、装载、平整、夹钳、推土、冲击锤等多种作业机具。

回转与行走装置是液压挖掘机的机体，转台上部设有动力装置和传动系统。发动机是液压挖掘机的动力源，大多采用柴油，要在方便的场地，也可改用电动机。

液压传动系统通过液压泵将发动机的动力传递给液压马达、液压缸等执行元件，推动工作装置动作，从而完成各种作业。

6.3.3   作用

单斗挖掘机主要是一种土方机械。在建筑工程中，单斗挖掘机可挖掘基坑、沟槽，清理和平整场地。是建筑工程土方施工中很重要的机械设备。在更换工作装置后还可以进行破碎、装卸、起重、打桩等作业任务。

单斗挖掘机的动力装置有柴油机驱动、电驱动（称电铲）、蒸汽机驱动和复合驱动等。其传动有机械传动和液压传动等。其行走装置有履带式、轮胎式、轨道式、步行式和浮式。转台可作360°全回转或局部回转。土木建筑施工中常用的为柴油机驱动、全回转、液压传动挖掘机。

机械传动单斗挖掘机利用齿轮、链条、钢丝绳滑轮组等传动件传递动力的挖掘机。常见的为正铲挖掘机，其动臂中间装有特种轴承（称鞍式轴承），斗杆支承于此轴承上，可绕其转动，并利用齿轮齿条或钢丝绳传动机构进行伸缩。作业时，以动臂为支承，斗杆伸出，将斗齿强制压入挖掘面，同时由起升钢丝绳提升铲斗进行挖土。铲斗底部可以开启，以进行卸土。转台回转借齿轮传动，并采用滚球式或滚柱式回转支承，大型机也常采用滚轮式回转支承，但摩擦阻力矩大。整机行走由发动机通过链条和齿轮传动来完成。轮胎式行走装置由于底盘结构和承载能力的限制，只适用于中小型挖掘机。机械传动挖掘机的主要技术参数是铲斗容量，常根据其计算机械生产率和估算运土车辆的车斗大小。此种挖掘机由于重量大、机构性能不能很好地满足作业要求、操纵不轻便，故中小型机已基本上被液压传动挖掘机所取代。

6.3.4　单斗挖掘机安全操作规程

（1）单斗挖掘机的作业和行走场地应平整坚实，松软地面应用枕木或垫板垫实，沼泽或淤泥场地应进行路基处理，或更换专用湿地履带。

（2）轮胎式挖掘机使用前应支好支腿，并应保持水平位置，支腿应置于作业面的方向，转向驱动桥置于作业面的后方。履带式挖掘机的驱动轮应置于作业面的后方。采用液压悬挂装置的挖掘机，应锁住2个悬挂液压缸。

（3）作业前重点检查项目应符合下列要求：

① 照明、信号及报警装置等齐全有效；

② 燃油、润滑油、液压油符合规定；

③ 各铰接部分连接可靠；

④ 液压系统无泄漏现象；

⑤ 轮胎气压符合规定。

（4）启动前，应将主离合器分离，各操纵杆放在空挡位置，并应发出信号，确认安全后启动设备。

（5）启动后，应先使液压系统从低速到高速空载循环10～20min，不得有吸空等不正常噪声，并应检查各仪表指示值，运转正常后再接合主离合器，进行空载运转，顺序操纵各工作机构并测试各制动器，确认正常后开始作业。

（6）作业时，挖掘机应保持水平位置，将行走机构制动住，并将履带或轮胎揳紧。

（7）平整作业场地时，不得用铲斗进行横扫或用铲斗对地面进行夯实。

（8）挖掘岩石时，应先进行爆破。挖掘冻土时，应采用破冰锤或爆破法使冻土层破碎。不得用铲斗破碎石块、冻土，或用单边斗齿硬啃。

（9）挖掘机最大开挖高度和深度，不应超过机械本身性能规定。在拉铲或反铲作业时，履带式挖掘机的履带与工作面边缘距离应大于1.0m，轮胎式挖掘机的轮胎与工作面边缘距离应大于 1.5m。

（10）在坑边进行挖掘作业，当发现有塌方危险时，应立即处理险情，或将挖掘机撤至安全地带。坑边不得留有伞状边沿及松动的大块石。

（11）挖掘机应停稳后再进行挖土作业。当铲斗未离开工作面时，不得作回转、行走等动作。应使用回转制动器进行回转制动，不得用转向离合器反转制动。

（12）作业时，各操纵过程应平稳，不准紧急制动。铲斗升降不得过猛，下降时，不得撞碰车架或履带。

（13）斗臂在抬高及回转时，不得碰到洞壁、沟槽侧面或其他物体。

（14）挖掘机向运土车辆装车时，应降低卸落高度，不得偏装或砸坏车厢。回转时，铲斗不得从运输车辆驾驶室顶上越过。

（15）作业中，当液压缸伸缩将达到极限位时，应动作平稳，不得冲撞极限块。

（16）作业中，当需制动时，应将变速阀置于低速挡位置。

（17）作业中，当发现挖掘力突然变化，应停机检查，严禁在未查明原因前擅自调整分配阀压力。

（18）作业中不得打开压力表开关，且不得将工况选择阀的操纵手柄放在高速挡位置。

（19）挖掘机应停稳后再反铲作业，斗柄伸出长度应符合规定要求，提斗应平稳。

（20）作业中，履带式挖掘机短距离行走时，主动轮应在后面，斗臂应在正前方与履带平行，并应制动回转机构。坡道坡度不得超过机械允许的最大坡度。下坡时应慢速行驶。不得在坡道上变速和空挡滑行。

（21）轮胎式挖掘机行驶前，应收回支腿并固定可靠，监控仪表和报警信号灯应处于正常显示状态。轮胎气压应符合规定，工作装置应处于行驶方向，铲斗宜离地面 1m。长距离行驶时，应将回转制动板踩下，并应采用固定销锁定回转平台。

（22）挖掘机在坡道上行走时熄火，应立即制动，并应搂住履带或轮胎，重新发动后，再继续行走。

（23）作业后，挖掘机不得停放在高边坡附近和填方区，应停放在坚实、平坦、安全的地带，将铲斗收回平放在地面上，所有操纵杆置于中位，关闭操纵室和机棚。

（24）履带式挖掘机转移工地应采用平板拖车装运。短距离自行转移时，应低速行走。

（25）保养或检修挖掘机时，应将内燃机熄火，并将液压系统卸荷，铲斗落地。

（26）利用铲斗将底盘顶起进行检修时，应使用垫木将抬起的履带或轮胎垫稳，用木楔将落地履带或轮胎搂牢，然后再将液压系统卸荷，否则不得进入底盘下工作。

6.4 推 土 机

6.4.1 概述

推土机是由拖拉机驱动的机器，有一宽而钝的水平推铲用以清除土地、道路构筑物或类似的工作。它以主机为动力，前端装有推土装置，用来对土壤、矿石等散状物料进行刮削或推运的自行式铲土运输机械。

按行走方式分，推土机可分为履带式和轮胎式2种。履带式推土机附着牵引力大，接地比压小（0.04～0.13MPa），爬坡能力强，但行驶速度低。轮胎式推土机行驶速度高，机动灵活，作业循环时间短，运输转移方便，但牵引力小，适用于需经常变换工地和野外工作的情况。

按用途分，可分为通用型及专用型2种。通用型是按标准进行生产的机型，广泛用于土石方工程中。专用型用于特定的工况下，有采用三角形宽履带板以降低接地比压的湿地推土机和沼泽地推土机、水陆两用推土机、水下推土机、船舱推土机、无人驾驶推土机、高原型和高湿工况下作业的推土机等。

6.4.2　结构组成与工作原理

推土机的基本作业是铲土、运土和卸土。

动力输出机构以齿轮传动和花键连接的方式带动工作装置液压系统中的工作泵、变速变矩液压系统变速泵、转向制动液压系统转向泵；链轮代表二级直齿齿轮传动的终传动机构（包括左、右终传动总成）；履带板包括履带总成、台车架和悬挂装置总成在内的行走系统。

履带式推土机主要由发动机、传动系统、工作装置、电气部分、驾驶室和机罩等组成。其中，机械及液压传动系统又包括液力变矩器、联轴器总成、行星齿轮式动力换挡变速器、中央传动、转向离合器和转向制动器、终传动和行走系统等。如图6-2所示为回转式推土机结构原理图。

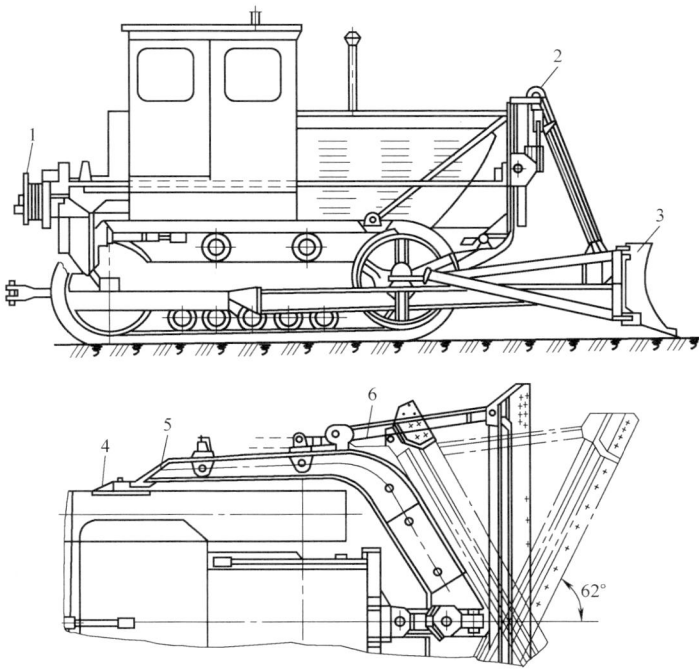

图6-2　回转式推土机结构原理图

1—绞盘；2—滑轮组支架；3—推土板；4—连接装置；5—顶推架；6—撑杆

6.4.3　推土机安全操作规程

（1）作业前，应查明施工场地明、暗设置物（电线、地下电缆、管道、坑道等）的地点及走向，并采用明显记号表示。严禁在离电缆 1m 距离以内作业。

（2）推土机在坚硬土壤或多石土壤地带作业时，应先进行爆破或用松土器翻松。在沼泽地带作业时，应更换湿地专用履带板。

（3）不得用推土机推石灰、烟灰等粉尘物料和用作碾碎石块的作业。

（4）牵引其他机械设备时，应有专人负责指挥。钢丝绳的连接应牢固可靠。在坡道或长距离牵引时，应采用牵引杆连接。

（5）作业前重点检查项目应符合下列要求：

① 各部件无松动、连接良好；

② 燃油、润滑油、液压油等符合规定；

③ 各系统管路无裂纹或泄漏；

④ 各操纵杆和制动踏板的行程、履带的松紧度或轮胎气压均符合要求。

（6）启动前，应将主离合器分离，各操纵杆放在空挡位置，并应按照有关规定启动内燃机，严禁拖、顶启动。

（7）启动后应检查各仪表指示值、液压系统，并确认运转正常，当水温达到 55℃、机油温度达到 45℃ 时，全载荷作业。

（8）推土机机械四周不得有障碍物，并确认安全后开动，工作时不得有人站在履带或刀片的支架上。

（9）采用主离合器传动的推土机接合应平稳，起步不得过猛，不得使离合器处于半接合状态下运转。液力传动的推土机，应先解除变速杆的锁紧状态，踏下减速器踏板，变速杆应在低挡位，然后缓慢释放减速踏板。

（10）在块石路面行驶时，应将履带张紧。当需要原地旋转或急转弯时，应采用低速挡进行。当行走机构夹入块石时，应采用正、反向往复行驶使块石排除。

（11）在浅水地带行驶或作业时，应查明水深，冷却风扇叶不得接触水面。下水前和出水后，均应对行走装置加注润滑脂。

（12）推土机上、下坡或超过障碍物时应采用低速挡。推土机上坡坡度不得超过 25°，下坡坡度不得大于 35°，横向坡度不得大于 10°。在 25° 以上的陡坡上不得横向行驶，并不得急转弯。上坡时不得换挡，下坡不得空挡滑行。当需要在陡坡上推土时，应先进行填挖，使机身保持平衡。

（13）在上坡途中，当内燃机突然熄灭，应立即放下铲刀，并锁住制动踏板。当推土机停稳后，将主离合器脱开，把变速杆放到空挡位置，并应用木块将履带或轮胎揳死后，重新启动内燃机。

（14）下坡时，当推土机下行速度大于内燃机传动速度时，转向动作的操纵应与平地行走时操纵的方向相反，此时不得使用制动器。

（15）填沟作业驶近边坡时，铲刀不得越出边缘。后退时，应先换挡，方可提升铲刀进行倒车。

（16）在深沟、基坑或陡坡地区作业时，应有专人指挥，垂直边坡高度应小于 2m。当大于 2m 时，应放出安全边坡，同时禁止用推土刀侧面推土。

（17）推土或松土作业时，不得超载，各项操作应缓慢平稳，不得损坏铲刀、推土架、松土器等装置；无液力变矩器装置的推土机，在作业中有超载趋势时，应稍微提升刀片或变速低速挡。

（18）不得顶推与地基基础连接的钢筋混凝土桩等建筑物。顶推树木等物体不得倒向推土机及高空架设物。

（19）2 台以上推土机在同一地区作业时，前后距离应大于 8.0m，左右距离应大于1.5m。在狭窄道路上行驶时，未得前机同意，后机不得超越。

（20）作业完毕后，宜将推土机开到平坦安全的地方，并应将铲刀、松土器落到地面。在坡道上停机时，应将变速杆挂低速挡，接合主离合器，锁住制动踏板，并将履带或轮胎揆住。

（21）停机时，应先降低内燃机转速，变速杆放在空挡，锁紧液力传动的变速杆，分开主离合器，踏下制动板并锁紧，待水温降到 75℃ 以下，油温降到 90℃ 以下时，方可熄火。

（22）推土机长途转移工地时，应采用平板拖车装运。短途行走转移距离不宜超过10km，铲刀距地面宜为 400mm，不得用高速挡行驶和进行急转弯，不得长距离倒退行驶。

（23）在推土机下面检修时，内燃机应熄火，铲刀应落到地面或垫稳。

6.5　拖式铲运机

拖式铲运机是指需要借助其他机械拖动行走的铲运机。

6.5.1　构造组成与工作原理

拖式铲运机一般都是用履带式拖拉机作为牵引装置，其铲土斗的操纵有钢丝绳操纵式和液压操纵式两种，如图 6-3 所示为 CT-6 型铲运机的总体组成。它主要由铲土斗、拖杆、辕架、尾架、钢丝绳操纵机构和行走机构等组成。

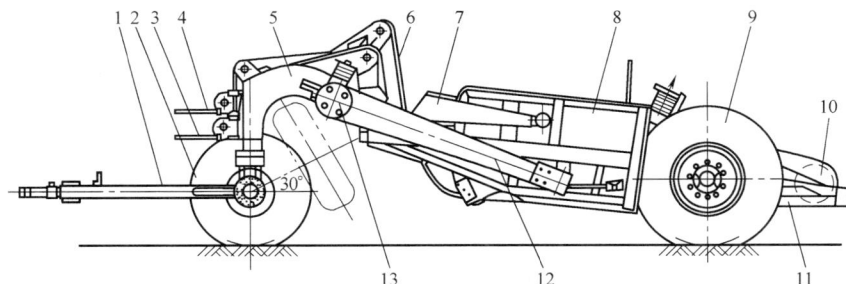

图 6-3　CT-6 型铲运机的总体组成

1—拉拖杆；2—前轮；3—卸土钢丝绳；4—提斗钢丝绳；5—辕架曲梁；6—斗门钢丝绳；7—前斗门；8—铲运斗体；9—后轮；10—蜗形器；11—尾架；12—辕架臂杆；13—辕架

铲土斗由铲运斗体（8）和前斗门（7）组成，是铲运机的主体结构。铲运斗体（8）的前面有可进行启闭的前斗门（7），前下缘还安装有 4 片切土的刀片，中间两片稍突出些，以减小铲土作业中的阻力。斗体后部为横梁，前部是 1 根"象鼻"形的曲梁，梁端与辗架横梁借助万向联轴节连接，这种结构形式的主要优点是不必另外再安装机架，所以说这种铲运机的工作装置中是没有机架的。

拖杆（1）是一根"T"形的组合体，一端连接铲土斗，另一端则与拖拉机相连接。组合体包括拖杆、拖杆横梁和牵挂装置等组成。

行走机构是由带有 2 根半轴的 2 个后轮和带有 1 根前轴的 2 个前轮所组成，车轮都是充气的橡胶轮胎，它们各借助于滚动轴承安装在轴颈上。

钢丝绳操纵机构由提斗钢丝绳（4）、卸土钢丝绳（3）、拖拉机后部的绞盘、斗门钢丝绳（6）和蜗形器（10）等组成。操纵系统在作业中可分别控制铲斗的升降、斗门的开启和关闭以及强制卸土板的前移。卸土板的复位是靠蜗形器操纵。

卸土绳、轮系统安装在尾架上。在尾架的尾部设有垂直的销孔，用来联挂另一个铲土斗或拖动其他机械进行联合作业。

6.5.2　拖式铲运机安全操作规程

（1）作业前，应查明施工场地明、暗设置物（电线、地下电缆、管道、坑道等）的地点及走向，并采用明显记号表示。严禁在离电缆 1m 距离以内作业。

（2）拖式铲运机牵引用拖拉机的使用应符合有关规定。

（3）铲运机作业时，应先采用松土器翻松。铲运作业区内不得有树根、大石块和大量杂草等。

（4）铲运机行驶道路应平整结实，路面宽度应比铲运机宽度大 2m。

（5）启动前，应检查钢丝绳、轮胎气压、铲土斗及卸土板回缩弹簧、拖把万向接头。撑架以及各部轮滑等，并确认处于正常工作状态；液压式铲运机铲斗和拖拉机连接叉座与牵引连接块应锁定，各液压管路应连接可靠。

（6）开动前，应使铲斗离开地面，机械周围不得有障碍物。

（7）作业中，严禁任何人上下机械，传递物件，以及在铲斗内、拖把或机架上坐立。

（8）多台铲运机联合作业时，各机之间前后距离应大于 10m（铲土时应大于 5m），左右距离应大于 2m，并应遵守下坡让上坡、空载让重载、支线让干线的原则。

（9）在狭窄地段运行时，未经前机同意，后机不得超越。两机交会或超车时应减速，两机左右间距应大于 0.5m。

（10）铲运机上、下坡道时，应低速行驶，不得中途换挡，下坡时不得空挡滑行，行驶的横向坡度不得超过 6°，坡宽应大于铲运机宽度 2m。

（11）在新填筑的土堤上作业时，离堤坡边缘应大于 1m。当需在斜坡横向作业时，应先将斜坡挖填平整，使机身保持平衡。

（12）在坡道上不得进行检修作业。在陡坡上严禁转弯、倒车或停车。在坡上熄火时，应将铲斗落地、制动牢靠后再行启动。下陡坡时，应将铲斗触地行驶，帮助制动。

（13）铲土时，铲斗与机身应保持直线行驶。助铲时应有助铲装置，应正确掌握斗门开启的大小，不得切土过深。两机动作应协调配合，做到平稳接触，等速助铲。

（14）在下陡坡铲土时，铲斗装满后，在铲斗后轮未到达缓坡地段前，不得将铲斗提离地面，应防铲斗快速下滑冲击主机。

（15）在不平地段行驶时，应放低铲斗，不得将铲斗提升到高位。

（16）拖拉陷车时，应有专人指挥，前后操作人员应协调，确认安全后，方可起步。

（17）作业后，应将铲运机停放在平坦地面，并应将铲斗落在地面上。液压操纵的铲运机应将液压缸缩回，将操纵杆放在中间位置，进行清洁、润滑后，锁好门窗。

（18）非作业行驶时，铲斗必须用锁紧链条挂牢在运输行驶位置上，机上任何部位均不得载人或装载易燃、易爆物品。

（19）修理斗门或在铲斗下检修作业时，必须将铲斗提起后用销子或锁紧链条固定，再用垫木将斗身顶住，并用木楔掩住轮胎。

6.6　自行式铲运机

自行式铲运机就是自己可以行走的铲运机，但超过 1800m 功效会降低。

6.6.1　构造组成与工作原理

自行式铲运机是由专用基础车和铲土斗 2 大部分组成。基础车为铲运机的动力牵引装置，由柴油发动机、传动系统、转向系统和车架等组成，这些装置都安装在中央框架上。铲土斗是铲运机的主要构造部分，其形式与拖式铲运机的铲土斗基本相同。如图 6-4 所示为 CL-7 型自行式铲运机总体组成。

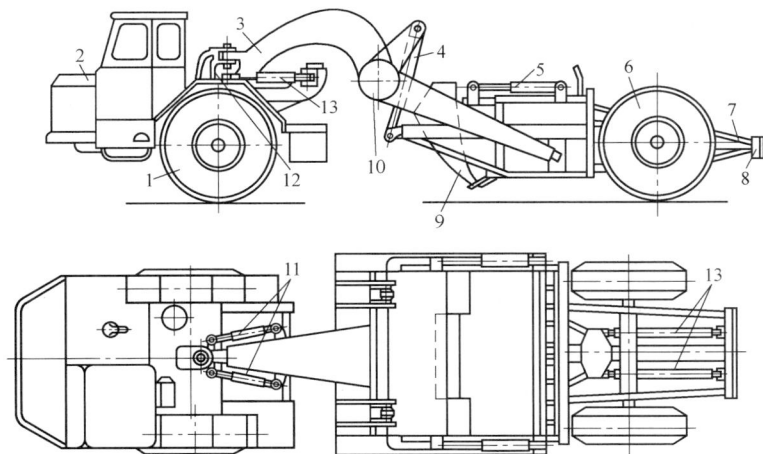

图 6-4　CL-7 型自行式铲运机总体组成

1—前轮（驱动轮）；2—牵引车；3—辕架曲梁；4—提斗油缸；5—斗门油缸；6—后轮；7—尾架；8—顶推板；
9—前斗门；10—辕架横梁；11—转向油缸；12—中央枢架；13—卸土油缸

自行式铲运机的机型和铲土斗的容量都较大，作业中不易自由卸土，所以，多为强制式卸土形式。

液压操纵的自行式铲运机，其铲土斗的升降、斗门的启、闭和卸土板的移动，都是由各自的双作用油缸进行操纵，这些油缸分别安装在铲土斗的前端、后部和两侧。为保证铲运机作业中的有效制动，还安装了 4 个车轮的液压或气压制动系统。自行式铲运机整机驱动和液压系统的动力都由安装在基础车前端的大型柴油机提供，大铲土斗容量的铲运机，考虑到自身作业的需要而又不借助其他机械实行助铲时，还在铲运机的前后各安装一台可分别操纵的柴油机，形成前后驱动的自行式铲运机。

6.6.2 作业过程

铲运机的作业过程包括铲装、运土、卸土和回程 4 个环节，属于循环作业式的土方施工机械，如图 6-5 所示。

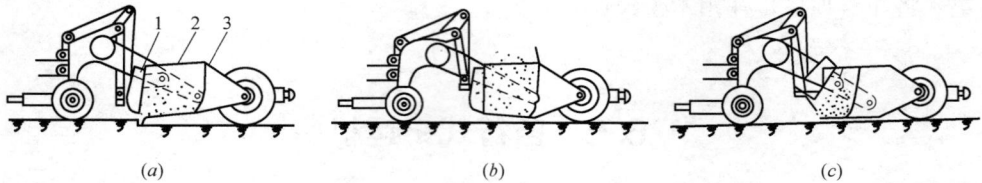

图 6-5 铲运机作业过程图
(a) 铲土装土；(b) 运土；(c) 卸土
1—前斗门；2—铲土斗；3—斗后壁（卸土板）

（1）铲装过程如图 6-5 (a) 所示。升起前斗门，放下铲土斗，铲运机向前行驶，斗口靠斗的自重（或液压力）切入土中，将铲削下来的一层土壤挤装在铲土斗内。

（2）运土过程如图 6-5 (b) 所示。铲土斗装满后，关闭斗门，升起铲斗，铲运机行走至卸土地段。

（3）卸土过程如图 6-5 (c) 所示。放下铲土斗，使斗口保持与地面一定距离，打开斗门，随机械前进将斗内的土壤全部卸出，卸出的一层土壤同时被铲运机后部的轮胎压实。

（4）回程：卸土完毕，关闭斗门，升起铲土斗，铲运机空载行驶到原铲土地段，进行下一个作业循环。

6.6.3 自行式铲运机安全操作规程

（1）作业前，应查明施工场地明、暗设置物（电线、地下电缆、管道、坑道等）的地点及走向，并采用明显记号表示。严禁在离电缆 1m 距离以内作业。

（2）自行式铲运机的行驶道路应平整坚实，单行道宽度不应小于 5.5m。

（3）多台铲运机联合作业时，前后距离不得小于 20m，左右距离不得小于 2m。

（4）作业前，应检查铲运机的转向和制动系统，并确认灵敏可靠。

（5）铲土时，或在利用推土机助铲时，应随时微调转向盘，铲运机应始终保持直线前进。不得在转弯情况下铲土。

（6）下坡时，不得空挡滑行，应踩下制动踏板辅以内燃机制动，必要时可放下铲斗，以降低下滑速度。

（7）转弯时，应采用较大回转半径低速转向，操纵转向盘不得过猛；当重载行驶或在弯道上、下坡时，应缓慢转向。

（8）不得在大于 15°的横坡上行驶，也不得在横坡上铲土。

（9）沿沟边或填方边坡作业时，轮胎离路肩不得小于 0.7m，并应放低铲斗，降速缓行。

（10）夜间作业时，前后照明应齐全完好，前大灯应能照至 30m；非作业行驶时，铲斗必须用锁紧链条挂牢在运输行驶位置上，机上任何部位均不得载人或装载易燃、易爆物品。

6.7　静作业压路机

6.7.1　概述

静作业压路机主要有 3 种，分别是静力式光碾压路机、羊脚碾、轮胎式压路机。

1. 静力式光碾压路机

静力式光碾压路机的工作机构是由几个钢或铸铁制成的沉重的碾轮（碾轮为中空，可根据需要再装备上压重材料）组成，在机械运行过程中，通过碾压轮对构筑物的基础、给排水管道工程的回填土、路基路面等表层材料进行压实或压平。碾压式压实机械对土壤和被压实的表层加载作用时间长，有利于被压实材料的塑性变形，对黏土的压实效果好，是道路工程和一般市政工程主要的施工机械之一。

（1）静力式光碾压路机的分类

根据碾压轮和轮轴数目的不同，光碾压路机分为两轮两轴式、三轮两轴式和三轮三轴式。按机械总重的不同，又可将光碾压路机分为轻型压路机（自重为 2～6t）、中型压路机（自重为 6～10t）和重型压路机（自重为 10～15t）。按其动力装置的布置及结构形式不同，还可分为拖式压路机与自行式压路机两种。

国产压路机的型号，规定用汉语拼音加数字表示，如 3Y-6/8，则表示压路机为三轮两轴式，整机自重为 6t，加上附加荷载后总重为 8t，形式为自行式；又如 2Y-8/10，表示压路机为两轮两轴式，不加载时为 8t，加上附加荷载后总重为 10t，形式为自行式。

（2）静力式光碾压路机的构造

静力式光碾压路机一般都是由动力装置、传动系统、碾压滚轮、机身和操纵系统等组成。

如图 6-6 所示为 3Y-12/15 型三轮两轴式光碾压路机的传动系统。机上安装使用的动力装置为 4135 型发动机，由起电机启动后经中间各机械传动机使压路机行驶。柴油发动机（2）发出的动力经主离合器（3），传至变速箱（4），再经变速条幅第二根轴末端的锥形齿轮带动换向机构（5），然后，通过换向机构长轴中间的固定圆柱齿轮来带动差速器（6），最后经侧传动齿轮（7、8），使驱动轮（9）旋转，压路得以行进。

2. 羊脚碾

羊脚碾实际上是在光面的碾压轮表面上安装了一定数量的凸爪形零件，因凸爪的形状与羊脚相似，故被称为羊脚碾。这些羊脚形零件与被压实土壤层接触面积小，压实力集中，因此极适合对含水量较大、新填筑的黏土工程的压实，但不能用来压实砂土和工程的面层。

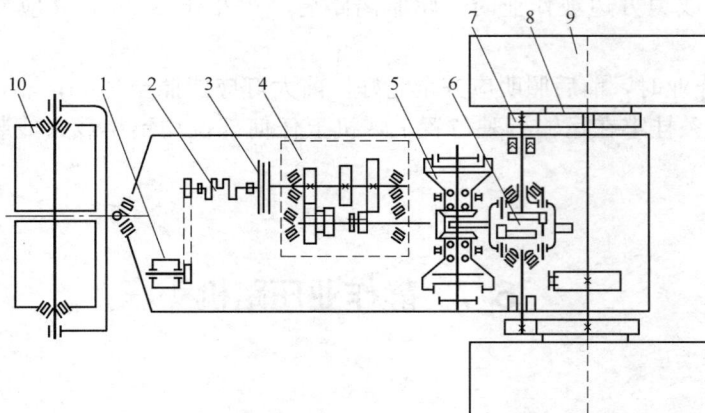

图 6-6　3Y-12/15 型三轮两轴式压路机的传动系统

1—起电机；2—柴油发电机；3—主离合器；4—变速箱；5—换向机构；

6—差速器；7—侧传动小齿轮；8—侧传动大齿轮；9—驱动轮；10—导向轮

（1）羊脚碾的类型

根据碾滚数的不同可将羊脚碾分为单滚和双滚的 2 种。根据羊脚碾的移动方式不同，可分为拖式羊脚碾和自行式羊脚碾 2 种。工程上常用的为拖式羊脚碾。

（2）羊脚碾的构造

工程上常用的单滚拖式羊脚碾的构造如图 6-7 所示。它是由带羊脚的滚轮和矩形机架组成。滚轮（4）是用钢板卷曲并经焊接而成的封闭圆筒，轮内可通过侧面的装料口（3）装入砂子或碎石，以调节滚轮重量。羊角碾的滚轮安装在轮轴上，轮轴支承在矩形框架上。

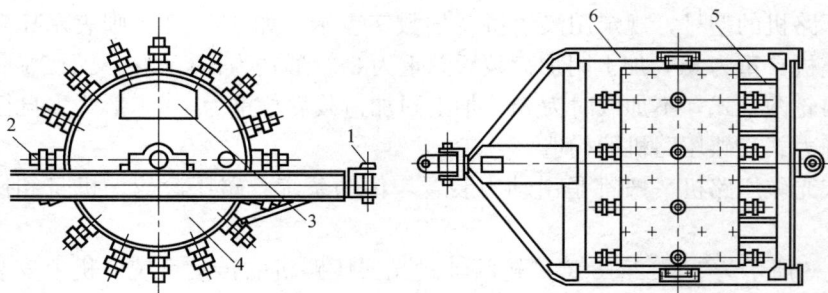

图 6-7　羊角碾单滚构造

1—牵引机构；2—羊角；3—装料口；4—滚轮；5—刮泥板；6—机架

3. 轮胎式压路机

轮胎式压路机是一种多轮胎的特种车辆，同属于静力式的压实机械，其工作机构是由多个轮胎组成。可以利用增减车厢内的配重来调整压路机的重量和调整轮胎充气压力的办法来调整作业中的接触压力，使之与不同的土质的极限强度相适应，压实时不会破坏土的原有黏结力，保证各层之间压实良好的结合性，由于轮胎对沥青材料的粘附性不大，所以特别适合压实沥青路面。对于砂质土和黏性土壤也有良好的压实效果。当用其碾压碎石基础时，还不破坏碎石的棱角，因而不致因压实而形成大量的石粉，并能得到均匀的压实层。

轮胎式压路机虽有拖式和自行式的 2 种，但拖式已极少应用。为了获得高的压实效率和好的压实质量，自行式轮胎压路机的行走机构的前后轮胎分别并列成一排，且前后排轮胎彼此的轮隙叉开。其余各机构基本上与光碾压路机一样。如图 6-8 所示为自行式轮胎压路机的构造，它是由动力装置、前、后轮组、传动系统、辅助装置、机身和操纵系统等组成。

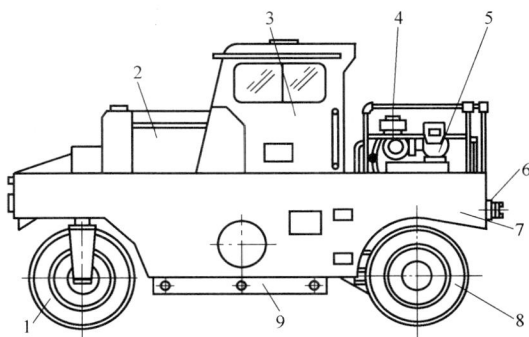

图 6-8 自行式轮胎压路机的构造
1—转向轮；2—发动机；3—驾驶室；4—汽油机；
5—水泵；6—拖挂装置；7—机架；8—驱动轮；9—配重铁

6.7.2 静作用压路机安全操作规程

（1）压路机碾压的工作面，应经过适当平整，对新填的松软路基，应先用羊足碾或打夯机逐层碾压或夯实后，方可用压路机碾压。

（2）工作地段的纵坡不应超过压路机最大爬坡能力，横坡不应大于 20°。

（3）应根据碾压要求选择机种。当光轮压路机需要增加机重时，可在滚轮内加砂或水。当气温降至 0℃ 及以下时，不得用水增重。

（4）轮胎压路机不宜在大块石基层上作业。

（5）作业前，应检查并确认滚轮的刮泥板应平整良好，各紧固件不得松动；轮胎压路机应检查轮胎气压，确认正常后启动。

（6）启动后，应检查制动性能及转向功能并确认灵敏可靠。开动前，压路机周围不得有障碍物或人员。

（7）不得用压路机拖拉任何机械或物件。

（8）碾压时应低速行驶，变速时必须停机。速度宜控制在 3～4km/h 范围内，在一个碾压行程中不得变速。碾压过程应保持正确的行驶方向，碾压第二行时必须与第一行重叠半个滚轮压痕。

（9）变换压路机前进、后退方向应在滚轮停止运动后进行。不得将换向离合器当作制动器使用。

（10）在新建道路上进行碾压时，应从中间向两侧碾压。碾压时，距路基边缘不应少于 0.5m。

（11）在坑边碾压施工时，应由里侧向外侧碾压，距坑边不应少于 1m。

（12）上、下坡时，应事先选好挡位，不得在坡上换挡，下坡时不得空挡滑行。

（13）两台以上压路机同时作业时，前后间距不得小于 3m，在坡道上不得纵队行驶。

（14）在运行中，不得进行修理或加油。需要在机械底部进行修理时，应将内燃机熄火，用制动器制动住，并揳住滚轮。

（15）对有差速器锁住装置的三轮压路机，当只有一只轮子打滑时，方可使用差速器锁住装置，但不得转弯。

（16）作业后，应将压路机停放在平坦坚实的场地，不得停放在软土路边缘及斜坡上，并不得妨碍交通，并应锁定制动。

（17）严寒季节停机时，宜采用木板将滚轮垫离地面，应防止滚轮与地面冻结。

（18）压路机转移距离较远时，应采用汽车或平板拖车装运。

6.8 振动压路机

6.8.1 概述

振动压路机是利用其自身的重力和振动压实各种建筑和筑路材料。在公路建设中，振动压路机最适宜压实各种非黏性土壤、碎石、碎石混合料以及各种沥青混凝土，因而被广泛应用。山东公路机械厂生产的YZ20H-Ⅰ型振动压路机是一种超重型振动压路机，适用于大型土方工程、公路工程基础的压实。

振动压路机的主要特点有：

（1）采用铰接式车架、液压行走、液压振动、全液压转向系统。

（2）具有两种振频、两级振幅，可适应于不同厚度铺层和各种材料的压实。

（3）采用进口液压泵、液压马达、振动轴承，保证了整机的可靠性。

（4）车架及机罩采用优化设计，保养和维修方便。

（5）具有三级减振，驾驶室采用密封隔音措施，驾驶更加舒适。

6.8.2 振动压路机的构造组成

振动压路机随机型的不同，其总体结构存在一定差异。自行式振动压路机总体构造一般由发动机、传动系统、操纵系统、行走装置（振动轮和驱动轮）以及车架（整体式和铰接式）等组成。其中应用最广泛的自行式振动压路机为光轮（钢轮）式压路机。轮胎驱动铰接式振动压路机总体构造如图6-9所示。图6-10为振动轮构造。振动压路机振动轮分

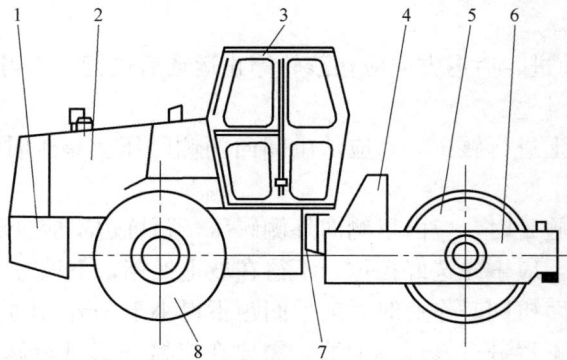

图6-9 轮胎驱动铰接式振动压路机总体构造

1—后机架；2—发动机；3—驾驶室；4—挡板；5—振动轮；6—前机架；7—铰接轴；8—驱动轮胎

光轮和凸块等结构形式。振动轮为凸块形式的又称为凸块振动压路机。

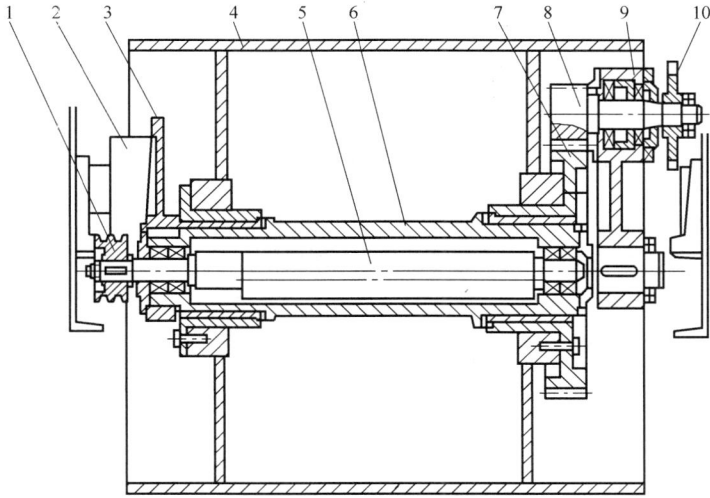

图 6-10　振动轮构造

1—V 型带轮；2—减震环；3—右支板；4—振动轮；5—偏心轴；6—偏心轴壳；

7—大齿轮；8—小齿轮；9—左支板；10—链轮

6.8.3　振动压路机安全操作规程

（1）作业时，压路机应先起步后才能起振，内燃机应先至于中速，然后再调制高速。

（2）压路机换向时应先停机；压路机变速时应降低内燃机转速。

（3）压路机不得在坚实的地面上进行振动。

（4）压路机碾压松软路基时，应先碾压 1～2 遍后再振动碾压。

（5）压路机碾压时，压路机振动频率应保持一致。

（6）换向离合器、起振离合器和制动器的调整，应在主离合器脱开后进行。

（7）上下坡或急转弯时不得使用快速挡。铰接式振动压路机在转弯半径较小绕圈碾压时不得使用快速挡。

（8）压路机在高速行驶时不得接合振动。

（9）停机时应先停振，然后将换向机构置于中间位置，变速器置于空挡，最后拉起手制动操纵杆。

（10）振动压路机的使用除符合本节要求外，还应符合静压压路机的规定。

6.9　平　地　机

6.9.1　概述

平地机（图 6-11）是利用刮刀平整地面的土方机械。刮刀装在机械前后轮轴之间，能升降、倾斜、回转和外伸。动作灵活准确，操纵方便，平整场地有较高的精度，适用于构筑路基和路面、修筑边坡、开挖边沟，也可搅拌路面混合料、扫除积雪、推送散粒物料以及进行土路和碎石路的养护工作。

图 6-11　平地机

平地机是土方工程中用于整形和平整作业的主要机械，广泛用于公路、机场等大面积的地面平整作业。平地机之所以有广泛的辅助作业能力，是由于它的刮土板能在空间完成 6 个自由度的运动。它们可以单独进行，也可以组合进行。平地机在路基施工中，能为路基提供足够的强度和稳定性。它在路基施工中的主要方法有平地作业、刷坡作业、填筑路堤。

平地机是一种高速、高效、高精度和多用途的土方工程机械。它可以完成公路、农田等大面积的地面平整和挖沟、刮坡、推土、排雪、疏松、压实、布料、拌和、助装和开荒等工作，是国防工程、矿山建设、道路修筑、水利建设和农田改良等施工中的重要设备。

6.9.2　平地机构造组成

如图 6-12 所示为天津工程机械厂生产的 PY-160A 型液压 6 轮自行式平地机的构造示意图。它是由发动机、传动系统、工作装置、行走机构、机架和操纵机构等组成。这种平地机由后轮驱动，前轮转向，在前后轮轴之间安装着主车架，在主车架上安装有工作装置长刮刀和液压操纵装置。

工作装置由铲刀（平土刀）（10）、回转圈（7）和牵引架（6）组成。铲刀可根据作业要求，在液压双作用油缸的操纵下作出左、右侧升降、沿基础车轴线左、右伸出机身外、沿地面倾翻、随回转圈（7）在水平面内回转等 4 种调整动作。悬挂在铲刀前面的齿粗，是用来松土，去杂物的精助工作装置，它由专用的齿耙升降油缸进行操纵。

当铲刀转到与基础车纵轴线成一定的角度（此角称铲土角），并下降至其一侧或两侧触地，随平地机前进，铲刀一边或全长就铲下土壤，被铲下来的土壤沿着铲刀侧移，侧向卸土，这就是平地机在做前进推土的同时，还要做侧向移土或侧向开挖（刮坡）的作业过程。

前桥驱动转向是由方向盘通过液压助力来使前轮转向。后驱动桥上装有前后 2 对驱动车轮，它由后桥中央的传动装置，分配给左、右传动半轴和链传动（或齿轮传动）的平衡传动箱来使 2 对车轮同步行驶。前后桥上都装有差速器和制动器。

机械在正常行驶中，后桥一般是不转向的，只是遇到在小弯道上作业，为了减小转弯半径，后桥上的 2 对驱动轮，还可由液压操纵，随着后桥壳体进行整体转向。

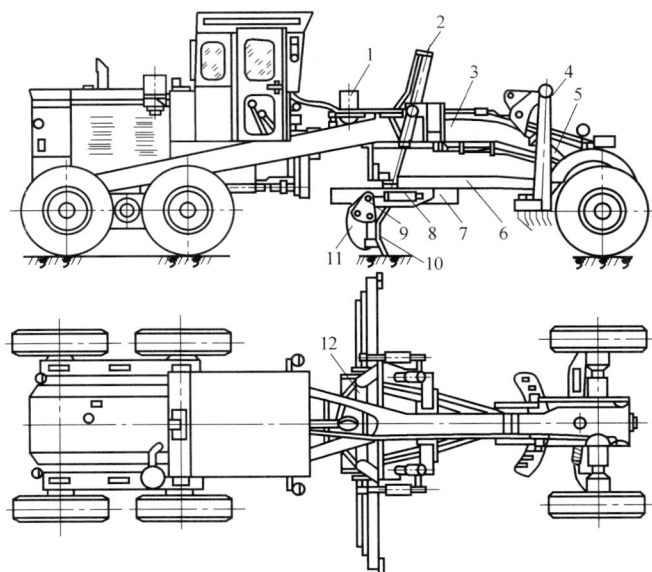

图 6-12   PY-160A 型平地机

1—倾斜液压缸；2—升降液压缸；3—主车架；4—耙松装置；5—耙松装置及铲刀调节液压缸；
6—牵引架；7—回转圈；8—改变铲土角液压缸；9—上滑套；10—铲刀；11—耳板；12—铲刀引出液压缸

如图 6-13 所示为平地机后桥转向机构示意图。左、右 2 个平卧的换向油缸的缸体都铰接在机架上，活塞杆分别铰接在后桥壳上。左缸的后腔与右缸的前腔相通，右缸的后腔又与左缸的前腔相通，这样，自多路分配阀来的压力油，可以同时进入左、右油缸的前腔或左、右油缸的后腔，从而使一边活塞伸出，而另一边的活塞缩回，结果以两缸中的油压共同驱动后桥转向。

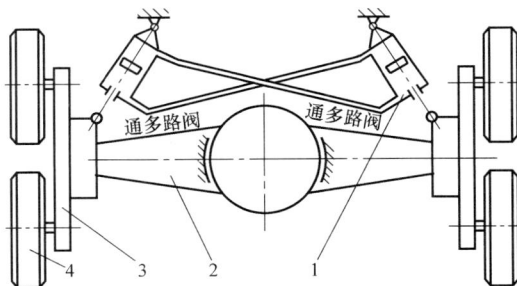

图 6-13   平地机后桥转向机构

1—后桥转向液压缸；2—后桥壳；3—平衡传动箱；4—后轮

6.9.3   作业过程

正确操纵平地机的工作装置，利用铲刀的升降，左、右外伸，倾斜及回转，铲土角的调整，松土耙的升降等，可以实现平地机的多种功能作业，如平整、刮坡、挖沟、疏松、路拌材料铺筑路床及一般推土等。

6.9.4　平地机安全操作规程

（1）作业前，应查明施工场地明、暗设置物（电线、地下电缆、管道、坑道等）的地点及走向，并采用明显记号表示。严禁在离电缆 1m 距离以内作业。

（2）起伏较大的地面宜先用推土机推平，再用平地机平整。

（3）平地机作业区内不得有树根、大石块等障碍物。

（4）作业前重点检查项目应符合下列要求：

① 照明、信号及报警装置等应齐全有效；

② 燃油、润滑油、液压油应符合规定；

③ 各铰接部分应连接可靠；

④ 液压系统不得有泄漏现象；

⑤ 轮胎气压应符合规定。

（5）平地机不得用于拖拉其他机械。

（6）启动内燃机后，应检查各仪表指示值并应符合要求。

（7）开动平地机时，应鸣笛示意，并确认机械周围不得有障碍物及行人，用低速挡起步后，应测试并确认制动器灵敏有效。

（8）作业时，应先将刮刀下降到接近地面，起步后再下降刮刀铲土。铲土时，应根据铲土阻力大小，随时调整刮刀的切土深度。

（9）刮刀的回转、铲土角的调整以及向机外侧斜，应在停机时进行；刮刀左右端的升降动作，可在机械行驶中调整。

（10）刮刀角铲土和齿耙松地时应采用一挡速度行驶；刮土和平整作业时应用二、三挡速度行驶。

（11）土质坚实的地面应先用齿耙翻松，翻松时应缓慢下齿。

（12）使用平地机清除积雪时，应在轮胎上安装防滑链，并应探明工作面深坑、沟槽的位置。

（13）平地机在转弯或调头时，应使用低速挡；在正常行驶时，应使用前轮转向；当场地特别狭小时，可使用前后轮同时转向。

（14）平地机行驶时，应将刮刀和齿耙升到最高位置，并将刮刀斜放，刮刀两端不得超出后轮外侧。行驶速度不得超过使用说明书规定。下坡时，不得空挡滑行。

（15）平地机作业中变矩器的油温不得超过 120℃。

（16）作业后，平地机应停放在平坦、安全的场地，刮刀应落在地面上，手制动器应拉紧。

6.10　振动冲击夯实机

6.10.1　概述

振动冲击夯实机包括内燃式振动冲击夯实机和电动式振动冲击夯实机 2 种。动力分别是内燃发动机和电动机。结构都是由动力源（发动机、电动机）、激振装置、缸筒和夯板等组成。振动冲击夯实机的工作原理是由发动机（电动机）带动曲柄连杆机构运动，产生上下往复作用力使夯实机跳离地面。在曲柄连杆机构作用力和夯实机重力作用下，夯板往复冲击被压实材料，达到夯实的目的。

振动冲击夯实机的冲击频率为 7～11Hz，跳起高度为 45～65mm。夯板在对被夯实材料进行快速冲击的同时，还对被夯实材料产生振动作用，在冲击和振动共同作用下，获得很好的夯实效果。

6.10.2　结构组成

（1）内燃式冲击夯实机的结构如图 6-14 所示，它主要由发动机、离合器、减速机构、内外缸体、曲柄连杆机构、活塞、弹簧、夯板和操纵机构等组成。发动机动力经离合器（12）、小齿轮（11）传给大齿轮（6），使安装在大齿轮偏心轴上的连杆（16）、活塞头（17）、活塞杆（19）做上下往复运动，在弹簧力（压缩和伸张）作用下，使机器和夯板跳动，对被压材料产生高频冲击振动作用。

（2）电动式冲击夯实机的结构如图 6-15 所示，其结构与内燃式冲击夯实机基本相类似，仅动力装置为电动机。

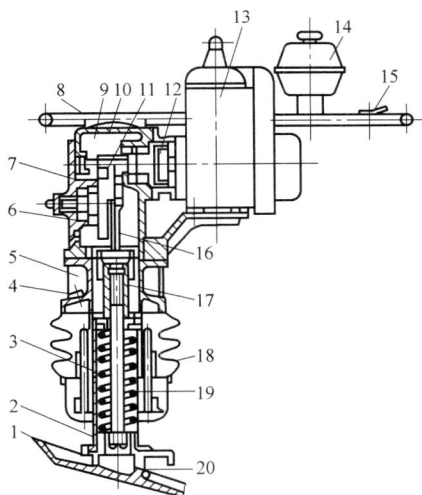

图 6-14　内燃式冲击夯实机的构造

1—夯板；2—内缸体；3—弹簧；4—加油塞；
5—外缸体；6—大齿轮；7—箱盖；8—手把；
9—曲轴箱；10—减振块；11—小齿轮；12—离合器；
13—发动机；14—油箱；15—油门控制器；16—连杆；
17—活塞头；18—防尘罩；19—活塞杆；20—放油塞

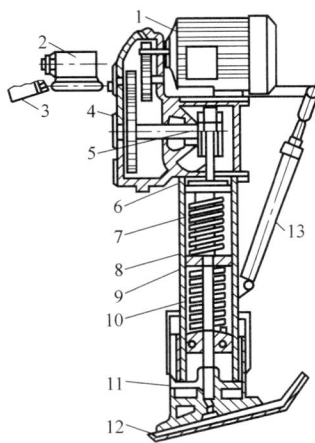

图 6-15　电动式冲击夯实机的构造

1—电动机；2—电气开关；3—操纵手柄；
4—减速器；5—曲柄；6—连杆；
7—内套筒；8—机体；9—滑套活塞；
10—弹簧组；11—底座；
12—夯板；13—减振器支承器

6.10.3　振动冲击夯实机安全操作规程

（1）振动冲击夯实机适用于黏性土、砂及砾石等散状物料的压实，不得在水泥路面和其他坚硬地面工作。

（2）内燃机冲击夯作业前，应检查并确认有足够的润滑油，油门控制器应转动灵活。

（3）内燃机冲击夯启动后，应逐渐加大油门，夯机跳动稳定后开始作业。

（4）振动冲击夯作业时，应正确掌握夯机，不得倾斜，手把不宜握得过紧，能控制夯机前进速度即可。

（5）正常作业时，不得使劲往下压把手，以免影响夯机跳起高度。夯实松软土或上坡时，可将手把稍向下压，并应能增加夯机前进速度。

（6）根据作业要求，内燃冲击夯实应通过调整油门的大小，在一定范围内改变夯机振动频率。

（7）内燃冲击夯不宜在高速下连续作业。

（8）当短距离转移时，应先将冲击夯把手稍向上抬起，将运转轮装入冲击夯的挂钩内，再压下手把，使重心后倾，再推动手把转移冲击夯。

（9）振动冲击夯实机的使用除符合本节要求外，还应符合蛙式夯实机的规定。

6.11　蛙式夯实机

6.11.1　蛙式夯实机的结构组成

蛙式夯实机是利用偏心块旋转产生离心力的冲击作用进行夯实作业的一种小型夯实机械，它具有结构简单、工作可靠、操作容易的优点，因而在公路、建筑、水利等施工工程中被广泛采用。

如图6-16所示，蛙式夯实机夯实部分由夯板（8）、立柱（9）、斜撑（11）、轴销铰接头（3）、动臂（5）和前轴（7）焊接而成。拖盘（2）采用钢板冲压而成，上面焊接有电动机支架、传动轴支承座、手把铰接支承座等。夯实部分与拖盘通过动臂（5）及轴销铰接头（3）连接。传动装置（4）由传动轴、轴承座组成。电气设备（12）由电动机、输电电缆、电控盒等部分构成。

6.11.2　蛙式夯实机安全操作规程

（1）蛙式夯实机宜适用于夯实灰土和素土。蛙式夯实机不得冒雨作业。

（2）作业前应重点检查下列项目，并应符合相应要求：

① 漏电保护器应灵敏有效，接零或接地及电缆线接头应绝缘良好；

② 传动皮带应松紧合适，皮带轮与偏心块应安装牢固；

③ 转动部分应安装防护装置，并应进行试运转，确认正常；

④ 负荷线应采用耐气候型的四芯橡皮护套软电缆。电缆线长不应大于50m。

（3）夯实启动后，应检查电动机的旋转方向，错误时应倒换相线。

（4）作业时夯实机扶手上的按钮开关和电动机的接线均应绝缘良好。当发现有漏电现象时，应立即切断电源，进行检修。

（5）夯实机作业时，应一人扶夯，一人传递电缆线，并应戴绝缘手套和穿绝缘鞋。递线人员应跟随夯机后或两侧调顺电缆线。电缆线不得扭结或缠绕，并应保持3～4m的余量。

（6）作业时，不得夯击电缆线。

（7）作业时，应保持夯实机平衡，不得用力压扶手。转弯时应用力平稳，不得急转弯。

（8）夯实填高松软土时，应先在边缘以内 100～150mm 夯实 2～3 遍后，再夯实边缘。

（9）不得在斜坡上夯行，以防夯头后折。

（10）夯实房心土时，夯板应避开钢筋混凝土基础及地下管道等地下物。

（11）在建筑物内部作业时，夯板或偏心块不得撞击墙壁。

（12）多机作业时，其平列间距不得小于5m，前后间距不得小于 10m。

（13）夯实机作业时，夯实机四周 2m 范围内，不得有非夯实机操作人员。

（14）夯实机电动机温升超过规定时，应停机降温。

（15）作业时，当夯实机有异常响声时，应立即停机检查。

（16）作业后，应切断电源，卷好电缆线，清理夯实机。夯实机保管应防水防潮。

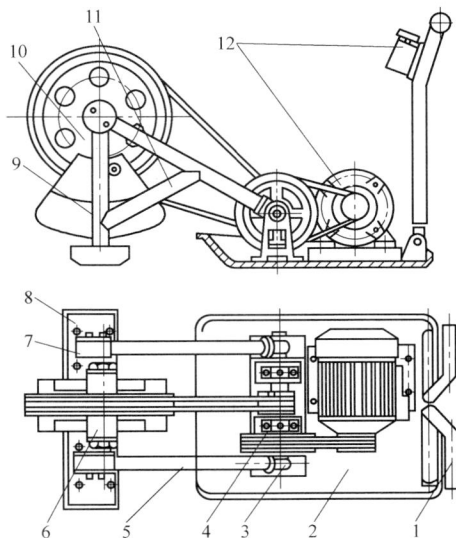

图 6-16　蛙式夯实机构造

1—操纵后把；2—拖盘；3—轴销铰接头；
4—传动装置；5—动臂；6—前轴装置；
7—前轴；8—夯板；9—立柱；
10—大带轮；11—斜撑；12—电气设备

6.12　强夯机械

6.12.1　概述

强夯机在建设工程、填海工程中广泛应用。在建筑工程中由于需要对松土压实处理，往往使用强夯机处理。强夯机种类有很多，有蛙式、震动式、跃步式、打夯式还有吊重锤击式，根据工程需要，选用不同类型强夯机。

6.12.2　工作原理

强夯置换是强夯用于加固饱和软黏土地基的方法。强夯置换法的加固机理与强夯法不同，它是利用重锤高落差产生的高冲击能将碎石、片石、矿渣等性能较好的材料强力挤入地基中，在地基中形成一个一个的粒料墩，墩与墩间的土形成复合地基，以提高地基承载力，减小沉降。在强夯置换过程中，土体结构破坏，地基土体产生超孔隙水压力，但随着时间的增加，土体结构强度会得到恢复。粒料墩一般都有较好的透水性，利于土体中超孔隙水压力消散产生固结。如图 6-17 所示为强夯机外形图。

6.12.3 设计

（1）强夯置换法在设计前必须通过现场试验确定其运用性和处理效果。应在施工现场有代表性的场地上选取一个或几个试验区，进行试夯或试验性施工，试验区数量应根据建筑场地复杂程度、建筑规模及建筑类型确定。

（2）强夯置换墩的深度由土质条件决定，除厚层饱和粉土外，应穿透软土层，到达较硬土层上，深度不宜超过 7m。

（3）墩体材料可采用级配良好的块

图 6-17   强夯机外形图

（片）石、碎石、矿渣等坚硬粗颗粒材料，粒径不宜大于夯锤底面积直径的 0.2 倍，含泥量不宜大于 10%，粒径大于 300mm 的颗粒含量不宜超过全重的 30%。

（4）强夯置换法的单击夯击能应根据现场试验确定。夯点的夯击次数应通过现场试夯确定，且应同时满足下列条件：

① 墩底穿透软弱土层，且达到设计墩长；

② 累计夯沉量为设计墩长的 1.5～2.0 倍；

③ 最后两击的平均夯沉量不大于下列规定值：当单击夯击能小于 400kN·m 时为 50mm；当单击夯击能为 4000～6000kN·m 时为 100mm；当单击夯击能大于 6000kN·m 时为 200mm；

④ 夯坑周围地面不应发生过大的隆起；

⑤不因夯坑过深而发生提锤困难。

（5）墩位布置宜采用等边三角形或正方形。对独立基础或条形基础可根据基础形状与宽度相应布置。

（6）墩间距应根据荷载大小和原土的承载力选定，当满堂布置时可取夯锤直径的 2～3 倍。对独立基础或条形基础可取夯锤直径的 1.5～2.0 倍。墩的计算直径可取夯锤直径的 1.1～1.2 倍。当墩间净距较大时，应适当提高上部结构和基础的刚度。

（7）墩顶应铺设一层厚度不小于 500mm 的压实垫层。垫层材料一般采用水稳性好的砂、砂砾、石屑、碎石土等。当与墩体材料相同时，粒径不宜大于 100mm。

（8）强夯置换设计时，应预估地面抬高值，并在试夯时校正。

（9）强夯置换地基的变形计算应符合现行国家标准《建筑地基基础设计规范》GB 50007—2011 的有关规定。

6.12.4 作业过程

（1）强夯锤质量可取 10～40t，其底面形式宜采用圆形或多边形，锤底面积宜按土的性质确定，锤底静接地压力值可取 25～40kPa，对于细颗粒土锤底静接地压力宜取较小值。锤的底面宜对称设置若干个与其顶面贯通的排气孔，孔径可取 250～300mm。强夯置

换锤底静接地压力值可取 100～200kPa。

（2）施工机械宜采用带有自动脱钩装置的履带式起重机或其他专用设备。采用履带式起重机时，可在臂杆端部设置辅助门架，或采取其他安全措施，防止落锤时机架倾覆。

（3）当场地表土软弱或地下水位较高，夯坑底积水影响施工时，宜采用人工降低地下水位或铺填一定厚度的松散性材料，使地下水位低于坑底面以下 2m。坑内或场地积水应及时排除。

（4）施工前应查明场地范围内的地下构筑物和各种地下管线的位置及标高等，并采取必要的措施，以免因施工而造成损坏。

（5）强夯施工所产生的振动对邻近建筑物或设备会产生有害的影响时，应设置监测点，并采取隔振或防振措施消除强夯对邻近建筑物的有害影响。

（6）强夯置换施工可按下列步骤进行：

① 清理并平整施工场地，当表土松软时可铺设一层厚度为 1.0～2.0m 的砂石施工垫层；

② 标出夯点位置，并测量场地高程；

③ 起重机就位，夯锤置于夯点位置；

④ 测量夯前锤顶高程；

⑤ 夯击并逐击记录夯坑深度。当夯坑过深而发生起锤困难时停夯，向坑内填料直至与坑顶平，记录填料数量，如此重复直至满足规定的夯击次数及控制标准完成一个墩体的夯击。当夯点周围软土挤出影响施工时，可随时清理并在夯点周围铺垫碎石，继续施工；

⑥ 按由内而外，隔行跳打原则完成全部夯点的施工；

⑦ 推平场地，用低能量满夯，将场地表层松土夯实，并测量夯后场地高程；

⑧ 铺设垫层，并分层碾压密实。

（7）施工过程中应有专人负责下列监测工作：

① 开夯前应检查夯锤质量和落距，以确保单击夯击能量符合设计要求；

② 在每一遍夯击前，应对夯点放线进行复核，夯完后检查夯坑位置，发现偏差或漏夯应及时纠正；

③ 按设计要求检查每个夯点的夯击次数和每击的夯沉量。对强夯置换尚应检查置换深度。

（8）施工过程中应对各项参数及情况进行详细记录。

6.12.5 强夯机械安全操作规程

（1）担任强夯作业的主机，应按照强夯等级的要求经过计算选用。当选用履带式起重机作主机时，应符合《建筑机械使用安全技术规程》JGJ 33—2012 中的 4.2 节的规定。

（2）强夯机械的门架、横梁、脱钩器等主要结构和部件的材料及制作质量，应经过严格检查，对不符合设计要求的，不得使用。

（3）夯机驾驶室挡风玻璃前应增设防护网。

（4）夯机的作业场地应平整，门架底座与夯机着地部位的场地不平度不得超过 100mm。

（5）夯机在工作状态时，起重臂仰角应符合使用说明书的要求。

（6）梯形门架支腿不得前后错位，门架支腿在未支稳垫实前，不得提锤。变换夯位后，应重新检查门架支腿，确认稳固可靠，然后再将锤提升 100～300mm，检查整机的稳定性，确认可靠后作业。

（7）夯锤下落后，在吊钩尚未降至夯锤吊环附近前，操作人员不得提前下坑挂钩。从坑中提锤时，严禁挂钩人员站在锤上随锤提升。

（8）夯锤起吊后，地面操作人员应迅速撤至安全距离以外，非强夯施工人员不得进入夯点 30m 范围内。

（9）夯锤升起若超过脱钩高度仍不能自动脱钩时，起重指挥应立即发出停车信号，将夯锤落下，应查明原因并正确处理后继续施工。

（10）当夯锤留有的通气孔在作业中出现堵塞现象时，应及时清理，并不得在锤下作业。

（11）当夯坑内有积水或因黏土产生的锤底吸附力增大时，应采取措施排除，不得强行提锤。

（12）转移夯点时，夯锤应由辅机协助转移，门架随夯机移动前，支腿离地面高度不得超过 500mm。

（13）作业后，应将夯锤下降，放在坚实稳固的地面上。在非作业时，不得将锤悬挂在空中。

习　题

一、填空题

1. 单斗挖掘机根据其工作装置不同，分为_____、_____、_____、_____。

2. 推土机的基本作业是_____、_____和_____。

3. 静作业压路机主要有 3 种，分别是_____、_____、_____。

4. 平地机是利用刮刀平整地面的土方机械。刮刀装在机械前后轮廓轴之间，能_____、_____、_____和_____。

5. 振动破碎机采用_____的原理，振动电机产生激振力矩，使砂块按照一定的振动规律振动，通过_____使砂粒达到破碎的目的。

6. 蛙式夯实机是利用_____的作用进行夯实作业的一种小型夯实机械，它具有结构简单、工作可靠、操作容易的优点。

二、判断题

1. 单斗挖掘机工作时，遇较大的坚硬石块或障碍物时，用铲斗破碎石块后开挖。（　　）

2. 推土机上下坡或超过障碍物时应采用低速挡，上坡时不得换挡，下坡不得空挡滑行。当需要在陡坡上推土时，应先进行填挖，使机身保持平衡。（　　）

3. 铲运机行驶道路应平整结实，路面宽度应比铲运机宽度大 2m。（　　）

4. 静作用压路机作业后，应将压路机停放在平坦坚实的场地，不得停放在软土路边缘及斜坡上，并不得妨碍交通，并应锁定制动。（　　）

5. 振动压路机停机时应先停振，然后将换向机构置于中间位置，变速器置于空挡，最后

拉起手制动操纵杆。　　　　　　　　　　　　　　　　　　　　　　　（　　）
　　6.夯实机电动机温升超过规定时，应洒水降温。　　　　　　　　　　（　　）

三、简答题

　　1.简述常见的土壤边坡坡度比例。

　　2.简述单斗挖掘机的组成。

　　3.履带式推土机的主要机构是什么？

　　4.简述自行式铲运机的作业过程。

　　5.简述振动压路机的安全操作规程。

　　6.简述平地机的作业过程。

　　7.静作业压路机有哪几种？

　　8.简述蛙式夯实机的结构组成。

▶ # 水平和垂直运输机械

【主要内容】

1. 常用的水平和垂直运输机械及特点；

2. 各类水平和垂直运输机械的结构组成、工作原理；

3. 各类水平和垂直运输机械的安全操作规程。

【学习要点】

1. 掌握常用的水平和垂直运输机械的结构组成；

2. 理解水平和垂直运输机械的特点及工作原理；

3. 理解水平和垂直运输机械的安全操作规程。

7.1　水平和垂直运输机械概况

水平运输机械主要有载重汽车、拖车、平板车，用于工地上各类建筑材料构配件的运输。

垂直运输机械设备，是指担负垂直运输建筑材料和供施工人员上下的机械设备。

7.1.1　水平运输机械的特点

（1）水平运输机械水温未达到 70℃ 时，各部润滑尚未到良好程度，如高速行驶，将增加机件磨损。变速时逐级增减，使车速平稳增减，避免冲击。前进和后退须待车停稳后换挡，否则将造成变速齿轮因转向不同而打坏。

（2）下长陡坡时，车速随坡度而增加，依靠制动器减速，将使制动带和制动鼓因长时间摩擦产生高温，甚至烧坏。因此，需要挂上与上栅目同的低速挡，利用内燃机的阻力来控制车速，以减少制动器使用时间。泥泞、冰雪道路上，轮胎与地面因摩擦力减小而打滑。本条规定的操作方法，都是防止打滑的有效措施。

（3）车辆下陷时，如采用猛松离合器来冲击，巨大的冲击力将造成传动系统机件因过载而损坏。使用差速器锁能使两轮刚性连接以防止打滑，但因失去差速作用，转弯时将造成轮胎磨损和差速器损坏。

（4）车辆过河，如水深超过排气管或曲轴皮带盘，排气管进水将使废气阻塞，曲轴皮带盘转动使水甩向内燃机各部，容易进入润滑和燃料系统，并使电气系统因漏电而失效。过河时要一气冲出，如中途停车或换挡，容易造成熄火后无法启动。

7.1.2　垂直运输机械的特点

建筑工程施工时，建筑材料、半成品、成品的垂直运输和施工人员的上下，需要依靠垂直运输机械设备，正确选择和有效使用垂直运输机械设备非常重要。建筑施工速度在很大程度上取决于所选用机械设备的垂直运输能力，在高层建筑施工中更为重要。

目前国内在建筑施工中使用的垂直运输机械设备主要有：塔式或其他型式起重机、施工升降机（施工外用电梯）、井架提升机、龙门架提升机、建筑货用升降机、高处作业吊篮以及各种桅杆式起重机等多种。

垂直机械运输设备的主要特点：可以提供全面适应性，它可以充分满足民用的多层、高层、超高层等建筑的施工运输要求，也适用于建设多层大跨度工业厂房、塔等建筑物及烟囱、筒仓建造等滑模技术，也适用在港口装卸作业或货运场。

7.2　水平和垂直运输机械安全操作规程

（1）各类运输机械应有完整的机械产品合格证以及相关的技术资料。

（2）启动前应重点检查下列项目，并应符合相应要求：

① 车辆的各总成、零件、附件应按规定装配齐全，不得有脱焊、裂缝等缺陷。螺栓、铆钉连接紧固不得松动、缺损；

② 各润滑装置应齐全并应清洁有效；

③ 离合器应结合平稳、工作可靠、操作灵活，踏板行程应符合规定；

④ 制动系统各部件应连接可靠，管路畅通；

⑤ 灯光、喇叭、指示仪表等应齐全完整；

⑥ 轮胎气压应符合要求；

⑦ 燃油、润滑油、冷却水等应添加充足；

⑧ 燃油箱应加锁；

⑨ 运输机械不得有漏水、漏油、漏气、漏电现象。

（3）运输机械启动后，应观察各仪表指示值，检查内燃机运转情况，检查转向机构及制动器等性能，并确认正常，当水温达到 40℃ 以上、制动气压达到安全压力以上时，应低挡起步。起步时应检查周边环境，并确认安全。

（4）装载的物品应捆绑稳固牢靠，整车重心高度应控制在规定范围内，轮式机具和圆形物件装运时应采取防止滚动的措施。

（5）运输机械不得人货混装，运输过程中，料斗内不得载人。

（6）运输超限物件时，应事先勘察路线，了解空中、地面上、地下障碍以及道路、桥梁等通过能力，并应制定运输方案，应按规定办理通行手续。在规定时间内按规定路线行驶。超限部分白天应插警示旗，夜间应挂警示灯。装卸人员及电工携带工具随行，保证运行安全。

（7）运输机械水温未达到 70℃ 时，不得高速行驶。行驶中变速应逐级增减挡位，不得强推硬拉。前进和后退交替时，应在运输机械停稳后换挡。

（8）行驶中，应随时观察仪表的指示情况，当发现机油压力低于规定值，水温过高或有异响、异味等异常情况时，应立即停车检查，排除故障后，方可继续运行。

（9）运输机械运行时不得超速行驶，并应保持安全距离。进入施工现场应沿规定的路线行进。

（10）车辆上、下坡应提前换入低速挡，不得中途换挡。下坡时，应以内燃机变速箱阻力控制车速，必要时，可间歇轻踏制动器。严禁空挡滑行。

（11）在泥泞、冰雪道路上行驶时，应降低车速，并应采取防滑措施。

（12）车辆涉水过河时，应先探明水深、流速和水底情况，水深不得超过排气管或曲轴皮带盘，并应低速直线行驶，不得在中途停车或换挡。涉水后，应缓行一段路程，轻踏制动器使浸水的制动片上水分蒸发掉。

（13）通过危险地区时，应先停车检查，确认可以通过后，应由有经验人员指挥前进。

（14）运载易燃、易爆、剧毒、腐蚀性等危险品时，应使用专用车辆按相应的安全规定运输，并应有专业随车人员。

（15）爆破器材的运输，应符合现行国家标准《爆破安全规程》GB 6722—2014 的要求。起爆器材与炸药、不同种类的炸药严禁同车运输。车厢底部应铺软垫层，并应有专业押运人员，按指定路线行驶。不得在人口稠密处、交叉路口和桥上（下）停留。车厢应用帆布覆盖并设置明显标志。

（16）装运氧气瓶的车厢不得有油污，氧气瓶严禁与油料或乙炔气瓶混装。氧气瓶上防振胶圈应齐全，运行过程中，氧气瓶不得滚动及相互撞击。

（17）车辆停放时，应将内燃机熄火，拉紧手制动器，并锁车门。在下坡道停放时应挂倒挡，在上坡道停放时应挂一挡，并应使用三角木楔等搂紧轮胎。

（18）平头型驾驶室需前倾时，应清理驾驶室内物件，关紧车门后前倾并锁定。平头型驾驶室复位后，应检查并确认驾驶室已锁定。

（19）在车底下进行保养、检修时，应将内燃机熄火、拉紧手制动器并将车轮搂牢。

（20）车辆经修理后需要试车时，应由专业人员驾驶，当在有雪道路上试车时，应事先报经公安、公路等有关部门的批准。

7.3 自卸式汽车

7.3.1 概述

自卸式汽车，又称为翻斗车、工程车，是指配有自动倾卸装置的汽车。由汽车底盘、液压举升机构、取力装置和货厢组成。在土木工程中，常同挖掘机、装载机、带式输送机等联合作业，构成装、运、卸生产线，进行土方、砂石、松散物料的装卸运输。由于装载车厢能自动倾翻一定角度卸料，大大节省卸料时间和劳动力，缩短运输周期，提高生产效率，降低运输成本并标明装载容积。它是一种常用的运输机械。如图 7-1 所示为自卸式汽车的外形图。

图 7-1 自卸式汽车

7.3.2　分类

自卸式汽车有几种不同的分类方式。

按底盘承载能力可分为轻卡系列自卸、中吨系列自卸和大吨位系列自卸。

按驱动形式可分单桥自卸、双桥自卸、前四后八自卸、前四后十等不同系列车型。

按卸载液压举升机构不同可分为单顶自卸和双顶自卸。

7.3.3　自卸汽车的主要技术参数

自卸汽车的主要技术参数是装载重量，并标明装载容积。新车或大修出厂车必须进行试运转，使车厢举升过程平稳无串动。使用时各部位应按规定正确选用润滑油，大大节省卸料时间和劳动力，注意润滑周期，举升机构严格按期调换油料。按额定装载量装运，严禁超载。

7.3.4　结构组成及工作原理

发动机、底盘及驾驶室的构造和一般载重汽车相同。车厢可以后向倾翻或侧向倾翻，通过操纵系统控制活塞杆运动，以后向倾翻较普遍，推动活塞杆使车厢倾翻。少数双向倾翻。高压油经分配阀、油管进入举升液压缸，车厢前端有驾驶室安全防护板。车厢液压倾翻机构由油箱、液压泵、分配阀、举升液压缸、控制阀和油管等组成。发动机通过变速器、取力装置驱动液压泵，高压油经分配阀、油管进入举升液压缸，推动活塞杆使车厢倾翻。以后向倾翻较普遍，通过操纵系统控制活塞杆运动，可使车厢停止在任何需要的倾斜位置上。车厢利用自身重力和液压控制复位。

7.3.5　自卸汽车安全操作规程

（1）自卸汽车应保持顶升液压系统完好，工作平稳，操作灵活，不得有卡阻现象。各节液压缸表面应保持清洁。

（2）非顶升作业时，应将顶升操纵杆放在空挡位置。顶升前，应拔出车厢固定锁。作业后，应及时插入车厢固定锁。固定锁应无裂纹。插入或拔出应灵活、可靠。在行驶过程中车厢挡板不得自行打开。

（3）自卸汽车配合挖掘机、装载机装料时，应符合《建筑机械使用安全技术规程》JGJ 33—2012 中 5.10.15 的规定，就位后应拉紧手制动器。

（4）卸料时应听从现场专业人员指挥，车厢上方不得有障碍物，四周不得有人员来往，并应将车停稳。举升车厢时，应控制内燃机中速运转，当车厢升到顶点时，应降低内燃机转速，减少车厢振动。不得边卸边行驶。

（5）向坑洼地区卸料时，应和坑边保持安全距离。在斜坡上不得侧向倾斜。

（6）卸完料，车厢应及时复位，自卸汽车应在复位后行驶。

（7）自卸汽车不得装运爆破器材。

（8）车厢举升状态下，应将车厢支撑牢靠后，进入车厢下面进行检修、润滑等作业。

（9）装运混凝土或黏性物料后，应将车厢清洗干净。

（10）自卸汽车装运散料时，应有防止散落的措施。

7.4 平 板 拖 车

7.4.1 平板拖车的外形图

如图 7-2 所示为平板车的外形图。

7.4.2 平板拖车安全操作规程

（1）拖车的制动器、制动灯、转向灯等应配备齐全，并应与牵引车的灯光信号同时起作用。

（2）行车前，应检查并确认拖挂装置、制动装置、电缆接头等连接良好。

（3）拖车装卸机械时，应停在平坦坚实处，拖车应制动并用三角木楔搂紧车胎。装车时应调整好机械在车厢上的位置，各轴负荷分配应合理。

图 7-2 平板拖车

（4）平板拖车的跳板应坚实，在装卸履带式起重机、挖掘机、压路机时，跳板与地面夹角不宜大于 15°；在装卸履带式推土机、拖拉机时，跳板与地面夹角不宜大于 25°。装卸时应由熟练的驾驶人员操作，并应统一指挥。上、下车动作应平稳，不得在跳板上调整方向。

（5）装运履带式起重机时，履带式起重机起重臂应拆短，起重臂向后，吊钩不得自由晃动。

（6）推土机的铲刀宽度超过平板拖车宽度时，应先拆除铲刀后再装运。

（7）机械装车后，机械的制动器应锁定，保险装置应锁牢，履带或车轮应搂紧，机械应绑扎牢固。

（8）使用随车卷扬机装卸物件时，应有专人指挥，拖车应制动锁定，并应将车轮搂紧，机械应绑扎牢固。

（9）拖车长期停放或重车停放时间较长时，应将平板支起，轮胎不应承压。

7.5 散装水泥车

7.5.1 概述

散装水泥车又称粉粒物料运输车，适用于粉煤灰、水泥、石灰粉、矿石粉、颗粒碱等颗粒直径不大于 0.1mm 的粉粒干燥物料的散装运输。主要供水泥厂、水泥仓库和大型建筑工地使用，可节约大量包装材料和装卸劳动。如图 7-3 所示为散装水泥车的外形图。

图 7-3　散装水泥车

7.5.2　结构组成

　　由专用汽车底盘、散装水泥车罐体、气管路系统、自动卸货装置等部分组成。散装水泥车底盘可选择东风底盘、解放底盘、重汽斯太尔底盘、江淮底盘。散装水泥车罐体主要由筒体、罐体上端给进料口、流态化床、出料管、进气管及其他附件组成。罐体顶部装有2个或3个给进料口。散装水泥车前、后气室各设一根进气管，通过球阀可分别实现同时开启和单独控制的功能。

7.5.3　工作原理

　　工作动力从汽车变速箱中引出，通过传动装置驱动空压机，产生的压缩空气经控制管路进入气室内，使罐内粉粒物料产生流态化现象。当压力达到 0.196MPa 时，打开出料蝶阀，实现卸料。

7.5.4　散装水泥车的使用

　　（1）驾驶散装水泥车时不要超速、超压运行，超速、超压会严重损坏空压机，工作压力为 0.2MPa。

　　（2）不要快速启动或停止空压机，而应缓慢增速或减速，否则冲压力会损坏空压机。

　　（3）不要改变空压机的旋转方向，否则油泵不供油会严重损坏机器。

　　（4）不要在减压前停止空压机，否则粉粒物料可能倒流进气缸，造成空压机严重损坏。

　　（5）开机前需检查油标。油位不得低于油标下限。需经常检查油泵是否供油，若不供油，应立即停机检查，否则缺油会严重损坏空压机。

　　（6）要按期更换润滑油。新机使用 30h 后，排出曲轴箱里的油，清洁曲轴箱内部及滤油网，然后换油。以后每年照上述方法换油一次。

　　（7）要检查、清洁滤油网。正常情况每季度检查、清洁一次，如果机器使用率高，应一个月检查、清洁一次。

　　（8）禁止不同牌号的润滑油混用，否则润滑油变质会影响润滑效果。

（9）每工作 30h 要保养、清洁空气滤芯。转动滤芯的同时，用压力小于 0.6MPa 的压缩空气由内向外吹。保养 5 次后，应更换新滤芯。严禁用油或水清洗滤芯。

7.5.5 散装水泥车安全操作规程

（1）在装料前应检查并清除散装水泥车的罐体及料管内积灰和结渣等杂物，管道不得有堵塞和漏气现象；阀门开闭应灵活，部件连接应牢固可靠，压力表工作应正常。

（2）在打开装料口前，应先打开排气阀，排除罐内残余气压。

（3）装料完毕，应将装料口边缘上堆积的水泥清扫干净，盖好进料口，并锁紧。

（4）散装水泥车卸料时，应装好卸料管，关闭卸料管蝶阀和卸压管球阀，并应打开二次风管，接通压缩空气。空气压缩机应在无载情况下启动。

（5）在确认卸料阀处于关闭状态后，向罐内加压，当达到卸料压力时，应先稍开二次风嘴阀后再打开卸料阀，并用二次风嘴阀调整空气与水泥比例。

（6）卸料过程中，应注意观察压力表的变化情况，当发现压力突然上升，输气软管堵塞时，应停止送气，并应放出管内有压气体，及时排除故障。

（7）卸料作业时，空气压缩机应有专人管理，其他人员不得擅自操作。在进行加压卸料时，不得增加内燃机转速。

（8）卸料结束后，应打开放气阀，放尽罐内余气，并应关闭各部阀门。

（9）雨雪天气，散装水泥车进料口应关闭严密。并不得在露天装卸作业。

7.6 机动翻斗车

7.6.1 机动翻斗车外形图

如图 7-4 所示为机动翻斗车的外形图。

7.6.2 机动翻斗车安全操作规程

（1）机动翻斗车驾驶员应经考试合格，持有机动翻斗车专用驾驶证上岗。

（2）机动翻斗车行驶前，应检查锁紧装置，并应将料斗锁牢。

（3）机动翻斗车行驶时，不得使离合器处于半结合状态来控制车速。

（4）在路面不良状况下行驶时，应低速缓行。机动翻斗车不得靠近路边或沟旁行驶，并应防侧滑。

图 7-4 机动翻斗车

（5）在坑沟边缘卸料时，应设置安全挡块。车辆接近坑边时，应减速行驶，不得冲撞挡块。

（6）上坡时，应提前换入低挡行驶；下坡时，不得空挡滑行；转弯时，应先减速；急转弯时，应先换入低挡。机动翻斗车不宜紧急刹车，应防止向前倾覆。

（7）机动翻斗车不得在卸料工况下行驶。

（8）内燃机运转或卸料内有载荷时，不得在车底下进行作业。

（9）多台机动翻斗车纵队行驶时，前后车之间应保持安全距离。

7.7　带式输送机

7.7.1　概述

带式输送机又称胶带输送机，俗称"皮带输送机"。目前输送带除了橡胶带外，还有其他材料的输送带（如 PVC、PU、特氟龙、尼龙带等）。带式输送机由驱动装置拉紧输送带，中部构架和托辊组成输送带作为牵引和承载构件，借以连续输送散碎物料或成件品。如图 7-5 所示为带式输送机的外形图。

带式输送机是一种摩擦驱动以连续方式运输物料的机械。应用它可以将物料在一定的输送线上，从最初的供料点到最终的卸料点间形成一种物料的输送流程。它既可以进行碎散物料的输送，也可以进行成件物品的输送。除进行纯粹的物料输送外，还可以与各工业企业生产流程中的工艺过程的要求相配合，形成有节

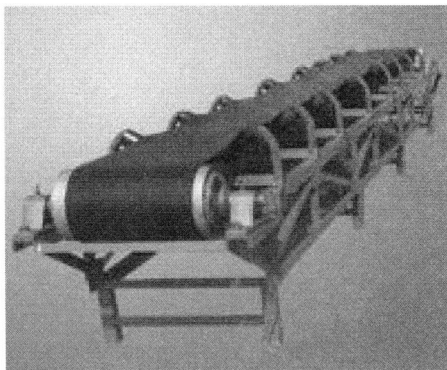

图 7-5　带式输送机

奏的流水作业运输线。所以带式输送机广泛应用于现代化的各种工业企业中。在矿山的井下巷道、矿井地面运输系统、露天采矿场及选矿厂中，广泛应用带式输送机。它用于水平运输或倾斜运输，使用非常方便。

带式输送机已成为整个生产环节中的重要设备之一。结构先进、适应性强、阻力小、寿命长、维修方便、保护装置齐全是带式输送机显著的特点。在带式输送机运行前，首先要确认带式输送机设备、人员、被输送物品均处于安全完好的状态。其次检查各运动部位正常无异物，检查所有电气线路是否正常，正常时才能将皮带输送机投入运行。最后要检查供电电压与设备额定电压的差别不超过±5%。

带式输送机主要应用于冶金、电力、煤炭、化工、建材、码头、粮食等行业。

7.7.2　带式输送机安全操作规程

（1）固定式皮带运输机应安装在坚固的基础上，移动式皮带运输机在开动前应将轮子搂紧。

（2）皮带运输机在启动前，应调整好输送带的松紧度，带扣应牢固，各传动部件应灵活可靠，防护罩应齐全有效。电气系统应布置合理，绝缘及接零或接地应保护良好。

（3）启动前，应先空载运转，待运转正常后，方可均匀装料。不得先装料后启动。

（4）输送带上加料时，应对准中心，并宜降低加料高度，减少落料对输送带的冲击。

（5）作业中，应随时观察输送带运输情况，当发现带有松动、走偏或跳动现象时，应停机进行调整。

（6）作业时，人员不得从带上面跨越，或从带下面穿过。输送带打滑时，不得用手拉动。

（7）输送带输送大块物料时，输送带两侧应加装挡板或栅栏。

（8）多台皮带运输机串联作业时，应从卸料端按顺序启动；停机时，应从装料端开始按顺序停机。

（9）作业时需要停机时，应先停止装料，将带上的物料卸完后，再停机。

（10）皮带运输机作业中突然停机时，应立即切断电源，清除运输带上的物料，检查并排除故障。

（11）作业完毕后，应将电源断开，锁好电源开关箱，清除运输机上砂土，用防雨护罩将电动机盖好。

习　题

一、填空题

1. 水平运输机械主要有_____、_____、_____，用于工地上各类建筑材料构配件的运输。

2. 自卸汽车，又称为翻斗车、工程车，是指配有自动倾卸装置的汽车。由_____、_____、_____和_____组成。

3. 带式输送机是一种_____以_____方式运输物料的机械。

二、判断题

1. 自卸汽车卸料时应听从现场专业人员指挥，车厢上方不得有障碍物，四周不得有人员来往，并应将车停稳。　　　　　　　　　　　　　　　　　　　　　　　（　　）

2. 平板拖车，机械装车后，机械的制动器应锁定，保险装置应锁牢，履带或车轮应揳紧，机械应绑扎牢固。　　　　　　　　　　　　　　　　　　　　　　　　　（　　）

3. 散装水泥车进料口应关闭严密，并应在露天装卸作业。　　　　　　　　（　　）

4. 机动翻斗车可以在卸料工况下行驶。　　　　　　　　　　　　　　　　（　　）

5. 带式输送机作业时，需要停机时，应先停止装料，将带上的物料卸完后，再停机。

　　　　　　　　　　　　　　　　　　　　　　　　　　　　　　　　（　　）

三、简答题

1. 自卸式汽车有哪些类型？

2. 简述散装水泥车的工作原理。

3. 简述带式输送机的结构组成。

▶ **桩工机械**

【主要内容】

1. 桩工机械的分类及结构组成、工作原理；

2. 各类桩工机械的安全操作规程。

【学习要点】

1. 掌握各类桩工机械的分类及组成；

2. 理解各类桩工机械的工作原理及安全操作规程。

8.1   桩工机械概况

桩工机械品种繁多，本章列举了最常用的几种。

螺旋打桩机既可用于建筑打桩、成孔，也可用于高铁建设；柴油锤打桩机主要用于房地产打桩，因其振动力强、噪声大，故不适用于居民区和闹市区；正反循环钻机因其用到循环水故应用广泛，打桩口径偏大，也可用于钻机，但不能入岩；冲击钻机广泛用于高速公路、铁路的桥墩打桩，可打岩石；插板机主要用于沿海地区软弱地基的处理，其后再进行打桩；夯扩桩机主要用于房地产打桩，口径小、效率高，因其具有挤密作用故承载力较高；碎石桩机因其独特的设计，通过振动锤的激振力将沉管震入土中，承载力好、打桩效率高，是未来桩工行业的主流产品；旋挖钻机摆脱了电缆的束缚，移动灵活、打桩口径大、效率高，深受桩工行业人士欢迎，但其成本较高，一些行业新人无法接受，另外螺旋打桩机同样具有其打桩效果；振动桩锤主要用于基础工程，一般做为插板机、振动沉管桩机的配套设备，也可独立操作；水平定向钻主要用于公用设施。

8.2   桩工机械安全操作规程

（1）桩工机械类型应根据桩的类型、桩长、桩径、地质条件、施工工艺等综合考虑选择。

（2）桩机上的起重部件应执行《建筑机械使用安全技术规程》JGJ 33—2012 中第 4 章的有关规定。

（3）施工现场应按桩机使用说明书的要求进行整平压实，地基承载力应满足桩机的使用要求。在基坑和围堰内打桩，应配置足够的排水设备。

（4）桩机作业区内不得有妨碍作业的高压线路、地下管道和埋设电缆。作业区应有明显标志或围栏，非工作人员不得进入。

（5）桩机电源供电距离宜在 200m 以内，工作电源电压的允许偏差为其公称值的 ±5%。电源容量与导线截面应符合设备施工技术要求。

（6）作业前，应由项目负责人向作业人员做详细的安全技术交底。桩机的安装、试机、拆除应严格按设备使用说明书的要求进行。

（7）安装桩锤时，应将桩锤运到立柱正前方 2m 以内，并不得斜吊。桩机的立柱导轨应按规定润滑。桩机的垂直度应符合使用说明书的规定。

（8）作业前，应检查并确认桩机各部件连接牢靠，各传动机构、齿轮箱、防护罩、吊具、钢丝绳、制动器等应完好，起重机起升、变幅机构工作正常，润滑油、液压油的油位符合规定，液压系统无泄漏，液压缸动作灵敏，作业范围内不得有非工作人员或障碍物。电动机应按《建筑机械使用安全技术规程》JGJ 33—2012 中 3.4 节的要求执行。

（9）水上打桩时，应选择排水量比桩机重量大 4 倍以上的作业船或安装牢固的排架，桩机与船体或排架应可靠牢固，并应采取有效的锚固措施。当打桩船或排架的偏斜度超过 3°时，应停止作业。

（10）桩机吊桩、吊锤、回转、行走等动作不应同时进行。吊桩时，应在桩上拴好拉绳，避免桩与桩锤或机架碰撞。桩机吊锤（桩）时，锤（桩）的最高点离立柱顶部的最小距离应确保安全。轨道式桩机吊桩时应夹紧夹轨器。桩机在吊有桩和锤的情况下，操作人员不得离开岗位。

（11）桩机不得侧面吊桩或远距离托桩。桩机在正前方吊桩时，混凝土预制桩与桩机立柱的水平距离不应大于 4m，钢桩不应大于 7m，并应防止桩与立柱碰撞。

（12）使用双向立柱时，应待立柱转向到位，并应采用锁销将立柱与基杆锁住后起吊。

（13）施打斜桩时，应先将桩锤提升到预定位置，并将桩吊起，套入桩帽，桩尖插入桩位后再后仰立柱。履带三支点式桩架在后倾打斜桩时，后支撑杆应顶紧；轨道式桩架应在平台后增加支撑，并夹紧夹轨器。立柱后仰时，桩机不得回转及行走。

（14）桩机回转时，制动应缓慢，轨道式和步履式桩架同向连续回转不应大于一周。

（15）桩锤在施打过程中，监视人员应在距离桩锤中心 5m 以外。

（16）插桩后，应及时校正桩的垂直度。桩入土 3m 以上时，不得用桩机行走或回转动作来纠正桩的倾斜度。

（17）拔送桩时，不得超过桩机起重能力；拔送荷载应符合下列规定：

① 电动桩机拔送荷载不得超过电动机满载电流时的荷载；

② 内燃机桩机拔送桩时，发现内燃机明显降速，应立即停止作业。

（18）作业过程中，应经常检查设备的运转情况，当发生异响、吊索具破损、紧固螺栓松动、漏气、漏油、停电以及其他不正常情况时，应立即停机检查，排除故障。

（19）桩机作业或行走时，除本机操作人员外，不应搭载其他人员。

（20）桩机行走时，地面的平整度与坚实度应符合要求，并应有专人指挥。走管式桩机横移时，桩机距滚管终端的距离不应小于 1m。桩机带锤行走时，应将桩锤放至最低位。履带式桩机行走时，驱动轮应置于尾部位置。

（21）在有坡度的场地上，坡度应符合桩机使用说明书的规定，并应将桩机重心置于斜坡上方，沿纵坡方向作业和行走。桩机在斜坡上不得回转。在场地的软硬边际，桩机不应横跨软硬边际。

（22）遇风速 12.0m/s 及以上的大风、雷雨、大雾和大雪等恶劣天气时，应停止作业。当风速达到 13.9m/s 及以上时，应将桩机顺风向停置，并应按使用说明书的要求，增设缆风绳，或将桩架放倒。桩机应有防雷措施，遇雷电时，人员应远离桩机。冬期作业应清除桩机上积雪，工作平台应有防滑措施。

（23）桩孔成型后，当暂不浇筑混凝土时，孔口必须及时封盖。

（24）作业中，当停机时间较长时，应将桩锤落下垫稳。检修时，不得悬吊桩锤。

（25）桩机在安装、拆移和拆运时，不得强行弯曲液压管路。

（26）作业后，应将桩机停放在坚实平整的地面上，将桩锤落下垫实，并切断动力电源。轨道式桩架应夹紧夹轨器。

8.3　柴油锤桩机

8.3.1　概述

柴油锤桩机是利用燃油爆炸推动活塞往复运动而锤击打桩，活塞重量从几百公斤到数吨。用锤击沉桩宜重锤轻击。若重锤重击，则锤击功大部分被桩身吸收，桩不易打入，且桩头易被打碎。锤重与桩重宜有一定的比值，或控制锤击应力，以防桩被打坏。桩架是支持桩身和桩锤，沉桩过程中引导桩的方向，并使桩锤能沿着要求的方向冲击的打桩设备。如图 8-1 所示为柴油锤桩机外形图。

图 8-1　圆管式柴油锤桩机

8.3.2　结构组成及工作原理

主体也是由汽缸和柱塞组成，其工作原理和单缸二冲程柴油机相似，利用喷入汽缸燃烧室内的雾化柴油受高压高温后燃爆所产生的强大压力驱动锤头工作。柴油锤按其构造形式分导杆式和筒式。导杆式柴油锤以柱塞为锤座压在桩帽上，以汽缸为锤头沿 2 根导杆升降。打桩时，先将桩吊到桩架龙门中就位，再将柴油锤搁在桩顶，降下吊钩将汽缸吊起，又脱开吊钩让汽缸下落套入柱塞，将封闭在汽缸内的空气进行压缩，汽缸继续下落，直到缸体外的压销推压锤座上燃油泵的摇杆时，燃油泵就将油雾喷入缸内，油雾遇到燃点以上的高温气体，当即发生燃爆，爆发力向下冲击使桩下沉，向上顶推，使汽缸回升，待汽缸重新沿导杆坠落时，又开始第二次冲击循环。筒式柴油锤以汽缸作为锤座，并直接用加长了的缸筒内壁导向，省去了 2 根导杆，柱塞是锤头，可在汽缸中上下运动。打桩时，将锤座下部的桩帽压在桩顶上，用吊钩提升柱塞，然后脱钩往下冲击，压缩封闭在汽缸中的空气，并进行喷油、爆发、冲击、换气等工作过程。柴油锤的工作是靠压燃柴油来启动的，因此必须保证汽缸内的封闭气体达到一定的压缩比，有时在软土地层上打桩时，往往由于反作用力过小，压缩量不够而无法引燃起爆，就需要用吊钩多次吊起锤头脱钩冲击，才能启动。柴油锤的锤座上附有燃油喷射泵、油箱、冷却水箱及桩帽。柱塞和缸筒之间的活动间隙用弹性柱塞环密封。

8.3.3　柴油锤桩机安全操作规程

（1）作业前应检查导向板的固定与磨损情况，导向板不得有松动或缺件，导向面磨损不得大于 7mm。

（2）作业前应检查并确认起落架各工作机构安全可靠，启动钩与上活塞接触线距离应在 5～10mm 之间。

（3）作业前应检查柴油锤与桩帽的连接，提起柴油锤，柴油锤脱出砧座后，柴油锤下滑长度不应超过使用说明书的规定值，超过时，应调整桩帽连接钢丝绳的长度。

（4）作业前应检查缓冲胶垫，当砧座和橡胶垫的接触面小于原面积 2/3 时，或下汽缸法兰与砧座间隙小于使用说明书的规定值时，均应更换橡胶垫。

（5）水冷式柴油锤应加满水箱，并应保证柴油锤连续工作时有足够的冷却水。冷却水应使用清洁的软水。冬期作业时应加温水。

（6）桩帽上缓冲垫木的厚度应符合要求，垫木不得偏斜。金属桩的垫木厚度应为 100～150mm；混凝土的垫木厚度应为 200～250mm。

（7）柴油锤启动前，柴油锤、桩帽和桩应在同一轴线上，不得偏心打桩。

（8）在软土打桩时，应先关闭油门冷打，当每击贯入度小于 100mm 时，再启动柴油锤。

（9）柴油锤运转时，冲击部分的跳起高度应符合使用说明书的要求，达到规定高度时，应减小油门，控制落距。

（10）当上活塞下落而柴油锤未燃爆，上活塞发生短时间的起伏时，起落架不得落下，以防撞击碰块。

（11）打桩过程中，应有专人负责拉好曲臂上的控制绳，在意外情况下，可使用控制绳紧急停锤。

（12）柴油锤启动后，应提升起落架，在锤击过程中起落架与上汽缸顶部之间距离不应小于 2m。

（13）筒式柴油锤上活塞跳起时，应观察是否有润滑油从泄油孔中流出。下活塞的润滑油应按使用说明书的要求加注。

（14）柴油锤出现早燃时，应停止工作，并应按使用说明书的要求进行处理。

（15）作业后，应将柴油锤放到最低位置，封盖上汽缸和吸排气孔，关闭燃料阀，将操作杆置于停机位置，起落架升至高于桩锤 1m 处，并应锁住安全限位装置。

（16）长期停用的柴油锤，应从桩机上卸下，放掉冷却水、燃油及润滑油，将燃烧室及上、下活塞打击面清洗干净，并应做好防腐措施，盖上保护套，入库保存。

8.4 振动沉拔桩锤

振动沉拔桩锤是一种适合各种基础工程的沉拔桩施工机械。

8.4.1 分类

振动沉拔桩锤按照动力、振频和结构进行分类。

（1）按动力可分为电动振动沉拔桩锤和液压振动沉拔桩锤，前者动力是耐振电动机，后者是柴油发动机驱动液压泵——马达系统。

（2）振动锤的振动器是一个带偏心块的转轴，其产生的振动频率可分为低频（300～700r/min）、中频（700～1500r/min）、高频（2300～2500r/min）、超高频（约6000r/min），以适应不同的地基土质情况。

（3）按振动偏心块的结构可分为固定式偏心块和可调式偏心块。

8.4.2 结构组成

振动沉拔桩锤的主要组成部分是由动力装置、振动器、夹桩器和吸振器等组成。

8.4.3 应用范围

它广泛应用于各类钢桩和混凝土预制桩的沉拔作业。与相应的桩架配套后，也可用于混凝土灌注桩、石灰桩、砂桩等各种类型的地基处理作业。振动沉拔桩锤有如下特点：贯入力强，沉桩质量好；不仅用于沉桩，还适合用于拔桩；使用方便，施工速度快，成本低；结构简单，维修保养方便，噪声低，无大气污染。

在施工中，振动沉拔桩锤是利用桩体产生的高频振动，以高速度振动桩身，当桩的强迫振动与土壤颗粒的频率接近时，土壤颗粒产生共振，使桩身周围的土体产生液化，迅速破坏桩和土壤间的粘结力，减小了沉桩阻力，这样，桩在自重及较小的附加压力下便可沉入土中。

8.4.4 振动沉拔桩锤安全操作规程

（1）作业前，应检查并确认振动桩锤各部位螺栓、销轴的连接牢靠，减震装置的弹簧、轴和导向套完好。

（2）作业前，应检查各传动胶带的松紧度，松紧度不符合规定时应及时调整。

（3）应检查夹持片的齿形。当齿形磨损超时4mm时，应更换或用堆焊修复。使用前，应在夹持片中间放一块10～15mm厚的钢板进行试夹。试夹中液压缸应无渗漏，系统压力应正常，不得在夹持片之间无钢板时试夹。

（4）作业前，应检查并确认振动桩锤的导向装置牢固可靠。导向装置与立柱导轨的配合间隙应符合使用说明书的规定。

（5）悬挂振动桩锤的起重机，其吊钩上必须有防松脱的保护装置。振动桩锤悬挂钢架的耳环上应加装保险钢丝绳。

（6）振动桩锤启动时间不应超过使用说明书的规定。当启动困难时，应查明原因，排除故障后继续启动。启动时应监视电流和电压，当启动后的电流降到正常值时，开始作业。

（7）夹桩时，夹紧装置和桩的头部之间不应有空隙。当液压系统工作压力稳定后，才能启动振动桩锤。

（8）沉桩前，应以柱的前端定位，并按使用说明书的要求调整导轨与桩的垂直度。

（9）沉桩时，应根据沉桩速度放松吊桩钢丝绳。沉桩速度、电机电流不得超过使用说明书的规定。当沉桩速度过慢时，可在振动桩锤上按规定增加配重。当电流急剧上升时，应停机检查。

（10）拔桩时，当桩身埋入部分被拔起 1.0～1.5m 时，应停止拔桩，在拴好吊桩用钢丝绳后，再起振拔桩。当桩尖离地面只有 1.0～2.0m 时，应停止振动拔桩，由起重机直接拔桩。桩拔出后，吊桩钢丝绳未吊紧前，不得松开夹紧装置。

（11）拔桩应按沉桩的相反顺序起拔。夹紧装置在夹持板桩时，应靠近相邻一根。对工字桩应夹紧腹板的中央。当钢板桩和工字桩的头部有钻孔时，应将钻孔焊平或将钻孔以上割掉，或应在钻孔处焊接加强板，防止桩断裂。

（12）振动桩锤在正常振幅下仍不能拔桩时，应停止作业，改用功率较大的振动桩锤。拔桩时，拔桩力不应大于桩架的负荷能力。

（13）振动桩锤作业时，减震装置各摩擦部位应具有良好的润滑。减震器横梁的振幅超过规定时，应停机查明原因。

（14）作业中，当遇液压软管破损、液压操纵失灵或停电时，应立即停机，并应采取安全措施，不得让桩从夹紧装置中脱落。

（15）停止作业时，在振动桩锤完全停止运转前不得松开夹紧装置。

（16）作业后，应将振动桩锤沿导杆放至低处，并采用木块垫实，带桩管的振动桩锤可将桩管沉入土中 3m 以上。

（17）振动桩锤长期停用时，应卸下振动桩锤。

8.5　螺旋钻孔机

8.5.1　概述

螺旋钻孔机是一种螺旋叶片钻孔机，包括钻机框架，框架上设有滑道，还设有可沿滑道上下滑动的减速箱，减速箱接动力输入轴和动力输出轴，动力输入轴的另一端接液压马达，动力输出轴的另一端接钻杆，钻杆的下端接钻头。

8.5.2 结构组成和工作原理

螺旋钻孔机根据钻杆长度不同分为长螺旋式（螺旋钻杆长度在 10m 以上）和短螺旋钻（装配式钻杆，每段长为 6.5m）；按基础车类型不同分有汽车式和履带式螺旋钻孔机。如图 8-2 所示为汽车式长螺旋钻孔机外形，它主要由机头、钻杆、支承臂架、导向装置、支腿、出土装置、卷扬机和底盘等组成。

螺旋式钻孔机的工作原理极似于机械加工中的麻花钻钻孔，作业时钻渣（泥土、砂石）可沿螺旋槽自动排出孔外；钻出的桩孔规则，且不需要泥浆护壁和高压水清底，达到要求的深度后，提出钻杆、钻头，浇灌混凝土，待其凝结、硬化后，便成了所需要的基础桩。

汽车式螺旋钻孔机是以载重汽车为底盘，在底盘上面安装着供钻孔使用的各工作机构和辅助设备。

（1）机头。它是由电动机、减速箱、横向微调机构、滑轮组及门架等组成。钻孔时，电动机的转速经一级带传动和一级齿轮传动减速后驱动钻杆与钻头旋转。为使钻孔位置准确，在机头的上部安装有齿轮箱的横向微调机构，它是由一台独立的小功率的电动机直接驱动蜗轮蜗杆传动机构，通过蜗轮孔螺母和固定在机头架上的螺杆相配合，可使齿轮箱向左、右各移动150mm，从而使钻杆与钻头得到钻孔位置的调整。机头架顶部安装有提升滑轮，周围有 4 对导向装置，可确保机头沿 4 根门架立越过上、下滑动。

（2）钻杆与钻头。钻杆的作用是传递扭矩和向上输送钻下来的土壤。钻杆为一根无缝钢管，直径为 $\phi102\sim\phi127$mm，管壁厚为 5mm，在钢管外表面焊接有 4～6mm 厚的螺旋叶片，螺距为 0.7～0.8 倍的钻杆直径，最下面的一圈螺旋叶片用 10mm 厚的钢板制成，以承受钻杆的垂直荷载及扭转力矩。钻杆的长度应稍大于欲钻桩孔的深度。装配式螺旋钻要分段制作，各段钢管之间用法兰盘联接，联接时应保持联接处螺旋叶片的连续性。钻头是一块扇形钢板，借助于钻头接头安装在钻杆上，以便于随时更换。在扇形钢板的端部镶装着硬质合金的刀头，作为切削之用。切刀头的前角为 20°左右，后角为 8°～12°，前角是便于切削，后角的功用则是为减小刀头的摩擦。作业中，钻头的左右刀刃同时进行切削。

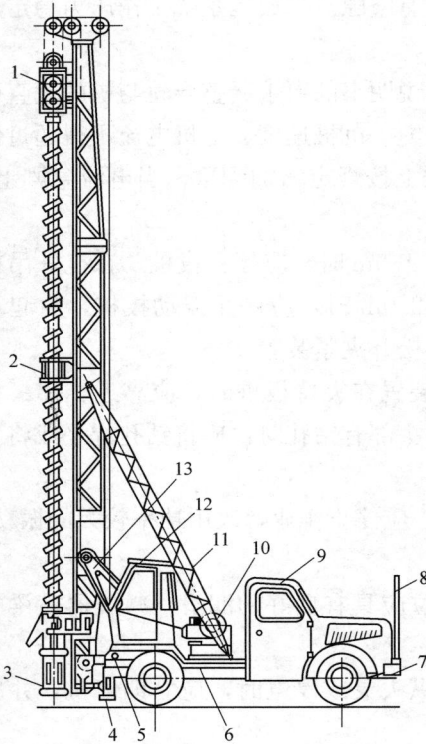

图 8-2 汽车式长螺旋钻孔机外形示意图

1—机头；2—中间导向器；3—导向器；4—支腿；
5—滑轮组；6—底梁；7—压重铁；8—支架；
9—汽车；10—卷扬机；11—斜撑；
12—操纵室；13—支承座

螺旋钻孔机作业时，钻杆与钻头以 100～120r/min 的转速旋转，切削下来的土壤和砂石沿钻杆螺旋叶片自动上升到出土装置，通过溜槽溜入出土车内。为了保证钻机在作业中的稳定性，在钻杆的中间位置安装有导向套，借助于钢丝绳与机头相联，它可随机头的升降而升降。

（3）机架。机架是机头的导向装置，起着机头升降时的稳定和准确就位的作用。机架借助于支臂和斜撑与底盘固定。支臂的上端与门架铰接，下端固定在底盘上。可作为门架起落时的回转支承。斜撑的下端通过销轴座固定在底座上，上端用球铰与门架相联。门架的垂直位置可通过斜撑上的花篮螺栓进行调整。

8.5.3　螺旋钻孔机安全操作规程

（1）安装前，应检查并确认钻杆及各部件不得有变形；安装后，钻杆与动力头中心线的偏斜度不应超过全长的 1%。

（2）安装钻杆时，应从动力头开始，逐节往下安装，不得将所需长度的钻杆在地面上接好后一次起吊安装。

（3）钻机安装后，电源的频率与钻机控制箱的内频率应相同，不同时，应采用频率转换开关予以转换。

（4）钻机应放置在平稳、坚实的场地上。汽车式钻机应将轮胎支起，架好支腿，并应采用自动微调或线锤调整挺杆，使之保持垂直。

（5）启动前应检查并确认钻机各部件连接牢固，传动带的松紧度适当，减速箱内油位符合规定，钻深限位报警装置有效。

（6）启动前，应将操纵杆放在空挡位置。启动后，应进行空载运转试验，检查仪表、制动等各项，温度、声响应正常。

（7）施钻时，应先将钻杆缓慢放下，使钻头对准孔位，当电流表指针偏向无负荷状态时即可下钻。在钻孔过程中，当电流表超过额定电流时，应放慢下钻速度。

（8）钻机发出下钻限位警报信号时，应停钻，并将钻杆稍稍提升，待解除警报信号后，方可继续下钻。

（9）卡钻时，应立即停止下钻。查明原因前，不得强行启动。

（10）作业中，当需改变钻杆回转方向时，应待钻杆完全停转后再进行。

（11）作业中，当发现阻力过大、钻进困难、钻头发出异响或机架出现摇晃、移动、偏斜时，应立即停钻，在排除故障后，继续施钻。

（12）钻机运转时，应有专人看护，防止电缆线被缠入钻杆。

（13）钻孔时，不得用手清除螺旋片中的泥土。

（14）钻孔过程中，应经常检查钻头的磨损情况，当钻头磨损量超过使用说明书的允许值时，应予更换。

（15）作业中停电时，应将各控制器放置零位，切断电源，并应及时采取措施，将钻杆从孔内拔出。

（16）作业后，应将钻杆及钻头全部提升至孔外，先清除钻杆和螺旋叶片上的泥土，再将钻头按下接触地面，各部制动住，操纵杆放到空挡位置，切断电源。

8.6　履带式打桩机

8.6.1　概述

以 JZL 系列电动履带式桩架为例对履带式打桩机进行简要介绍。JZL 系列电动履带式桩架是烟台海山建筑机械有限公司生产的新一代桩工机械产品。该系列产品集中了目前国内外两大类型桩架——自行式履带桩架和步履式桩架的优点：机动能力强、施工效率高、安全稳定性高、价格低廉。因而 JZL 系列电动履带桩架优点突出。

（1）行走稳定，作业安全。因接地尺寸不受起重机底盘限制，而按桩柱高度设计，稳定性优于现有各类桩机，并装有前后 4 个液压支腿，确保施工安全。

（2）行走灵活、迅速，施工效率高。绝不会发生步履式桩架经常因支腿下陷而移动困难的情形。施工效率可提高 2 倍以上，没有桩位死角。

（3）制桩垂直度高。立柱三点支撑，两方位调整，其钻孔垂直度大大优于悬挂式履带桩架。

（4）有利于城市施工和环境保护。采用电动机驱动噪声小，不干扰居民，不燃烧柴油，无废气排放。

（5）维修简单。电动机的故障率和维修成本均远低于柴油机和液压驱动系统。

基于以上优点，JZL 系列电动履带式桩架可配用不同作业装置，广泛应用于城市建筑的各种桩基础工程、深基坑支护工程以及防洪工程中的防渗坝工程等工业与民用建筑施工中。

8.6.2　履带式打桩机的主要技术参数

60 桩机的主要技术参数见表 8-1。

主要技术参数表
表 8-1

型　　号	JZL60	JZB60	备注
行走方式	液压（电动）履带式	步履式	
立柱支撑方式	三点支撑	三点支撑	
桩架总高	30.4	30.4	单位：m
回转角度	360	360	单位：°
最大钻孔直径	≤800	≤800	单位：mm
最大钻孔深度	≤25	≤25	单位：m
立柱导向中心距	$600 \times \phi102/330 \times \phi70$	$600 \times \phi102/330 \times \phi70$	
履带（步履）长度	4.8	6	单位：m
履带（步履）宽度	800	540	单位：mm
许用拔桩力	400	400	单位：kN
动力头配置功率	$2 \times 45（2 \times 55）$	$2 \times 37（2 \times 45）$	单位：kW
外形尺寸（长×宽）	10630×4900	10630×4900	单位：mm
整机总重	55	52	单位：t

8.6.3　结构组成

履带式打桩机以履带式起重机为底盘，增加立柱和斜撑用以打桩。性能较多，桩架灵活，移动方便，可适应各种预制桩及灌注桩施工，目前应用较多。如图8-3所示。

8.6.4　履带式打桩机安全操作规程

（1）组成打桩机的履带式起重机，应执行《建筑机械使用安全技术规程》JGJ 33—2012中第4.2节的规定。配装的柴油打桩锤或振动桩锤，应执行《建筑机械使用安全技术规程》JGJ 33—2012中第7.2节、第7.3节的规定。

（2）打桩机的安装场地应平坦坚实，当地基承载力达不到规定的压应力时，应在履带下铺设路基箱或30mm厚的钢板，其间距不得大于300mm。

（3）打桩机的安装、拆卸应按照出厂说明书规定程序进行。用伸缩式履带的打桩机，应将履带扩张后方可安装。履带扩张应在无配重情况下进行，上部回转平台应转到与履带成90°的位置。

（4）立柱底座安装完毕后，应对水平微调液压缸进行试验，确认无问题时，应将活塞杆缩尽，并准备安装立柱。

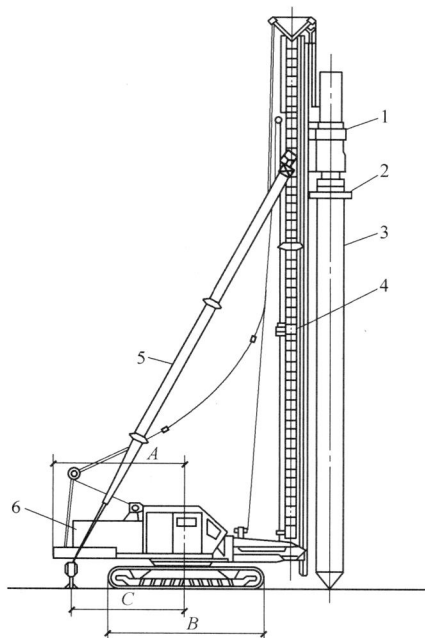

图8-3　履带式打桩机
1—桩锤；2—桩帽；3—桩；
4—立柱；5—斜撑；6—车体

（5）立柱安装时，履带驱动轮应置于后部，履带前倾覆点应采用铁楔块填实，并应制动住行走机构和回转机构，用销轴将水平伸缩臂定位。在安装垂直液压缸时，应在下面铺木垫板将液压缸顶实，并使主机保持平衡。

（6）安装立柱时，应按规定扭矩将连接螺栓拧紧，立柱支座下方应垫千斤顶顶实。安装后的立柱，其下方搁置点不应少于3个。立柱的前端和两侧应系缆风绳。

（7）立柱竖立前，应向顶梁各润滑点加注润滑油，再进行卷扬筒制动试验。试验时，应先将立柱拉起300～400mm后制动住，然后放下，同时应检查并确认前后液压缸千斤顶牢固可靠。

（8）立柱的前端应垫高，不得在水平以下位置扳起立柱。当立柱扳起时，应同步放松缆风绳。当立柱接近垂直位置，应减慢竖立速度。扳到75°～83°时，应停止卷扬，并收紧缆风绳，再装上后支撑，用后支撑液压缸使立柱竖直。

（9）安装后支撑时，应有专人将液压缸向主机外侧拉出，不得撞击机身。

（10）安装桩锤时，桩锤底部冲击块与桩帽之间应有下述厚度的缓冲垫木。对金属桩，垫木厚度应为100～150mm；对混凝土桩，垫木厚度应为200～250mm。作业中应观察木垫的损坏情况，损坏严重的应给予更换。

（11）连接桩锤与桩帽的钢丝绳张紧度应适宜，过紧或过松时，应予调整，拉紧后应留有 200～250mm 的滑出余量，并应防止绳头插入汽缸法兰与冲击块内损坏缓冲垫。

（12）拆卸应按与安装时相反程序进行。放倒立柱时，应使用制动器使立柱缓缓放下，并用缆风绳控制，不得不加控制地快速下降。

（13）正前方吊桩时，对混凝土预制桩，立柱中心与桩的水平距离不得大于 4m；对钢管桩，水平距离不得大于 7m。严禁偏心吊装或强行拉桩等。

（14）使用双向立柱时，应待立柱转向到位，并用锁销将立柱与基杆锁住后，方可吊起。

（15）施打斜桩时，应先将桩锤提升到预定位置，并将桩吊起，套入桩帽，桩尖插入桩位后再后仰立柱，并用后支撑杆顶紧，立柱后仰时打桩机不得回转及行走。

（16）打桩机带锤行走时，应将桩锤放至最低位。行走时，驱动轮应在尾部位置，并应有专人指挥。

（17）在斜坡上行走时，应将打桩机重心置于斜坡的上方，斜坡的坡度不得大于 5°，在斜坡上不得回转。

（18）作业后，应将桩锤放在已打入地下的桩头或地面垫板上，将操纵杆置于停机位置，起落架升至比桩锤高 1m 的位置，锁住安全限位装置，并应使全部制动生效。

8.7 静力压桩机

8.7.1 概述

静力压桩机是利用静压力（压桩机自重及配重）将预制桩逐节压入土中的压桩方法。这种方法节约钢筋和混凝土，降低工程造价，采用的混凝土强度等级可降低 1～2 级，配筋比锤击法可节省钢筋 40％左右，而且施工时无噪声、无振动、无污染，对周围环境的干扰小，适用于软土地区、城市中心或建筑物密集处的桩基础工程以及精密工厂的扩建工程。

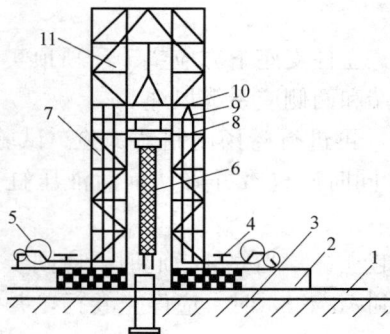

图 8-4 静力压桩机

1—垫板；2—底盘；3—操作平台；4—加重物仓；
5—卷扬机；6—上段桩；7—加压钢丝绳；8—桩帽；
9—油压表；10—活动压梁；11—桩架

8.7.2 结构组成

静力压桩机有机械式和液压式之分，如图 8-4 所示。压桩机的主要部件有桩架底盘、压梁、卷扬机、滑轮组、配置和动力设备等。压桩时，先将桩起吊，对准桩位，将桩顶置于梁下，然后开动卷扬机牵引钢丝绳，逐渐将钢丝绳收紧，使活动压梁向下，将整个桩机的自重和配重荷载通过压梁压在桩顶。当静压力大于桩尖阻力和桩身与土层之间的摩擦力时，桩逐渐压入土中。常用压桩机的荷重有 80t、120t、150t 等数种，目前使用的多为液压式静力压桩机，压力可达 8000kN。

8.7.3　作业过程

静力压桩机在一般情况下是分段预制，分段压入、逐段接长。每节桩长度取决于桩架高度，通常 6m 左右，压桩桩长可达 30m 以上，桩断面为 400mm×400mm。接桩方法可采用焊接法、硫磺胶泥锚接法等。压桩一般是分节压入，逐段接长。为此，桩需分节预制。当第一节桩压入土中，其上端距地面 2m 左右时将第二节桩接上，继续压入。对每一根桩的压入，各工序应连续。

压桩顺序宜根据场地工程地质条件确定，并应符合下列规定：

（1）对于场地地层中局部含砂、碎石、卵石时，宜先对该区域进行压桩；

（2）当持力层埋深或桩的入土深度差别较大时，宜先施压长桩后施压短桩。

压桩过程中应测量桩身的垂直度。当桩身垂直度偏差大于 1% 的时候，应找出原因并设法纠正。当桩尖进入较硬土层后，严禁用移动机架等方法强行纠偏。

8.7.4　静力压桩机安全操作规程

（1）桩机纵向行走时，不得单向操作 1 个手柄，应 2 个手柄一起动作。短船回转或横向行走时，不应碰撞长船边缘。

（2）桩机升降过程中，4 个顶升缸中的 2 个一组，交替动作，每次行程不得超过 100mm。当单个顶升缸动作时，行程不得超过 50mm。压桩机在顶升过程中，船形轨道不宜压在已入土的单一桩顶上。

（3）压桩作业时，应有统一指挥，压桩人员和吊装人员应密切联系，相互配合。

（4）起重机吊桩进入夹持机构，进行接桩或插桩作业后，操作人员在压桩前应确认吊钩已安全脱离桩体。

（5）操作人员应按桩机技术性能作业，不得超载运行，操作时动作不应过猛，应避免冲击。

（6）桩机发生浮机时，严禁起重机作业。如起重机已起吊物体，应立即将起吊物卸下，暂停压柱，在查明原因采取相应措施后，方可继续施工。

（7）压桩时，非工作人员应离机 10m。起重机的起重臂及桩机配重下方严禁站人。

（8）压桩时，操作人员的身体不得进入压桩台与机身的间隙之中。

（9）压桩过程中，桩产生倾斜时，不得采用桩机行走的方法强行纠正，应先将桩拔起，清除地下障碍物后，重新插桩。

（10）在压桩过程中，当夹持的桩出现打滑现象时，应通过提高液压缸压力增加夹持力，不得损坏桩，并应及时找出打滑原因，排除故障。

（11）桩机接桩时，上一节桩应提升 350～400mm，并不得松开夹持板。

（12）当桩的贯入阻力超过设计值时，增加配重应符合使用说明书的规定。

（13）当桩压到设计要求时，不得用桩机行走的方式，将超过规定高度的桩顶部分强行推断。

（14）作业完毕，桩机应停放在平整地面上，短船应运行至中间位置，其余液压缸应缩进回程，起重机吊钩应升至最高位置，各部制动器应制动，外露活塞杆应清理干净。

（15）作业后，应将控制器放在"零位"，并依次切断各部电源，锁闭门窗，冬期应放尽各部积水。

（16）转移工地时，应按规定程序拆卸桩机，所有油管接头处应加保护盖帽。

8.8 转盘钻孔机

8.8.1 概述

转盘钻孔机也叫打眼机，它是利用回转的钻杆与钻斗将土壤切下后混入泥浆内，然后再排除孔外而形成所需要的孔。如图 8-5 所示为转盘钻孔机构造示意图。转盘钻孔机很类似一般的地质勘探机，利用履带式或轮胎式的基础车，底盘上部都带有可回转的转盘、动力装置、驱动钻杆的回转机构和操纵系统等。

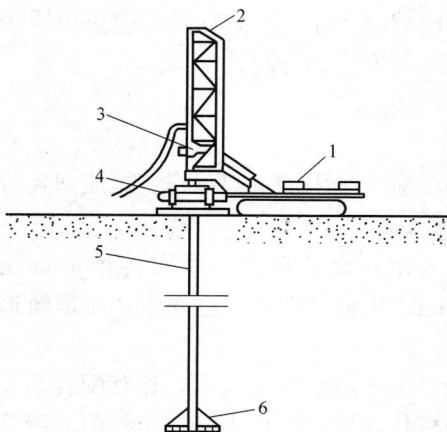

图 8-5 转盘钻孔机构造示意图
1—基础车；2—钻架；3—水龙头；4—钻杆回转机构；5—钻杆；6—钻头

8.8.2 转盘钻孔机安全操作规程

（1）钻架的吊重中心、钻机的卡孔和护进管中心应在同一垂直线上，钻杆中心允许偏差为 20mm。

（2）钻头和钻杆连接螺纹应良好，滑扣时不得使用。钻头焊接应牢固，不得有裂纹。钻杆连接处应加便于拆卸的厚垫圈。

（3）作业前，应先将各部操纵手柄置于空挡位置，人力盘动时不得有卡阻现象，然后空载运转，确认一切正常后方可作业。

（4）开钻时，应先送浆后开钻；停机时，应先停钻后停浆。泥浆泵应有专人看管，对泥浆质量和浆面高度应随时测量和调整，随时清除沉淀池中杂物，出现漏浆现象时应及时补充。

（5）开钻时，钻压应轻，转速应慢。在钻进过程中，应根据地质情况和钻进深度，选择适合的钻压和钻速，均匀给进。

（6）换挡时，应先停钻，挂上挡后再开钻。

（7）加接钻杆时，应使用特制的连接螺栓紧固，并应做好连接处的清洁工作。

（8）钻机下和井孔周围 2m 以内及高压胶管下，不得站人。钻杆不应再旋转时提升。

（9）发生提钻受阻时，应先设法使钻具活动后再慢慢提升，不得强行提升。如钻进受阻时，应采用缓冲击法解除，并查明原因，采取措施后，方可钻进。

（10）钻架、钻台平车、封口平车等的承载部位不得超载。

（11）使用空气反循环时，其喷浆口应遮拦，并应固定管端。

（12）钻进结束时，应把钻头略为提起，降低转速，空转 5～20min 后再停钻。停钻时，应先停钻后停风。

（13）作业后，应对钻机进行清洗和润滑，并应将主要部位遮盖妥当。

8.9　旋挖钻机

旋挖钻机是一种取土成孔灌注桩施工机械，靠钻杆带动回转斗旋转切削土，然后提升至孔外卸土的周期性循环作业。

旋挖钻机采用的多用途模块式设计，可用于多种桩的施工。

（1）灌注桩

旋挖钻机是垂直桩和斜桩的常用钻孔设备，一般用于直径大于 500mm 灌注桩施工，除此之外，还可配置长螺旋钻具、全套管与冲抓斗、液压抓斗、反循环钻具、高压旋喷机具、潜孔锤钻具、液压锤、柴油锤和振动锤等，用于螺旋钻孔灌注桩、钻孔扩底灌注桩、潜水成孔灌注桩、钻头钻成孔灌注桩、反循环转成孔灌注桩、贝诺特灌注桩、中掘施工法桩、振动成管桩、锤击沉管桩、振动冲击沉管桩等灌注桩的施工。

（2）咬合桩

随着高层建筑、地下工程的不断增加，旋挖钻机配置短螺旋、钻斗、振动锤等工具，可用于基坑支护咬合桩施工。

（3）地下连续墙

旋挖钻机还可配置液压抓斗或机械抓斗，用于基坑支护工程中地下连续墙的施工。

同时，在工业与民用建筑等基坑施工领域，通过旋挖桩的密排方式组合并辅以旋喷注浆、连续墙二次抓槽施工等工法的应用，可形成适应范围更广泛的止水支护承重桩墙。

8.9.1　旋挖钻机的分类、结构及技术特点

1. 旋挖钻机的分类

旋挖钻机的形式按以下不同方式进行分类。各形式可以是下述分类中的一种，也可以是下述分类中的不同组合。

（1）按动力驱动方式

① 电动式旋挖钻机：动力源为电动驱动的旋挖钻机。

② 内燃式旋挖钻机：动力源为内燃机驱动的旋挖钻机。

（2）按行走方式

① 履带式旋挖钻机：底盘为履带式的旋挖钻机。

② 轮式旋挖钻机：底盘为轮式的旋挖钻机。

③ 步履式旋挖钻机：底盘为步履式的旋挖钻机。

2. 旋挖钻机的结构及技术特点

（1）旋挖钻机的底盘

旋挖钻机的底盘可分为专用底盘、履带式液压挖掘机底盘、履带起重机底盘、步履式底盘、汽车底盘。履带专用底盘结构布置合理、运输方便、外形美观，但造价较高；履带式起重机底盘，工作装置采用附着形式，主臂分为可伸缩箱形结构和桁架结构，可兼作旋挖钻机和履带式起重机，节约设备投资；步履式底盘，一般为三支点液压步履式行走支

架，稳定性好，但移动运输不够方便，造价低，目前国内只有少数厂家采用。在 20 世纪 80 年代，国外曾采用过汽车底盘，是以重型载重汽车底盘为基础，工作时放下支腿。目前，国外生产的旋挖钻机绝大多数采用的是专用底盘，只有少数采用挖掘机底盘或起重机底盘，这些底盘在设计上没有兼顾旋挖钻机施工的特点，在稳定性方面存在着一定缺陷。

（2）钻杆、钻具

钻杆是一个关键部件，分为内摩阻式外加压伸缩钻杆和自动内锁互扣式外加压伸缩钻杆。内摩阻式钻杆在软土层钻进效率高，锁扣式钻杆提高了动力头施于钻杆并传到钻具的下压力，适于钻进岩层，对操作的要求也较高。为了提高作业效率，一台钻机大多配备 2 套钻杆。钻具则多种多样，目前有长螺旋钻头、大直径短螺旋钻头、回转钻斗、捞砂斗、筒形钻斗、扩底钻头、岩心钻头以及气举反循环钻具等。

（3）动力头

动力头主要有液压传动、电机传动、发动机传动，无论何种动力头都具备低速钻进功能，有些亦配置反转高速甩土功能。目前，大都采用液压传动，有双变量液压马达、双速减速机驱动或低速大扭矩液压马达驱动。动力头的转速和输出扭矩可设置多种挡位，以适应不同地质工况下施工作业的完成。电机驱动一般采用特制的恒功率双速电机，力矩大、过载能力强。20 世纪 80 年代，在履带起重机上附着工作装置，单设一台发动机驱动。目前，由于液压技术和底盘制造技术的进步，此种方式一般已不采用。

（4）电子控制技术

20 世纪 90 年代，国外旋挖钻机的控制技术逐步实现智能化，目前国外旋挖钻机普遍具备发动机和泵的电子控制系统，能指导主泵最佳输出，使液压负载与发动机转速相匹配，从而利用发动机的最大功率。发动机转速可在负荷较小或无负荷时实现自动控制，自动降低发动机转速，减少油耗、降低噪声和废气的排放量。桅杆垂直度自动调平系统能对桅杆进行实时监控，可实现手动和自动切换，在一定范围内自动调整角度，保证施工中桩孔的垂直度要求，提高施工质量。还具备回转倒土控制、钻孔深度测量及显示，车身上工作状态动画显示及虚拟仪表显示、故障检测、报警及信息显示、整机启动前预先自动检测功能。部分旋挖钻机还设有 GPS 定位系统和移动电话数据传输系统。

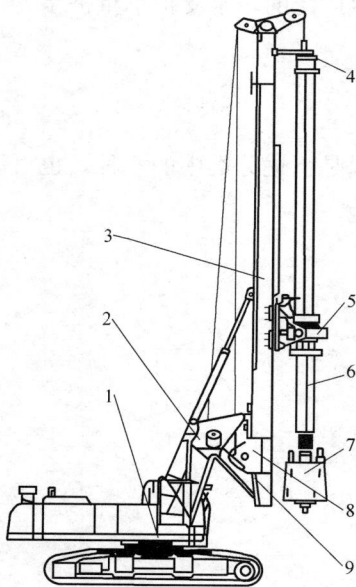

图 8-6　旋挖钻机机械结构图
1—底盘；2—变幅机构；3—桅杆总成；
4—随动架；5—动力头；6—钻杆；
7—钻具；8—主卷扬；9—副卷扬

8.9.2　旋挖钻机的工作原理

旋挖钻机可定义为回转斗、短螺旋钻头或其他作业装置进行干、湿钻进，并采用旋挖逐次取土、反复循环作业而成孔为基本功能的钻机。该钻机也可以配置长螺旋钻具、套管及其驱动装置、扩底钻斗及其附属装置、地下连续墙抓斗、预制桩桩锤等作业装置。图 8-6 为旋挖钻机机械结构图，旋挖钻机主要部件由底盘（行走机构、底架、上车回转）和工作装置（变幅机构、桅杆总成、主卷扬、副卷扬、动力头、随动架、提引器等）组成。在旋挖钻机进入工作状态时，通过变幅机构和桅杆调平控制系统桅杆角度，使钻头能够垂直钻进。动力头给钻杆和钻头提供扭矩，使钻头作旋转切削；与此同时，加压油缸通过动力头传递加压力给钻杆和钻头，实现钻头的加压钻进。当钻头内装满渣土之后，主卷扬提升钻头离开钻杆，回转主机到一定角度，打开钻头底门，倒出渣土，合上斗门，转回钻进地点，下放钻杆，再次把钻头放入孔内钻进。

　　旋挖钻机的作业程序如下：①通过钻机自由的行走功能使旋挖钻机到达现场；②根据施工要求选取钻杆，并选取转速、加压力等相关参数；③利用桅杆导向下放钻杆将底部带有活门的桶式钻头置放到孔位；④钻机动力头装置为钻杆提供扭矩，加压装置通过加压动力头的方式将加压力传递给钻杆、钻头，使钻头回转破碎岩土；⑤在钻进时将破碎岩土装入钻头内，然后由钻机提升装置和伸缩式钻杆将钻头提出孔外卸土；⑥这样循环往复，不断地取土、卸土，直至钻至设计深度。

　　对黏结性好的岩土层，可采用干式或清水钻进工艺；而在松散易坍塌地层，则必须采用静态泥浆护壁钻进工艺。与传统的冲击或回转钻进、泥浆循环护壁成孔技术相比，旋挖钻进无论从技术、设备上还是成孔工艺上都具有很多优点。如：钻进效率高、准确性高、环境污染小、成桩质量好等。

8.9.3　旋挖钻机的安全操作规程

　　（1）作业地面应坚实平整，作业过程中地面不得下陷，工作坡度不得大于2°。

　　（2）钻机驾驶员进出驾驶室时，应利用阶梯和扶手上下。在作业过程中，不得将操纵杆当扶手使用。

　　（3）钻机行驶时，应将上车转台和底盘车架销住，履带式钻机还应锁定履带伸缩油缸的保护装置。

　　（4）钻孔作业前，应检查并确认固定上车转台和底盘车架的销轴已拔出。履带式钻机应将履带的轨距伸至最大。

　　（5）在钻机转移工作点、装卸钻具钻杆、收臂放塔和检修调试时，应有专人指挥，并确认附近不得有非作业人员和障碍。

　　（6）卷扬机提升钻杆、钻头和其他钻具时，重物应位于桅杆正前方。卷扬机钢丝绳与桅杆夹角应符合使用说明书的规定。

　　（7）开始钻孔时，钻杆应保持垂直，位置应正确，并应慢速钻进，在钻头进入土层后，再加快钻进。当钻头穿过软硬土层交界处时，应慢速钻进。提钻时，钻头不得转动。

　　（8）作业中，发生浮机现象时，应立即停止作业，查明原因并正确处理后，继续作业。

　　（9）钻机移位时，应将钻桅及钻具提升到规定高度，并应检查钻杆，防止钻杆脱落。

　　（10）作业中，钻机作业范围内不得有非工作人员进入。

　　（11）钻机短时停机，钻桅可不放下，动力头及钻具应下放，并宜尽量接近地面。长时间停机，钻桅应按使用说明书的要求放置。

　　（12）钻机保养时，应按使用说明书的要求进行，并应将钻机支撑牢靠。

8.10　深层搅拌机

深层搅拌机是用深层搅拌法加固软土地基的专用机械设备。深层搅拌法是利用水泥作为固化剂，通过特别的深层搅拌机械，在地基深处就地将软土和水泥（浆液或粉体）强制搅拌后，水泥和软土将产生一系列物理-化学反应，使软土硬结改性。改性后的软土强度大大高于天然强度，其压缩性、渗水性比天然软土大大降低。

8.10.1　深层搅拌机分类

（1）中心喷浆式

中心喷浆式的水泥浆由两根搅拌轴其中的一根喷出。中心喷浆式的特点是：可采用不同的固化剂，并且不会影响搅拌的均匀程度。图 8-7 为采用中心喷浆式的 SJBI 型深层搅拌机，与其配套的是 HB6-3 型灰浆泵。

（2）叶片喷浆式

叶片喷浆式的特点是：适应于大直径叶片和连续搅拌，但因喷孔小易被堵塞，所以只能使用纯水泥而不能采用固化剂。图 8-8 为采用叶片喷浆式的 GZB600 型深层搅拌机，与其配套的是 PA-15B 型灰浆泵。

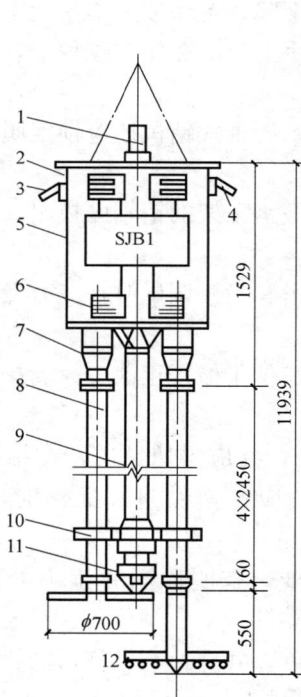

图 8-7　SJBI 型深层搅拌机（单位：mm）
1—输浆管；2—外壳；3—出水口；4—进水口；5—电动机；
6—导向滑块；7—减速器；8—搅拌轴；9—中心管；
10—横向系统；11—球形阀；12—搅拌头

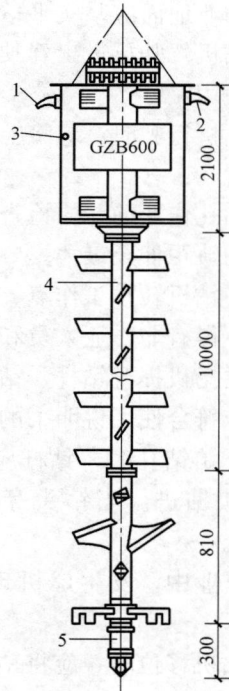

图 8-8　GZB600 型深层搅拌机
1—电缆接头；2—进浆口；3—电动机；
4—搅拌轴；5—搅拌头

8.10.2 深层搅拌机水泥桩挡墙施工工艺流程图

深层搅拌机水泥桩挡墙施工工艺流程如图 8-9 所示及见表 8-2。

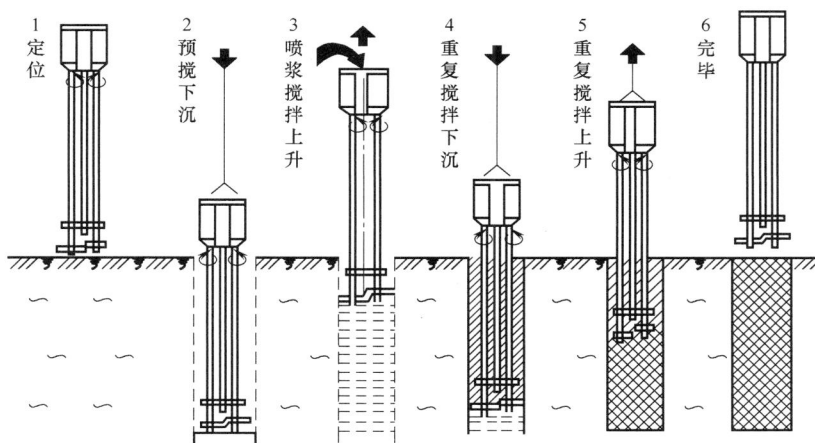

图 8-9 深层搅拌机水泥桩挡墙施工工艺流程

深层搅拌机水泥桩挡墙施工工艺流程 表 8-2

工艺流程	内 容
定位	起重机或塔架悬吊搅拌机到达指定位置,对准桩位。当地面起伏不平时,应使起吊设备工作台保持水平
搅拌下沉	待搅拌机冷却水正常后启动搅拌机,并放松起重钢丝绳,使搅拌机沿导向架搅拌切土下沉,下沉速度可由电流表监控,一般工作电流不应大于 70A。如果下沉太慢,可从输浆系统补给清水以利于钻进
制备水泥浆	待搅拌机下沉到一定深度时,应开始按设计确定的配合比拌制水泥浆,并将拌好的水泥浆待压浆前倒入集料斗中
喷浆搅拌提升	搅拌机下沉到设计深度后,开启灰浆泵将水泥浆压入地基中,边喷浆边旋转搅拌轴,并提升搅拌机。提升搅拌机时应注意按设计确定的提升速度严格控制搅拌机的提升
重复上、下搅拌	搅拌机提升到设计加固深度的顶面高程时,集料斗中的水泥浆应正好排空。为使软土和水泥浆搅拌均匀,可再次将搅拌机轴多次边旋转边沉入土中,至设计加固深度后再将搅拌机提升出地面
清洗	向集料斗内注入适量清水,开启灰浆泵,清洗全部管路内残存的水泥浆,直至基本干净,并将粘附在搅拌头上的软土清洗干净
移位	重复以上步骤,进行下一根水泥土桩的施工,由于水泥土桩顶部和上部结构的基础或承台接触部分受力较大,因此,通常还可以在距离桩顶 1~1.5m 长度范围内再增加一次输管,以提高其强度

8.10.3 深层搅拌机安全操作规程

（1）搅拌机就位后,应检查搅拌机的水平度和导向架的垂直度,并应符合使用说明书的要求。

（2）作业前，应先空载试机，设备不得有异响，并应检查仪表、油泵等，确认正常后，正式开机运转。

（3）吸浆、输浆管路或粉喷高压软管的各接头应连接紧固。泵送水泥浆前，管路应保持湿润。

（4）作业中，应控制深层搅拌机的入土切削速度和提升搅拌的速度，并应检查电流表，电流不得超过规定。

（5）发生卡钻、停钻或管路堵塞现象时，应立即停机，并应将搅拌头提离地面，查明原因，妥善处理后，重新开机施工。

（6）作业中，搅拌机动力头的润滑应符合规定，动力头不得断油。

（7）当喷浆式搅拌机停机超过 3h，应及时拆卸输浆管路，排除灰浆，清洗管道。

（8）作业后，应按使用说明书的要求，做好清洁保养工作。

8.11 冲孔桩机

8.11.1 概述

冲孔打桩机由桩锤、桩架及附属设备等组成。桩锤依附在桩架前部 2 根平行的竖直导杆（俗称龙门）之间，用提升吊钩吊升。桩架为钢结构塔架，在其后部设有卷扬机，用以起吊桩和桩锤。桩架前面有 2 根导杆组成的导向架，用以控制打桩方向，使桩按照设计方位准确地贯入地层。打桩机的基本技术参数是冲击部分重量、冲击动能和冲击频率。桩锤按运动的动力来源可分为落锤、汽锤、柴油锤、液压锤等。

8.11.2 冲孔桩机安全操作规程

（1）作业前应重点检查下列项目，并应符合相应要求：

① 连接应牢固，离合器、制动器、棘轮停止器、导向轮等传动应灵活可靠；

② 卷筒不得有裂纹，钢丝绳缠绕应正确，绳头应压紧，钢丝绳断丝、磨损不得超过规定；

③ 安全信号和安全装置应齐全良好；

④ 桩机应有可靠的接零或接地，电气部分应绝缘良好；

⑤ 开关应灵敏可靠。

（2）卷扬机启动、停止或到达终点时，速度应平缓。卷扬机使用应按《建筑机械使用安全技术规程》JGJ 33—2012 中 4.7 节的规定执行。

（3）冲孔作业时，不得碰撞护筒、孔壁和钩挂护筒底缘；重锤提升时，应缓慢平稳。

（4）卷扬机钢丝绳应按规定进行保养及更换。

（5）卷扬机换向应在重锤停稳后进行，减少对钢丝绳的破坏。

（6）钢丝绳上应设有标记，提升落锤高度应符合规定，防止提锤过高，击断锤齿。

（7）停止作业时，冲锤应提出孔外，不得埋锤，并应及时切断电源；重锤落地前，司机不得离岗。

8.12 潜 水 泵

8.12.1 概述

就使用介质来说，潜水泵大体上可以分为清水潜水泵、污水潜水泵、海水潜水泵（有腐蚀性）3 类。

安装方式有如下几种。

（1）立式竖直使用，比如在一般的水井中。

（2）斜式使用，比如在矿井有斜度的巷道中。

（3）卧式使用，比如在水池中使用。

潜水泵主要用在矿山抢险、建设施工排水、农业排灌、工业水循环、城乡居民饮用水供应，甚至抢险救灾等领域。

潜水泵的主要参数包括流量、扬程、泵转速、配套功率、额定电流、效率、出水口管径等。

8.12.2 工作原理

开泵前，吸入管和泵内必须充满液体。开泵后，叶轮高速旋转，其中的液体随着叶片一起旋转，在离心力的作用下，飞离叶轮向外射出，射出的液体在泵壳扩散室内速度逐渐变慢，压力逐渐增加，然后从泵出口排出管流出。此时，在叶片中心处由于液体被甩向周围而形成既没有空气又没有液体的真空低压区，液池中的液体在池面大气压的作用下，经吸入管流入泵内，液体就是这样连续不断地从液池中被抽吸上来又连续不断地从排出管流出的。如图 8-10 所示为潜水泵外形图。

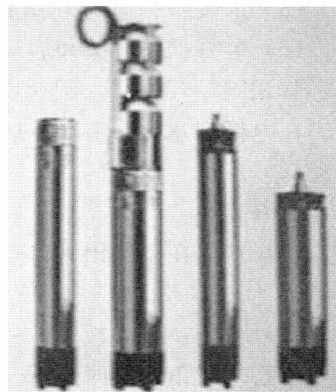

图 8-10 潜水泵

8.12.3 结构组成

潜水泵机组由水泵、潜水电机（包括电缆）、输水管和控制开关 4 大部分组成。潜水泵为单吸多级立式离心泵。潜水电机为密闭充水湿式、立式三相鼠笼异步电动机，电机与水泵通过爪式或单键筒式联轴器直接配备有不同规格的三芯电缆。启动设备为不同容量等级的空气开关和自耦减压气动器。输水管为不同直径的钢管制成，采用法兰联结，高扬程电泵采用闸阀控制。潜水电机轴上部装有迷宫式防砂器和两个反向装配的骨架油封，防止流砂进入电机。潜水电机采用水润滑轴承，下部装有橡胶调压膜、调压弹簧，组成调压室，调节由于温度引起的压力变化。电机绕组采用聚乙烯绝缘，尼龙户套耐水电磁线，电缆联结方式按电缆接头工艺，把接头绝缘脱去刮净漆层，分别接好，焊接牢固，用生橡胶绕一层，再用防水粘胶带缠 2～3 层，外面包上 2～3 层防水胶布或用水胶粘结包一层橡胶（自行车里胎）以防渗水。潜水泵每级导流壳中装有一个橡胶承。叶轮用锥形套固定在泵轴上。导流壳采用螺纹或螺栓联成一体。高扬程潜水泵上部装有止回阀，避免停机水锤造成机组破坏。电机密闭，采用精密止口螺栓，电缆出口加胶垫进行密封。电机上端有一个注水孔，有一个放气孔，下部有个放水孔。电机下部装有上下止推轴承，止推轴承上有沟槽用于冷却，和它对磨的不锈钢推力盘，承受水泵的上下轴向力。

8.12.4 潜水泵机组的安装

1. 安装须知

（1）水泵进水口必须在动水位 1m 以下，但潜水深度不得超过静水位以下 70m，电机下端距井底最少 1m 以下。

（2）额定功率小于或等于 15kW（电源允许时 25kW），电动机采用满压启动。

（3）额定功率大于 15kW，电动机采用降压启动。

（4）使用环境必须符合规定条件。

2. 安装前的准备

（1）首先检查水井的直径、静水深度以及供电系统是否符合使用条件。

（2）检查电泵转动是否灵活，应无卡死点，分装的电机和电泵应用联轴器联结，注意上紧顶丝。

（3）打开排气和注水螺塞，往电机内腔注满清水，注意防止假满。上好螺塞，不应有漏水现象。

（4）用 500V 兆欧表测量电机绝缘，应不低于 150MΩ。

（5）应装备相应的吊装工具，如三脚架，吊链等。

（6）装好保护开关和启动设备，瞬时启动电机（不超过 1s），看电机的转向是否和转向标牌相同，若相反，调换电源任意两个接头即可，然后上好护线板和滤水网，准备下井。在电机与水泵联结转向时，必须从泵出水口灌入清水，待水从进水节流出时方可启动。

3. 安装

（1）首先在泵的出水口安装接泵管一节，并用夹板夹住，吊起落入井中，使夹板坐落在井台上。

（2）再用一副夹板夹住另一节输水管。然后吊起，降下与接水管法兰加胶垫相接，拧螺丝时必须对角线同时进行。升起吊链拆下第一副夹板，使泵管下降夹板又落在井台上。依次反复进行安装、下井，直到全部装完，放上井盖，最后一副夹板不拆卸将其放在井盖上。

（3）安装弯管、闸阀、出水口等，并加相应的胶垫密封。

（4）电缆线要固定在输水管法兰上的凹槽内，每节用绳固定好，下井过程要小心，不得碰伤电缆。

（5）下泵过程中如有卡住现象，要想办法克服卡点，不能强行下泵，以免卡死。

（6）安装时严禁人员下井作业。

（7）保护开关和启动设备应安装在用户的配电盘后，配电盘有电压表、电流表、指示灯，并放置在井房内适当位置。

（8）采用"铁丝从电机底座到接泵管捆绑"的强行保护措施，以防止意外事故发生。

8.12.5 潜水泵安全操作规程

（1）潜水泵宜先装在坚固的篮筐里再放入水中，亦可在水中将泵的四周设立坚固的防护围网，泵应直立于水中，水深不得小于 0.5m，不得在含泥沙的水中使用。

（2）泵放入水中，或提出水面时，应先切断电源，严禁拉拽电缆或出水管。

（3）泵应装设接零或漏电保护装置，工作时周围 30m 以内水面不得有人、畜进入。

（4）启动前检查项目应符合下列要求：

① 水管结扎牢固；

② 放气、放水、注油等螺塞均旋紧；

③ 叶轮和进水节无杂物；

④ 电缆绝缘良好。

（5）接通电源后，应先试运转，并应检查并确认旋转方向正确，在水外运转时间不得超过 5min。

（6）应经常观察水位变化，叶轮中心至水平距离应在 0.5～3m 间，泵体不得陷入污泥或露出水面。电缆不得与井壁、池壁相擦。

（7）新泵或新换密封圈，在使用 50h 后，应旋开放水。封口塞，检查水、油的泄漏量，当泄漏量超过 5mL 时，应进行 0.2MPa 的气压试验，查出原因，予以排除，以后每月检查一次；若泄漏量不超过 25mL 时，可继续使用。检查后应换上规定的润滑油。

（8）经过修理的油浸式潜水泵，应先经 0.2MPa 气压试验，检查各部无泄漏现象，然后将润滑油加入上、下壳体内。

（9）当气温降到 0℃以下时，在停止运转后，应从水中提出潜水泵擦干后存放室内。

（10）每周应测定一次电动机定子绕组的绝缘电阻，其值应无下降。

8.13 泥 浆 泵

8.13.1 概述

泥浆泵是在钻探过程中，向钻孔里输送泥浆或水等冲洗液的机械。泥浆泵是钻探设备的重要组成部分。

在常用的正循环钻探中，它是将地表冲洗介质——清水、泥浆或聚合物冲洗液在一定的压力下，经过高压软管、水龙头及钻杆柱中心孔直送钻头的底端，以达到冷却钻头、将切削下来的岩屑清除并输送到地表的目的。常用的泥浆泵是活塞式或柱塞式的，由动力机带动泵的曲轴回转，曲轴通过十字头再带动活塞或柱塞在泵缸中做往复运动。在吸入和排出阀的交替作用下，实现压送与循环冲洗液的目的。

泥浆泵分单作用及双作用 2 种型式。单作用式在活塞往复运动的一个循环中仅完成一次吸排水动作。而双作用式每往复一次完成 2 次吸排水动作。若按泵的缸数分类，有单缸、双缸及三缸 3 种型式。

泥浆泵性能的 2 个主要参数为排量和压力。排量以每分钟排出若干升计算，它与钻孔直径及所要求的冲洗液自孔底上返速度有关，即孔径越大，所需排量越大。要求冲洗液的上返速度能够把钻头切削下来的岩屑、岩粉及时冲离孔底，并可靠地携带到地表。地质岩心钻探时，一般上返速度在 0.4～1.0m/min 左右。泵的压力大小取决于钻孔的深浅、冲洗液所经过的通道的阻力以及所输送冲洗液的性质等。钻孔越深，管路阻力越大，需要的压力越高。随着钻孔直径、深度的变化，要求泵的排量也能随时加以调节。在泵的机构中设有变速箱或以液压马达调节其速度，以达到改变排量的目的。为了准确掌握泵的压力和排量的变化，泥浆泵上要安装流量计和压力表，随时使钻探人员了解泵的运转情况，同时通过压力变化判别孔内状况是否正常以预防发生孔内事故。

8.13.2　结构材质形式

I-1BB 型：壳体铸件、传动件（主轴、螺杆和绕轴）为不锈钢制造，适用于一般中性浓浆液输送，一般微酸、碱浆液输送。

I-1BF 型：传动件和接触浆液的泵壳均由不锈钢制造，适用于食品、制药及腐蚀性浆液的输送。

橡胶衬套有一般耐磨橡胶、食品用橡胶和耐油橡胶供用户选择。

传动方式有电机与泵轴直接传动、电机经减速机与泵直接传动和电机经三角皮带轮与泵轴传动式。

配用电动机有一般封闭式、防爆式和电磁调速式电机并配无级变速机，齿轮减速机供用户选购。如图 8-11 所示为泥浆泵外形图。

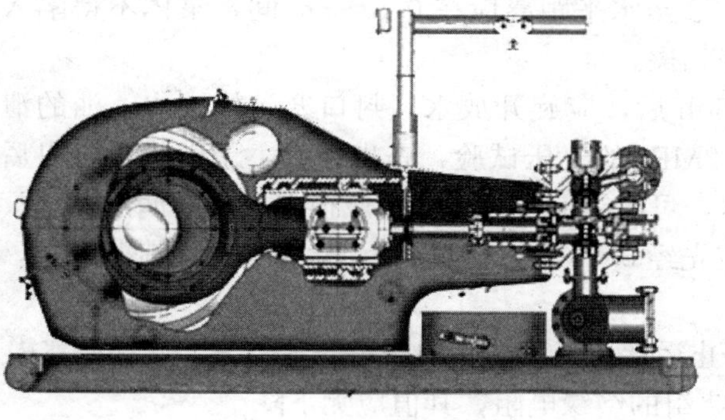

图 8-11　泥浆泵外形图

8.13.3　泥浆泵安全操作规程

（1）泥浆泵应安装在稳固的基础架或地基上，不得松动。

（2）启动前，检查项目应符合下列要求：

① 各连接部位牢固；

② 电动机旋转方向正确；

③ 离合器灵活可靠；

④ 管路连接牢固，密封可靠，底阀灵活有效。

（3）启动前，吸水管、底阀及泵体内应注满引水，压力表缓冲器上端应注满油。

（4）启动前应使活塞往复 2 次，无阻梗时方可空载启动。启动后，应待运转正常，再逐步增加载荷。

（5）运转中，应经常测试泥浆含沙量。泥浆含沙量不得超过 10%。

（6）有多挡速度的泥浆泵，在每班运转中应将多挡速度分别运转，运转时间均不得少于 30min。

（7）运转中不得变速；当需要变速时，应停泵进行换挡。

（8）运转中，当出现异响或水量、压力不正常，或有明显高温时，应停泵检查。

（9）在正常情况下，应在空载时停泵。停泵时间较长时，应全部开放水孔，并松开缸盖，提起底阀放水杆，放尽泵体及管道中的全部泥砂。

（10）长期停用时，应清洗各部分泥沙、油垢，将曲轴箱内润滑油放尽，并应采取防锈、防腐措施。

习　　题

一、填空题

1. 柴油锤桩机的_____宜有一定的比值，或控制_____，以防桩被打坏。

2. 振动沉拔桩锤的一种适合_____的沉拔桩施工机械。

3. 振动沉拔桩锤的主要组成部分是由_____、_____、_____和_____等组成。

4. 静力压桩机是利用_____将预制桩逐节压入土中的压桩方法。

5. 静力压桩机在一般情况下是分段预制，_____。

二、判断题

1. 柴油锤桩机启动前，柴油锤、桩帽和桩应在同一轴线上，不得偏心打桩。（　　）

2. 振动沉拔桩应按沉桩的顺序起拔。（　　）

3. 螺旋钻孔机钻机应放置在平稳、坚实的场地上。汽车式钻机应将轮胎支起，架好支腿，并应采用自动微调或线锤调整挺杆，使之保持垂直。（　　）

4. 静力压桩机桩机发生浮机时，严禁起重机作业。（　　）

5. 深层搅拌机作业中，应控制深层搅拌机的入土切削速度和提升搅拌的速度，并应检查电流表，电流不得超过规定。（　　）

6. 成槽机作业中，可同时进行2种及以上动作。（　　）

7. 冲孔桩机停止作业时，冲锤应提出孔外，不得埋锤，并应及时切断电源；重锤落地前，司机不得离岗。（　　）

三、简答题

1. 简述桩工机械的种类及用途。

2. 说明柴油打桩机的工作原理。

3. 振动沉桩锤按照动力、振频和机构怎样进行分类？

4. 静力压装机主要有哪些部件组成？

▶ **钢筋加工机械**

【主要内容】

1. 钢筋加工机械的定义及类型；

2. 各类钢筋加工机械的结构组成及工作原理；

3. 各类钢筋加工机械的安全操作规程。

【学习要点】

1. 掌握各类钢筋加工机械的结构组成；

2. 理解各类钢筋加工机械的工作原理及安全操作规程。

9.1　钢筋加工机械概况

钢筋加工机械是指用于钢筋除锈、冷拉、冷拔等原料的加工，调直、剪切等配料加工和弯曲、点焊、对焊等成型加工的机械。主要有除锈机、冷拉机、冷拔机、调直切断机、钢筋切断机、钢筋镦头机、钢筋弯曲机、钢筋焊接机等类型。

9.2　钢筋加工机械安全操作规程

（1）机械的安装应坚实稳固，保持水平位置。固定式机械应有可靠的基础；移动式机械作业时应揳紧行走轮。

（2）手持式钢筋加工机械作业时，应佩戴绝缘手套等防护用品。

（3）加工较长的钢筋时，应有专人帮扶。帮扶人员应听从机械操作人员指挥，不得任意推拉。

9.3　钢筋调直切断机

9.3.1　结构组成及工作原理

钢筋调直切断机是钢筋加工机械之一。用于调直和切断直径 14mm 以下的钢筋，并进行除锈。由调直筒、牵引机构、切断机构、钢筋定长架、机架和驱动装置等组成。

其工作原理是，由电动机通过皮带传动增速，使调直筒高速旋转，穿过调直筒的钢筋被调直，并由调直模清除钢筋表面的锈皮，由电动机通过另一对减速皮带传动和齿轮减速箱，一方面驱动 2 个传送压辊，牵引钢筋向前运动，另一方面带动曲柄轮，使锤头上下运动。当钢筋调直到预定长度，锤头锤击上刀架，将钢筋切断，切断的钢筋落入受料架时，由于弹簧作用，刀台又回到原位，完成一个循环。

GT-4/8 型钢筋调直剪切机主要由放盘架、调直筒、传动箱、切断机构、机座等主要部分组成，其结构如图 9-1 所示。

GT-4/8 型钢筋调直剪切机的最大调直钢筋直径为 8mm，最大调直长度为 6m，切断误差≤3mm，其传动系统和工作原理如图 9-2 所示。作业时由一台功率为 5.5kW 的电动机驱动，在电动机的轴上装有 2 个带轮，其中带轮（3、5）带动调直筒旋转，实现钢筋的调直。另一小带轮通过大带轮（4）带动锥齿轮（12、13）传动的偏心轴，再经过两级齿轮（6、7、8、9）的减速，传动带速反向旋转上、下压辊而使上压辊及下压辊（15）相对旋转，从而实现调直和引曳钢筋。

上压辊（14）安装在框架（16）上，转动偏心手柄可使框架发生少许转动，用以调整压辊的间隙。经过偏心轴和双滑块机构（17、18）带动锤头（19）上下运动。当装在刀台

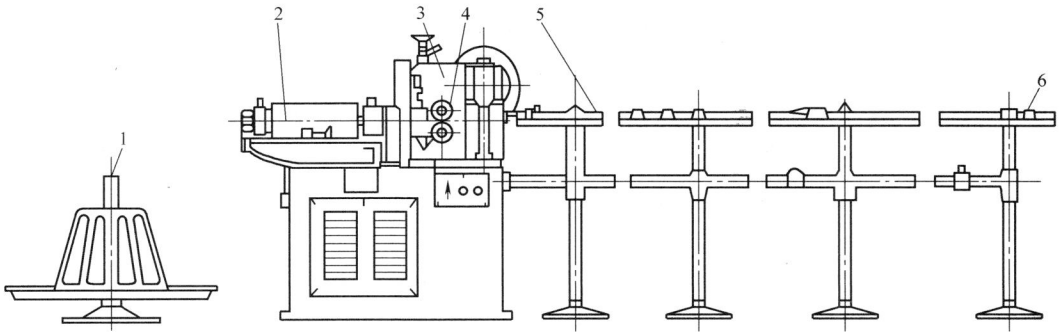

图 9-1   GT-4/8 型钢筋调直剪切机构造示意图
1—放盘架；2—调直筒；3—传动箱；4—机座；5—承受架；6—定尺板

（21）上的上切刀（20）进入锤头下面时，即受到锤头锤击，实现对钢筋的切断动作。上切刀（20）的回程是靠拉杆的重力作用来完成的。

    在工作时，方刀台（21）和承料架上的拉杆相联，拉杆上装有定尺板（图 9-1），当钢筋端部顶到定尺板时，即将方刀台拉到锤头下面，切断钢筋。定尺板在承受架的位置，可按切断钢筋需要的长度调整。

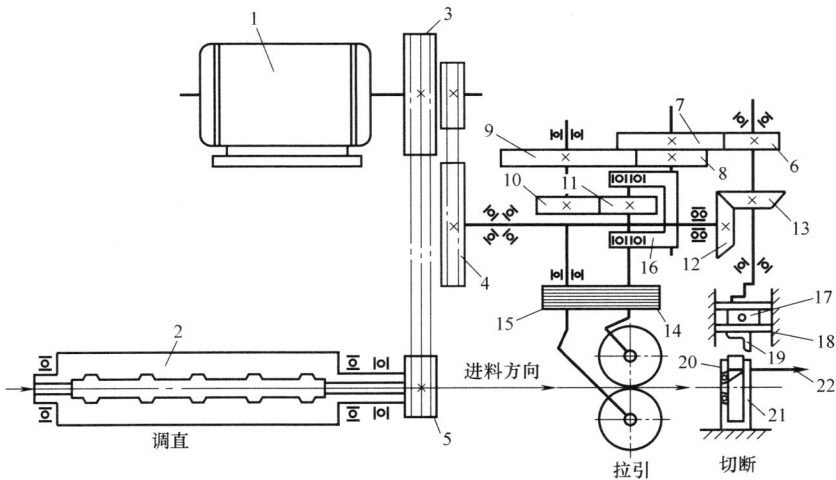

图 9-2   GT-4/8 型钢筋调直剪切机传动系统
1—电动机；2—调直筒；3、4、5—带轮；6~11—齿轮；12、13—锥齿轮；14、15—上、下压辊；
16—框架；17、18—双滑块机构；19—锤头；20—上切刀；21—方刀台；22—拉杆

9.3.2   钢筋调直切断机的使用安全技术

    （1）安装承受架时，承受架料槽中心线应对准导向筒、调直筒和下切刀孔的中心线。

    （2）安装完毕后，应先检查电气系统及其他元件有无损坏，机器连接零件是否牢固可靠，各传动部分是否灵活。确认各部分正常后，方可进行试运转。试运转中应检查轴承温度，查看锤头、切刀及剪切齿轮等工件是否正常。确认无异常状况时，方可进料、试验调

直和切断。

（3）按所需调直钢筋的直径，选用适当的调直块，曳引轮槽及传动速度。调直块的孔径应比钢筋直径大 2～5mm，曳引轮槽宽，应和所需调直钢筋的直径相符合。

（4）必须注意调整调直块。调直筒内，一般设有 5 个调直块，第 1、第 5 两个调直块须放在中心线上，中间 3 个可偏离中心线。先使钢筋偏移 3mm 左右的偏移量，经过试调值，如钢筋仍有慢弯，可逐渐加大偏移量直到调直为止。

（5）导向筒前部，应安装一根长度为 1m 左右的钢管。需调直的钢筋应先穿过该钢管，然后穿入导向筒和调直筒内，以防止每盘钢筋接近调直完毕时其端头弹出伤人。

（6）在调直块未固定、防护罩未盖好前，不得穿入钢筋，以防止开动机器后调直块飞出伤人。

9.3.3　钢筋调直切断机安全操作规程

（1）料架、料槽应安装平直，并应对准导向筒、调直筒和下切刀孔的中心线。

（2）切断机安装后，应用手转动飞轮，检查传动机构和工作装置，并及时调整间隙，紧固螺栓。在检查并确认电气系统正常后，进行空运转。切断机空运转时，齿轮应啮合良好，并不得有异响，确认正常后开始作业。

（3）作业时，应按钢筋的直径，选用适当的调直块、曳引轮槽及传动速度。调直块的孔径应比钢筋直径大 2～5mm。曳引轮槽宽应和所需调直钢筋的直径相符合。大直径钢筋宜选用较慢的传动速度。

（4）在调直块未固定或防护罩未盖好前，不得送料。作业中，不得打开防护罩。

（5）送料前，应将弯曲的钢筋端头切除。导向筒前应安装一根长度宜为 1m 的钢管。

（6）钢筋送入后，手应与曳轮保持安全距离。

（7）当调直后的钢筋仍有慢弯时，可逐渐加大调直块的偏移量，直到调直为止。

（8）切断 3 或 4 根钢筋后，应停机检查其长度，当超过允许偏差时，应调整限位开关或定尺板。

9.4　钢筋切断机

9.4.1　概述

钢筋切断机是剪切钢筋所使用的一种工具。一般有全自动钢筋切断机和半自动钢筋切断机之分。全自动的也叫电动切断机，是电能通过马达转化为动能控制切刀切口，来达到剪切钢筋效果的。而半自动的是人工控制切口，从而进行剪切钢筋操作。而按传动方式来分，钢筋切断机有机械传动和液压传动两种。钢筋切断机是钢筋加工必不可少的设备之一，它主要用于房屋建筑、桥梁、隧道、电站、大型水利等工程中对钢筋的定长切断。钢筋切断机与其他切断设备相比，具有重量轻、耗能少、工作可靠、效率高等特点，因此近年来逐步被机械加工和小型轧钢厂等广泛采用，在国民经济建设的各个领域发挥了重要的作用。

　　钢筋切断机适用于建筑工程上各种普通碳素钢、热扎圆钢、螺纹钢、扁钢、方钢的切断。切断圆钢（Q235-A）最大规格：（$\phi6 \sim \phi40$）mm；切断扁钢最大规格：（70×15）mm；切断方钢（Q235-A）最大规格：（32×32）mm；切断角钢最大规格：（50×50）mm。

9.4.2　结构组成和工作原理

　　现以 GQ-40 型机械传动钢筋切断机为例，介绍钢筋切断机的一般组成和工作原理。GQ-40 型钢筋切断机由电动机通过带轮和齿轮减速后，带动偏心轴来推动连杆做往复运动。连杆端装有冲切刀片，它在与固定刀片相错的往复水平运动中切断钢筋。其构造、传动系统如图 9-3、图 9-4 所示。

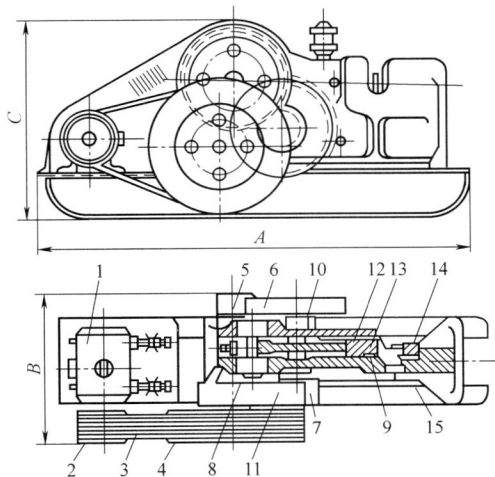

图 9-3　GQ-40 型钢筋切断机构造

1—电动机；2—小皮带轮；3—三角胶带；4—大皮带轮；
5—第一齿轮轴；6、8—齿轮；7—第二齿轮轴；9—机体；
10—连杆；11—偏心轴；12—冲切刀座；13—冲切刀；
14—固定刀；15—底架

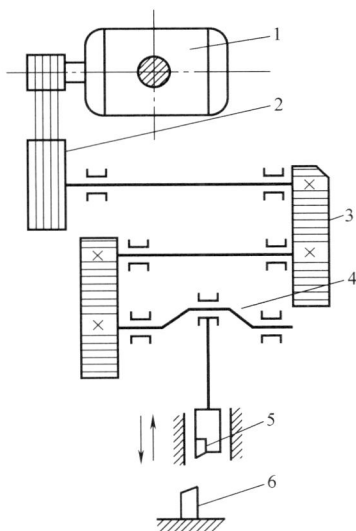

图 9-4　GQ-40 型钢筋切断机传动系统

1—电动机；2—皮带轮；3—减速齿轮；4—偏心连
杆机构；5—冲切刀片；6—固定刀片

9.4.3　钢筋切断机安全操作规程

　　（1）接送料的工作台面应和切刀下部保持水平，工作台的长度可根据加工材料长度确定。

　　（2）启动前，应检查并确认切刀无裂纹，刀架螺栓紧固，防护罩牢靠。然后用手转动皮带轮，检查齿轮啮合间隙，调整切刀间隙。

　　（3）启动后，应先空运转，检查各传动部分及轴承运转正常后，方可作业。

　　（4）机械未达到正常转速前，不得切料。操作人员应使用切刀的中、下部位切料，应紧握钢筋对准刀口迅速投入，并应站在固定刀片一侧用力压住钢筋，防止钢筋末端弹出伤人。不得用双手分在刀片两边握住钢筋切料。

（5）操作人员不得剪切超过机械性能规定强度及直径的钢筋或烧红的钢筋。一次切断多根钢筋时，其总截面积应在规定范围内。

（6）剪切低合金钢筋时，应更换高硬度切刀，剪切直径应符合机械性能的规定。

（7）切断短料时，手和切刀之间的距离应大于 150mm，并应采用套管或夹具将切断的短料压住或夹牢。

（8）机械运转中，不得用手直接清除切刀附近的断头和杂物。在钢筋摆动范围和机械周围，非操作人员不得停留。

（9）当发现机械有异常响声或切刀歪斜等不正常现象时，应立即停机检修。

（10）液压式切断机启动前，应检查并确认液压油位符合规定。切断机启动后，应空载运转，检查并确认电动机旋转方向应符合规定，并应打开放油阀，在排净液压缸体内的空气后开始作业。

（11）手动液压式切断机使用前，应将放油阀按顺时针方向旋紧，作业完毕后，应立即按逆时针方向旋松。

9.5　钢筋弯曲机

9.5.1　概述

钢筋弯曲机是钢筋加工机械之一。它主要是利用工作盘的旋转对钢筋进行各种弯曲、弯钩、半箍、全箍等作业的设备，以满足钢筋混凝土结构中对各种钢筋形状的要求。当前工程主要使用 GW-40 型和钢筋弯箍机等。

工作机构是一个在垂直轴上旋转的水平工作圆盘，把钢筋置于一定位置，支承销轴固定在机床上，中心销轴和压弯销轴装在工作圆盘上，圆盘回转时便将钢筋弯曲。为了弯曲各种直径的钢筋，在工作盘上有几个孔，用以插压弯销轴，也可相应地更换不同直径的中心销轴。

9.5.2　结构组成及工作原理

现以 GW-40 型钢筋弯曲机为例，介绍钢筋弯曲机的一般组成和工作原理。GW-40 型钢筋弯曲机的结构组成如图 9-5 所示。主要由机架、滚轴、转轴、调节手轮、夹持器、工作台、控制配电箱等组成。该机工作原理是由双速带制动电动机，驱动齿轮减速器带动主轴（工作盘）旋转，改变了传统式蜗杆蜗轮传动，因而传动效率高。

弯曲机的工作盘安装在主轴的顶端，它是一个用铸铁加工成的圆盘，是弯曲机的工作部分。盘面共有 9 个孔位，中心孔用于安装心轴。为了保证弯曲半径，必须选用不同直径的心轴，该机共有 16mm、20mm、25mm、35mm、45mm、60mm、75mm、80mm 和 100mm 九种规格的心轴供作业中选用。

GW-40 型弯曲机具有点动、自动状态、双向控制、瞬时制动、事故急停车、系统的短路保护、电动机的过热保护等多种功能。

9.5.3　钢筋弯曲机安全操作规程

（1）工作台和弯曲机台面应保持水平。

（2）作业前应准备好各种芯轴及工具，并应按加工钢筋的直径和弯曲半径的要求，装好相应规格的芯轴、成型轴和挡铁轴。

（3）芯轴直径应为钢筋直径的2.5倍。挡铁轴应有轴套，挡铁轴的直径和强度不得小于被弯钢筋的直径和强度。

（4）启动前，应检查并确认芯轴、挡铁轴、转盘等不得有裂纹和损伤，防护罩应有效。在空载运转并确认正常后，开始作业。

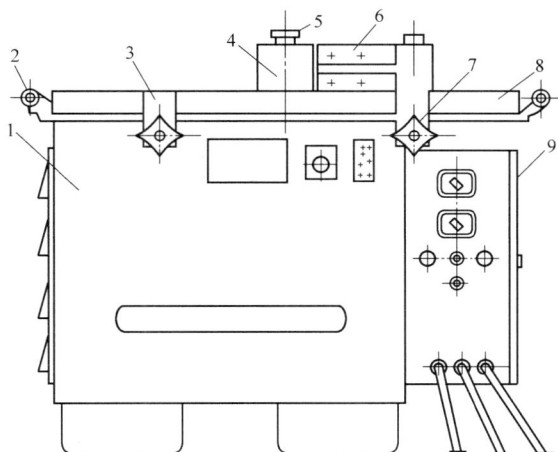

图 9-5　GW-40 型钢筋弯曲机构造
1—机架；2—滚轴；3、7—紧固手柄；4—转轴；
5—调节手轮；6—夹持器；8—工作台；9—控制配电箱

（5）作业时，应将需弯曲的一端钢筋插入在转盘固定销的间隙内，将另一端紧靠机身固定销，并用手压紧，在检查并确认机身固定销安放在挡住钢筋的一侧后，启动机械。

（6）弯曲作业时，不得更换轴芯、销子和变换角度以及调速，不得进行清扫和加油。

（7）对超过机械铭牌规定直径的钢筋严禁进行弯曲。在弯曲未经冷拉或带有锈皮的钢筋时，应戴防护镜。

（8）在弯曲高强度钢筋时，应进行钢筋直径换算，钢筋直径不得超过机械允许的最大弯曲能力，并应及时调换相应的芯轴。

（9）操作人员应站在机身设有固定销的一侧。成品钢筋应堆放整齐，弯钩不得朝上。

（10）转盘换向应在弯曲机停稳后进行。

9.6　钢筋冷拔机

9.6.1　概述

钢筋冷拔机是钢筋加工机械之一，它是使直径 6～10mm 的 HPB300 钢筋强制通过直径小于 0.5～1mm 的硬质合金或碳化钨拔丝模进行冷拔。冷拔时，钢筋同时经张拉和挤压而发生塑性变形，拔出的钢筋截面积减小，产生冷作强化，抗拉强度可提高 40%～90%。

9.6.2　结构组成及工作原理

现以卧式双筒钢筋冷拔机为例，介绍钢筋冷拔机的一般组成和工作原理。钢筋冷拔机的一般组成如图 9-6 所示。该机主要由放圈架、拔丝模块、卧式卷筒、变速箱和电动机等组成。

卧式双筒钢筋冷拔机的工作原理是由电动机（5）通过三角带驱动减速器减速，使卧式卷筒（3）得到 20r/min 的转速，强力使钢筋通过拔丝模盒，完成拉拔工序，并将拔出的钢丝卷在卷筒上。

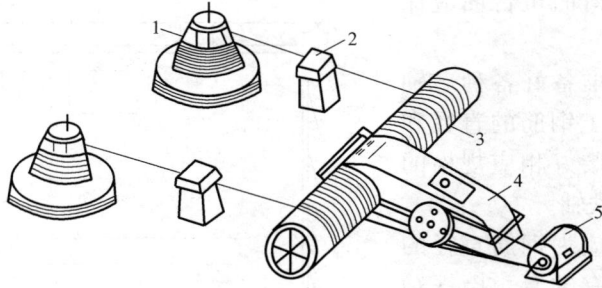

图 9-6　钢筋冷拔机构造示意图
1—放圈架；2—拔丝模块；3—卧式卷筒；4—变速箱；5—电动机

9.6.3　钢筋冷拔机安全操作规程

（1）启动机械前，应检查并确认机械各部连接应牢固，模具不得有裂纹，轧头与模具的规格应配套。

（2）钢筋冷拔量应符合机械出厂说明书的规定。机械出厂说明书未作规定时，可按每次冷拔缩减模具孔径 0.5～1.0mm 进行。

（3）轧头时，应先使钢筋的一端穿过模具长度达 100～150mm，再用夹具夹牢。

（4）作业时，操作人员的手和轧辊应保持 300～500mm 的距离。不得用手直接接触钢筋和滚筒。

（5）冷拔模架中应随时加足润滑剂，润滑剂可采用石灰和肥皂水调和晒干后的粉末。

（6）当钢筋的末端通过冷拔模后，应立即脱开离合器，同时用手闸挡住钢筋末端。

（7）冷拔过程中，当出现断丝或钢筋打结乱盘时，应立即停机处理。

9.7　钢筋冷拉机

9.7.1　概述

钢筋冷垃机是钢筋强化处理的专用设备。通过冷拉处理，达到把钢筋调直、延伸，与此同时使氧化皮自行脱落的目的。

9.7.2　结构组成及工作原理

钢筋冷拉机的构造组成如图 9-7 所示。该机主要由卷扬机（2）、定滑轮组（3）、地锚（1）、导向滑轮（5）、前、后夹具（12、13）、测力器（10）、动滑轮组（4）等组成。其工作原理是，由于卷筒上钢丝绳是正、反向穿绕在两副动滑轮组上，因此，当卷扬机（2）旋转时，夹持钢筋的一只动滑轮组（4）拉向卷扬机（2），使钢筋被拉伸，而另一只动滑轮组则被拉向导向滑轮（5），为下次冷拉时交替使用。钢筋所受的拉力经传力杆（9）、活动横梁（7）传送给测力器（10），从而测出拉力的大小。对于拉伸长度，可通过标尺直接测量或行程开关来控制。

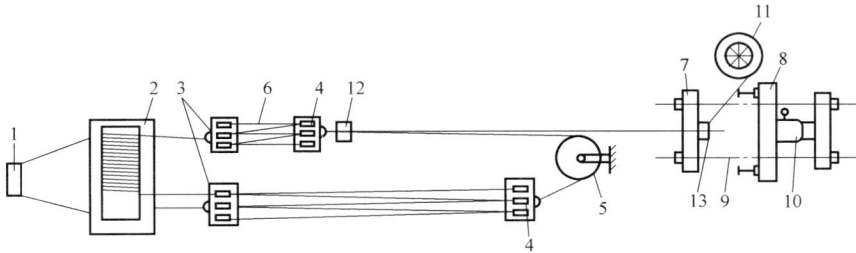

图 9-7　钢筋冷拉机构造示意图

1—地锚；2—卷扬机；3—定滑轮组；4—动滑轮组；5—导向滑轮；6—钢丝绳；7—活动横梁；
8—固定横梁；9—传力杆；10—测力器；11—放盘器；12—前夹具；13—后夹具

9.7.3　钢筋冷拉机安全操作规程

（1）应根据冷拉钢筋的直径，合理选用冷拉卷扬机。卷扬钢丝绳应经封闭式导向滑轮，并应和被拉钢筋成直角。操作人员应能见到全部冷拉场地。卷扬机与冷拉中心线距离不得小于 5m。

（2）冷拉场地应设置警戒区，并应安装防护栏及警告标志。非操作人员不得进入警戒区。作业时，操作人员与受拉钢筋的距离应大于 2m。

（3）采用配重控制的冷拉机应有指示起落的记号或专人指挥。冷拉机的滑轮、钢丝绳应相匹配。配重提起时，配重离地高度应小于 300mm。配重架四周应设置防护栏杆及警告标志。

（4）作业前，应检查冷拉机，夹齿应完好；滑轮、拖拉小车应润滑灵活；拉钩、地锚及防护装置应齐全牢固。

（5）用延伸率控制的装置，应装设明显的限位标志，并应有专人负责指挥。

（6）照明设施宜设置在张拉警戒区外。当雪设置在警戒区内时，照明设施安装高度应大于 5m，并应有防护罩。

（7）作业后，应放松卷扬绳，落下配重，切断电源，锁好开关箱。

9.8　钢筋冷挤压连接机

9.8.1　概述

钢筋冷挤压连接机涉及的是一种采用超高压冷挤压连接钢筋的建筑施工机械。结构具有液压泵站车、压接钳、压接模块、超高压钢丝胶管。液压泵站车由油泵、控制阀、油箱、电机、仪表组成。控制阀包括液控低压溢流阀、高压安全阀、单向阀、手动阀，其特征是液压泵站车油泵为高低压并联油泵，由高压柱塞泵和低压齿轮泵并联组成，在压接钳活塞杆油路中设置了溢流阀，压接钳油缸内部密封采用组合密封结构。

9.8.2 钢筋冷挤压连接机安全操作规程

（1）机械的安装应坚实稳固，保持水平位置。固定式机械应有可靠的基础；移动式机械作业时应揳紧行走轮。

（2）室外作业应设置机棚，机旁应堆有原料、半成品的场地。

（3）加工较长的钢筋时，应有专人帮扶，并听从操作人员指挥，不得任意推拉。

（4）有下列情况之一时，应对挤压机的挤压力进行标定：

① 新挤压设备使用前；

② 旧挤压设备大修后；

③ 油压表受损或强烈振动后；

④ 套筒压痕异常且查不出其他原因时；

⑤ 挤压设备使用超过一年；

⑥ 挤压的接头数超过 5000 个。

（5）设备使用前后的拆装过程中，超高压油管两端的接头及压接钳、换向阀的进出油接头，应保持清洁，并应及时用专用防尘帽封好。超高压油管的弯曲半径不得小于250mm，扣压接头处不得扭转，且不得有死弯。

（6）挤压机液压系统的使用，应符合本规程的有关规定。高压胶管不得荷重拖拉、弯折和受到尖利物体刻划。

（7）压模、套筒与钢筋应相互配套使用，压模上应有相应的连接钢筋规格标记。

（8）挤压前的准备工作应符合下列要求：

① 钢筋端头的锈、泥沙、油污等杂物应清理干净；

② 钢筋与套筒应先进行试套，当钢筋有马蹄、弯折或纵肋尺寸过大时，应预先进行矫正或用砂轮打磨；不同直径钢筋的套筒不得串用；

③ 钢筋端部应划出定位标记与检查标记，定位标记与钢筋端头的距离应为套筒长度的一半，检查标记与定位标记的距离宜为 20mm；

④ 检查挤压设备情况，应进行试压，符合要求后方可作业。

（9）挤压操作应符合下列要求：

① 钢筋挤压连接宜先在地面上挤压一端套筒，在施工作业区插入待接钢筋后再挤压另一端套筒；

② 压接钳就位时，应对准套筒压痕位置的标记，并应与钢筋轴线保持垂直；

③ 挤压顺序宜从套筒中部开始，并逐渐向端部挤压；

④ 挤压作业人员不得随意改变挤压力、压接道数或挤压顺序。

（10）作业后，应收拾好成品、套筒和压模，清理场地，切断电源，锁好开关箱，最后将挤压机和挤压钳放到指定地点。

9.9 钢筋螺纹成型机

钢筋螺纹成型机安全操作规程：

（1）在机械使用前，应检查并确认刀具安装是否正确，连接是否牢固，运转部位润滑是否良好，不得有漏电现象，空车试运转并确认正常后作业。

（2）钢筋应先调直再下料。钢筋切口端面应与轴线垂直，不得用气割下料。

（3）加工锥螺纹时，应采用水溶性切削润滑液。当气温低于 0℃ 时，可掺入 15％～20％亚硝酸钠。套丝作业时，不得用机油作润滑或不加润滑液。

（4）加工时，钢筋应夹持牢固。

（5）机械在运转过程中，不得清扫刀片上面的积屑杂物和进行检修。

（6）不得加工超过机械铭牌规定直径的钢筋。

9.10　钢筋除锈机

9.10.1　概述

钢筋的表面应洁净。油渍、浮皮、铁锈等应在使用前清除干净。钢筋除锈可在冷拉、冷拔或调直中完成，也可人工除锈（钢丝刷、砂盘）、除锈机除锈、喷砂和酸洗等。在除锈过程中发现钢筋表面的氧化铁浮皮鳞落严重并已损伤钢筋截面，或在除锈后钢筋表面有严重的麻坑、斑点伤蚀截面时，应降级使用或剔除不用。

9.10.2　钢筋除锈机安全操作规程

（1）作业前应检查并确认钢丝刷是否固定牢靠，传动部分是否润滑充分，封闭式防护罩及排尘装置等是否完好。

（2）操作人员应束紧袖口，并应佩戴防尘口罩、手套和防护眼镜。

（3）带弯钩的钢筋不得上机除锈。弯度较大的钢筋宜在调直后除锈。

（4）操作时，应将钢筋放平，并侧身送料。不得在除锈机正面站人。较长钢筋除锈时，应有 2 人配合操作。

习　　题

一、填空题

1. 钢筋加工机械是指用于钢筋_____、_____、_____等原料的加工，_____、_____等配料加工和_____、_____、_____等成型加工的机械。

2. 钢筋切断机是钢筋加工必不可少的设备之一，它主要用于_____等工程中对钢筋的定长切断。

3. 钢筋弯曲机主要是利用_____对钢筋进行各种_____等作业的设备，以满足钢筋混凝土架构中对各种钢筋形状的要求。

二、判断题

1. 钢筋调直机作业时，应按钢筋的直径，选用适当的调直块、曳引轮槽及传动速度。

（　　）

2. 钢筋切断机切断短料时，手和切刀之间的距离应大于 150mm，并应采用套管或夹具将切断的短料压住或夹牢。

（　　）

3. 钢筋弯曲机在弯曲高强度钢筋时，应进行钢筋直径换算，钢筋直径不得超过机械允许的最大弯曲能力，并应及时调换相应的芯轴。

（　　）

4. 钢筋冷拉机冷拉场地应设置警戒区，并应安装防护栏及警告标志。非操作人员不得进入警戒区。作业时，操作人员与受拉钢筋的距离应大于 1m。

（　　）

三、简答题

1. 简述钢筋调直切断机的使用安全操作规程。

2. 简述钢筋切断机的构造和工作原理。

3. 钢筋弯曲机的工作原理是什么？

4. 出现哪些情况时，应对钢筋冷挤压连接机的挤压力进行标定？

▶ **混凝土机械**

【主要内容】

1. 混凝土机械的类型、各类混凝土机械的结构组成及工作原理；

2. 各类混凝土机械的安全操作规程。

【学习要点】

1. 掌握各类混凝土加工机械的结构组成；

2. 理解各类混凝土加工机械的工作原理及安全操作规程。

10.1　混凝土机械概况

20 世纪 80 年代以前，我国商品混凝土机械有两个突出特点，也可以说是当时的状况，那就是：①单机产品 100％是 20 世纪三四十年代的老产品；②混凝土车、站、泵 100％是进口产品，主要是德国、日本产品。这两个特点就反映了当时我国混凝土机械发展水平，也是与国际水平存在的差距。

1994 年，上海华东建筑机械厂和山东省建筑机械厂生产的混凝土站（楼）已在国内市场渐露头角，市场占有率达 50％，外国混凝土机械产品一统中国市场的格局开始改变，垄断的局面被打破，在我国混凝土机械市场，开始形成有益于发展壮大国内产品、有益于提高产品质量性能的良性竞争环境。应该说，这种新格局的形成，离不开建设部及中国建设机械协会正确的有导向性的引导：把握国际先进水平，在引进国际先进技术和产品的同时，努力消化和吸收，开展自行设计和创新。

早在 1977 年，在研发和掌握了混凝土输送泵技术的基础上，长沙建机所 、廊坊机械化所和沈阳工程机械厂一道，开发研制了 23m 臂架式泵车，这是我国第一台自行设计研制的国产混凝土泵车。同时，国内其他企业采取技术引进与消化创新相结合的方式，引进了德国、日本先进的混凝土车、站、泵产品和技术。

1982 年，原湖北建筑机械厂引进日本石川岛建机的泵车生产技术，合作生产臂架式泵车，从此结束了我国不能批量生产混凝土泵车的历史。

1984 年，在建设部的支持下，由长沙建机院牵头，提出了国产混凝土机械产品更新换代的方针。首先，针对当时我国现状，于 1984 年初在长沙开展了全国性的混凝土机械大比武与评奖，实际上也就是进行产品选型。通过行业专家反复论证比较，同时结合我国实际情况和国际发展趋势，对已有产品，认为混凝土搅拌机中的反转出料式和卧轴式较有前途，虽然当时该型产品还不成熟，但技术与市场潜力巨大。例如，当时我国鼓筒型搅拌机年产量约为 15 万台，单机重量达 3～4t，而反转式重量仅 2t 多，仅原材料一项每年就可以节省钢材 20 万 t，同时搅拌机运转的耗电量也可以减少 30％～40％。为此，在建设部的协调下，组织了全国 2 所（长沙建机所、廊坊机械化所）10 厂（上海华东建筑机械厂、浙江省建筑机械厂、扬州机械厂、福建省建筑机械厂、广州市建筑机械厂、山东省建筑机械厂、云南省建筑机械厂、吉林工程机械厂、韶关挖掘机厂等）开展联合设计与技术攻关。1984 年，全国集中了 70～80 人的联合攻关队伍在长沙，对反转式 150 型、200 型、350 型、500 型和卧轴式 200 型、250 型、350 型、500 型等 2 个系列 8 个产品进行联合设计，同时在全国选择了 10 个厂进行试制。随后，针对由于各厂制造工艺不同的具体情况，联合攻关小组又组织开展了工艺上的学术交流，并且将 6 个厂的整个制造工艺过程通过录像记录下来，相互交流。同时，成立了专家鉴定委员会，提出具体意见和建议，制订了混凝土搅拌机械新标准，上报到建设部。1987 年被评为部科技进步二等奖。

至 1987 年，我国混凝土搅拌设备已基本完成单机产品的更新换代，推动了全行业的技术进步。在随后的几年里，老产品全部淘汰退出市场，节能型新产品成为市场主流产品。上海华东建筑机械厂和阜新矿山机械厂于 1987 年引进了日本混凝土搅拌站技术，开发生产了 60～100m³/h 商品混凝土站。

20 世纪 80 年代末，长沙建机院已完成 25～90m³/h 商品混凝土站（楼）的开发设计。

进入 20 世纪 90 年代，全面发展混凝土机械产品中的车、站、泵提上了我国建设机械发展议事日程。中国建设机械协会混凝土机械分会提出了"全行业联合起来，用三年时间发展'一站三车'，把商品混凝土机械搞上去！"的口号。由于我国正在进行大规模的经济建设，因此，中国建设机械行业协会在这一历史时期，抓住机遇，把工作重点主要放在了自主创新、引导企业技术进步和发展壮大上来，促进我国混凝土机械行业的全面发展。

10.2　混凝土机械安全操作规程

（1）混凝土机械的内燃机、电动机、空气压缩机等应符合《建筑机械使用安全技术规程》JGJ 33—2012 中第 3 章的有关规定，行驶部分应符合第 6 章的有关规定。

（2）液压系统的溢流阀、安全阀应齐全有效，调定压力应符合说明书要求。系统应无泄漏，工作应平稳，不得有异响。

（3）混凝土机械的工作结构、制动器、离合器、各种仪表及安全装置应齐全完好。

（4）电气设备作业应符合现行行业标准《施工现场临时用电安全技术规范》JGJ 46—2005 的有关规定。插入式、平板式振捣器的漏电保护器应采用防溅型产品，其额定漏电动作电流不应大于 15mA；额定漏电动作时间不应大于 0.1s。

（5）冬期施工，机械设备的管道、水泵及水冷却装置应采取防冻保温措施。

10.3　混凝土搅拌机

10.3.1　概述

混凝土搅拌机是把水泥、砂石骨料和水混合并拌制成混凝土混合料的机械。主要由拌筒、加料和卸料机构、供水系统、原动机、传动机构、机架和支承装置等组成。混凝土搅拌机，包括通过轴与传动机构连接的动力机构及由传动机构带动的滚筒，在滚筒筒体上装有围绕滚筒筒体设置的齿圈，传动轴上设置与齿圈啮合的齿轮。如图 10-1 所示为混凝土搅拌机的外形图。

图 10-1　混凝土搅拌机

10.3.2　分类

混凝土搅拌机有以下几种分类方式。

（1）按工作性质分：周期性工作搅拌机；连续性工作搅拌机。

（2）按搅拌原理分：自落式搅拌机；强制式搅拌机。

（3）按搅拌桶形状分：鼓筒式；锥式；圆盘式。

另外，搅拌机还分为筒式和圆槽式（即卧轴式）搅拌机。

自落式搅拌机有较长的历史，早在 20 世纪初，由蒸汽机驱动的鼓筒式混凝土搅拌机已开始出现。20 世纪 50 年代后，反转出料式和倾翻出料式的双锥形搅拌机以及裂筒式搅拌机等相继问世并获得发展。自落式混凝土搅拌机的拌筒内壁上有径向布置的搅拌叶片。工作时，拌筒绕其水平轴线回转，加入拌筒内的物料，被叶片提升至一定高度后，借自重下落，这样周而复始的运动，达到均匀搅拌的效果。自落式混凝土搅拌机的结构简单，一般以搅拌塑性混凝土为主。

强制式搅拌机从 20 世纪 50 年代初兴起后，得到了迅速地发展和推广。最先出现的是圆盘立轴式强制混凝土搅拌机。这种搅拌机分为涡桨式和行星式 2 种。19 世纪 70 年代后，随着轻骨料的应用，出现了圆槽卧轴式强制搅拌机，它又分单卧轴式和双卧轴式 2 种，兼有自落和强制 2 种搅拌的特点。其搅拌叶片的线速度小，耐磨性好和耗能少，发展较快。强制式混凝土搅拌机拌筒内的转轴臂架上装有搅拌叶片，加入拌筒内的物料，在搅拌叶片的强力搅动下，形成交叉的物流。这种搅拌方式远比自落搅拌方式作用强烈，主要适于搅拌干硬性混凝土。

连续式混凝土搅拌机装有螺旋状搅拌叶片，各种材料分别按配合比经连续称量后送入搅拌机内，搅拌好的混凝土从卸料端连续向外卸出。这种搅拌机的搅拌时间短，生产率高，其发展引人注目。随着混凝土材料和施工工艺的发展又相继出现了许多新型结构的混凝土搅拌机，如蒸汽加热式搅拌机、超临界转速搅拌机、声波搅拌机、无搅拌叶片的摇摆盘式搅拌机和二次搅拌的混凝土搅拌机等。

10.3.3　维护保养

（1）保持机体的清洁，清除机体上的污物和障碍物。

（2）检查各润滑处的油料及电路和控制设备，并按要求加注润滑油。

（3）每班工作前，在搅拌筒内加水空转 1～2min，同时检查离合器和制动装置工作的可靠性。

（4）混凝土搅拌机运转过程中，应随时监听电动机、减速器、传动齿轮的噪声是否正常，温升是否过高。

（5）每班工作结束后，应认真清洗混凝土搅拌机。

10.3.4　混凝土搅拌机的功能

混凝土搅拌机可使各组成成分在宏观与微观上均匀破坏水泥颗粒团聚的现象，促进弥散现象的发展，破坏水泥颗粒表面的初始水化物薄膜包裹层，促使物料颗粒间碰撞摩擦，减少灰尘薄膜的影响，提高拌合料各单元体参与运动的次数和运动轨迹的交叉频率，加速匀质化。

10.3.5　结构组成及工作原理

锥形反转出料混凝土搅拌机是一种自落式搅拌机，拌筒正向回转搅拌，拌筒反向回转出料。该机是作为逐步取代鼓筒式搅拌机的一种机型。如图 10-2 所示为 JZ350 型混凝土搅拌机，额定出料容量为 $0.35m^3$，其主要机构由搅拌系统、进料系统、供水系统、底盘和电气控制系统等组成。

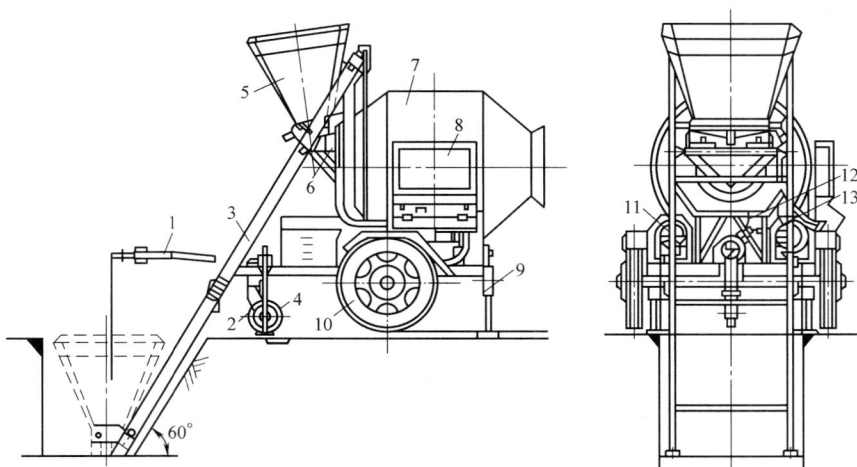

图 10-2　JZ350 型混凝土搅拌机

1—牵引架；2—前支腿；3—上料架；4—底盘；5—料斗；6—中间料斗；7—锥形搅拌筒；
8—电器箱；9—支腿；10—行走轮；11—搅拌动力和传动机构；12—供水系统；13—卷扬系统

锥形反转出料搅拌机具有搅拌质量好、生产效率高、能耗低、重量轻等优点。其缺点主要是反转出料时为满载启动。它是当前我国中、小容量自落式混凝土搅拌机中一种较好的机型。

10.3.6　混凝土搅拌机安全操作规程

（1）作业区应排水通畅，并应设置沉淀池及防尘设施。

（2）操作人员视线应良好。操作台应铺设绝缘垫板。

（3）作业前应重点检查下列项目，并应符合相应要求：

① 料斗上、下限位装置应灵敏有效，保险销、保险链应齐全完好。钢丝绳报废应按现行国家标准《起重机 钢丝绳 保养、维护、安装、检验和报废》GB/T 5972—2016 的规定执行；

② 制动器、离合器应灵敏可靠；

③ 各传动机构、工作装置应正常。开式齿轮、皮带轮等传动装置的安全防护罩应齐全可靠。齿轮箱、液压油箱内的油质和油量应符合要求；

④ 搅拌筒与拖轮接触应良好，不得窜动、跑偏；

⑤ 搅拌筒内叶片应紧固，不得松动，叶片与衬板间隙应符合说明书的规定；

⑥ 搅拌机开关箱应设置在距搅拌机 5m 的范围内。

（4）作业前应进行空载运转，确认搅拌筒或叶片运转方向正确。反转出料的搅拌机应进行正、反转运转。空载运转时，不得有冲击现象和异常声响。

（5）供水系统的仪表计量应准确，水泵、管道等部件应连接可靠，不得有泄漏。

（6）搅拌机不宜带载启动，在达到正常转速后上料，上料量及上料程序应符合使用说明书的规定。

（7）料斗提升时，人员严禁在料斗下停留或通过；当需在料斗下方进行清理或检修时，应将料斗提升至上止点，并必须用保险销锁牢或用保险链挂牢。

（8）搅拌机运转时，不得进行维修、清理工作。当作业人员需进入搅拌筒内作业时，应先切断电源，锁好开关箱，悬挂"禁止合闸"的警示牌，并应派专人监护。

（9）作业完毕，宜将料斗降到最低位置，并应切断电源。

10.4　混凝土搅拌输送车

10.4.1　概述

混凝土搅拌输送车是在行驶途中对混凝土不断进行搅动或搅拌的一种特殊运输车辆。混凝土搅拌输送车主要用于预拌混凝土的输送，随着商品混凝土的推广，越来越显示出其在保证输送质量方面的优越性。如图 10-3 所示为混凝土搅拌输送车的外形图。

图 10-3　混凝土搅拌输送车

10.4.2　结构组成及工作原理

混凝土搅拌输送车由汽车底盘、搅拌筒、传动系统、供水装置等部分组成。汽车底盘是混凝土搅拌输送车的行驶和动力输出部分，一般根据搅拌筒的容量选择。搅拌筒是混凝土搅拌输送车的主要作业装置，其结构形式及筒内的叶片形状直接影响混凝土的输送和搅拌质量。搅拌筒的动力分机械和液压 2 种。液压传动应用最广泛，由发动机驱动油泵经控制阀、油马达和行星齿轮减速器带动搅拌筒工作。机械传动是由发动机经万向联轴节、减速器和链轮、链条等驱动搅拌筒工作。动力方式也有 2 种：一种是直接从汽车的发动机中引出动力；另一种是设置专用柴油机作动力。供水装置系供输送途中加水搅拌和出料后清洗搅拌筒之用。

混凝土搅拌输送车的结构简图如图 10-4 所示。搅拌输送车按汽车行驶条件运行，并用搅拌装置来满足混凝土在运输过程中的要求。搅拌装置的工作部分为拌筒，它支承在不同平面的三个支点上，拌筒轴线对车架（水平线）倾斜角度，常为 16°～20°。它开有料口，供进料、出料用。因此进料斗、出料槽均装在料口一端。当拌筒顺时针方向（沿出料端方向看）回转时进行搅拌，拌筒反向回转时进行卸料。搅拌装置一般均采用液压

图 10-4　混凝土搅拌输送车结构
1—拌筒；2—两侧支承滚轮；3—支承轴承；4—进料斗；
5—卸料槽；6—液压马达；7—水箱

传动。

10.4.3　输送方式

混凝土搅拌输送车的搅拌输送方式主要有 3 种：①湿料（预拌混凝土）搅拌输送，是将输送车开至搅拌设备的出料口下，搅拌筒以进料速度运转加料，加料结束后，搅拌筒以低速运转。在运输途中，搅拌筒不断慢速搅动，以防止混凝土产生初凝和离析，到达施工现场后搅拌筒反向快速转出料。②干料搅拌输送，当施工现场离搅拌设备距离较远时，可按配比称量好的砂、石、水泥等干料装入搅拌筒内进行干料输送，输送车在运输途中以搅拌速度运转对干料进行搅拌，在驶进施工现场时，从输送车的水箱内将水加入搅拌筒，完成混凝土的最终搅拌，供工地使用。③半干料搅拌输送，输送车从预拌工厂加装按配比称量后的砂、石、水泥和水，在行驶途中或施工现场完成搅拌作业，以供应现场混凝土。

10.4.4　混凝土搅拌输送车安全技术操作规程

（1）混凝土搅拌运输车的内燃机和行驶部分应分别执行《建筑机械使用安全技术规程》JGJ 33—2012 中的相关规定。

（2）液压系统和气动装置的安全阀、溢流阀的调整压力应符合使用说明书的要求。卸料槽锁扣及搅拌筒的安全锁定装置应齐全完好。

（3）燃油、润滑油、液压油、制动液及冷却液应添加充足，质量应符合要求，不得有渗漏。

（4）搅拌筒及机架缓冲件应无裂纹或损伤，筒体与托轮应接触良好。搅拌叶片、进料斗、主辅卸料槽不得有严重磨损和变形。

（5）装料前应先启动内燃机空载运转，并低速旋转搅拌筒 3～5min，当各仪表指示正常、制动气压达到规定值时，并检查确认后装料。装载量不得超过规定值。

（6）行驶前，应确认操作手柄处于"搅动"位置并锁定，卸料槽锁扣应扣牢。搅拌行驶时最高速度不得大于 50km/h。

（7）出料作业时，应将搅拌运输车停靠在地势平坦处，应与基坑及输电线路保持安全距离，并应锁定制动系统。

（8）进入搅拌筒维修、清理混凝土前，应将发动机熄火，操作杆置于空挡，将发动机钥匙取出，并应设专人监护，悬挂安全警示牌。

10.5　混凝土泵车

10.5.1　概述

混凝土泵车是利用压力将混凝土沿管道连续输送的机械，由泵体和输送管组成。按结构形式分为活塞式、挤压式、水压隔膜式。泵体装在汽车底盘上，再装备可伸缩或曲折的布料杆，就组成泵车。

10.5.2　结构组成和工作原理

混凝土泵车是在载重汽车底盘上进行改造而成的，它是在底盘上安装有运动和动力传动装置、泵送和搅拌装置、布料装置以及其他一些辅助装置的。混凝土泵车的动力通过动力分动箱将发动机的动力传送给液压泵组或者后桥，液压泵推动活塞带动混凝土泵工作，然后利用泵车上的布料杆和输送管，将混凝土输送到一定的高度和距离。

泵车系统由臂架、泵、液压、支撑、电控 5 部分组成。

如图 10-5 所示为混凝土输送泵车外形图。它是由载重汽车底盘、柱塞泵、液压折叠臂架、承料斗和输料管等组成。

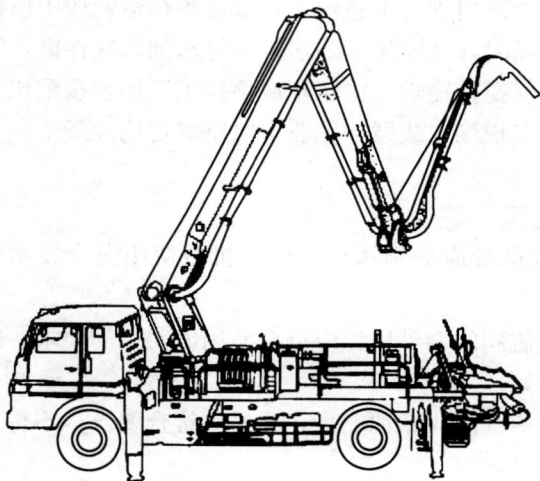

图 10-5　混凝土输送泵车外形图

10.5.3　混凝土泵车安全操作规程

（1）混凝土泵车应停放在平整坚实的地方，与沟槽和基坑的安全距离应符合现行行业标准《施工现场临时用电安全技术规范》JGJ 46—2005 的有关规定。

（2）混凝土泵车作业前，应将支腿打开，并应采用垫木垫平，车身的倾斜度不应大于 3°。

（3）作业前应重点检查下列项目，并应符合相应要求：

① 安全装置应齐全有效，仪表应指示正常；
② 液压系统、工作机构应运转正常；
③ 料斗网格应完好牢固；
④ 软管安全链与臂架连接应牢固。

（4）伸展布料杆应按出厂说明书的顺序进行。布料杆在升离支架前不得回转。不得用布料杆起吊或拖拉物件。

（5）当布料杆处于全伸状态时，不得移动车身。当需要移动车身时，应将上段布料杆折叠固定，移动速度不得超过 10km/h。

（6）不得接长布料配管和布料软管。

10.6　混凝土喷射机

10.6.1　概述

混凝土喷射机是利用压缩空气将混凝土沿管道连续输送，并喷射到施工面上去的机械。分干式喷射机和湿式喷射机 2 类，前者由气力输送干拌合料，在喷嘴处与压力水混合后喷出；后者由气力或混凝土泵输送混凝土混合物经喷嘴喷出。广泛用于地下工程、井巷、隧道、涵洞等的衬砌施工。如图 10-6 所示为混凝土喷射机外形图。

10.6.2　分类

1. 干式喷射机

（1）双罐式混凝土干式喷射机

由上罐储料室、下罐给料器、给料叶轮、钟形门、压缩空气管路、电动机等组成。关闭上、下罐间的下钟形门，向下罐中通入压缩空气。经给料叶轮将干拌

图 10-6　混凝土喷射机

合料连续均匀地送至出料口，由压缩空气沿输送管吹送至喷嘴。

（2）螺旋式混凝土喷射机

由螺旋喂料器将料斗卸下的干拌合料均匀地推送至吹送室，罐内装搅拌好的混凝土。然后由螺旋喂料器空心轴和吹送管引入的压缩空气将干拌合料沿输送管吹送至喷嘴。

（3）转子式混凝土喷射机

在立式转子上开有许多料孔。转子在转动过程中，当料孔对准上料斗的卸料口时，就向料孔加料；当料孔对准上吹风口，压缩空气就将干拌合料沿输送管吹至喷嘴。

（4）鼓轮式混凝土喷射机

在圆形鼓轮圆周上均布 8 个 V 形槽。鼓轮低速回转，料斗中的干拌合料经条筛落入 V 形槽，当充满拌合料的 V 形槽转至下方时，拌合料进入吹送室，由此被压缩空气沿输送管吹送至喷嘴。

2. 湿式混凝土喷射机

各种材料（包含水）按照设计配比要求进行充分搅拌，拌合好的湿物料添加到湿式混凝土喷射机，再由喷射机把混凝土喷射到受喷面上。

湿法喷射按照混凝土在喷射机上输送方式的不同又可分为稠密流输送和稀薄流输送。稠密流输送是把拌合好的湿混凝土通过泵送到喷头，在喷头添加压缩空气和速凝剂，混凝土被高速喷射到受喷面上。该种工法推荐适用瑞申 RPB7 混凝土湿喷机。稀薄流输送是把拌合好的湿混凝土添加到混凝土喷射机的料斗内，喷射机把物料均匀分配至下料口处，再由压缩空气裹携物料通过输料管输送到喷头，在喷头处口加入速凝剂，混凝土被高速喷射到受喷面上。该种工法推荐适用瑞申 PZS3000 混凝土湿喷机。

和稀薄流相比，稠密流输送的优点有：①输送距离远（最大距离 100m，最大输送高度 40m；稀薄流输送距离≤20m）。②耗气量小（耗气量 3～4m³/min）。③喷射回弹小（≤8%）。

和稀薄流相比，稠密流输送的缺点有：①设备投资大。②混凝土需要添加泵送剂等。③须要考虑设备清理。

湿式混凝土喷射机的优点如下：

（1）大大降低了机旁和喷嘴外的粉尘浓度，消除了对工人健康的危害。

（2）生产率高。干式混凝土喷射机一般不超过 5m³/h。而使用湿式混凝土喷射机，人工作业时可达 10m³/h；采用机械手作业时，则可达 20m³/h。

（3）回弹度低。干喷时，混凝土回弹度可达 15%～50%。采用湿喷技术。回弹率可降低到 10% 以下。

（4）湿喷时，由于水灰比易于控制，混凝土不化程度高，故可大大改善喷射混凝土的品质，提高混凝土的匀质性。而干喷时，混凝土的水灰比是由喷射手根据经验及肉眼观察来进行调节的，混凝土的品质在很大程度上取决于机手操作正确与否。

10.6.3   结构组成及工作原理

如图 10-7 所示是干式喷射机进行地下支护的情况。它是将一定比例的水泥、砂子及小石子均匀搅拌后，通过带式运输送到喷射机（3）中，借助于压缩空气的动力，使拌合料连续不断地沿着输送管路（8）被吹送到喷嘴（5）处，与来自压力水箱的压力水混合成半湿的混凝土，以约 80～100m/s 的喷射速度喷射到拟衬砌的工作面（7）上，使之达到衬砌效果，这种作业称作混凝土喷射支护。因为喷射中加的是干拌合料，所以这种机械称为干式喷射机。

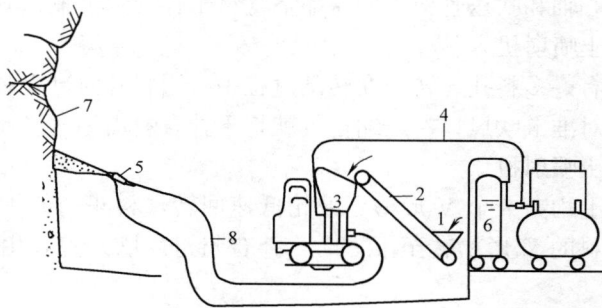

图 10-7   混凝土干式喷射机工作原理示意图
1—混凝土干搅合料；2—皮带运输机；3—喷射机；4—压缩空气管路；
5—喷嘴；6—压力水箱；7—拟衬砌的工作面；8—输送管路

重要的工作面，在喷射混凝土前还要锚以钢筋，喷射后，使钢筋、工作面及混凝土结为一个整体，因此把这种加锚杆的喷射工艺称为喷锚支护。由于该工艺广泛应用于地下开拓工程和地面特殊工程中，所以新的机型、新的机种不断出现。

10.6.4   安全操作规程

（1）喷射机风源、电源、水源、加料设备等应配套齐全。

（2）管道应安装正确，连接处应紧固密封。当管道通过道路时，管道应有保护措施。

（3）喷射机内部应保持干燥和清洁。应按出厂说明书规定的配合比配料，不得使用结块的水泥和未经筛选的砂石。

（4）作业前应重点检查下列项目，并应符合相应要求：

① 安全阀应灵敏可靠；

② 电源线应无破损现象，接线应牢靠；

③ 各部密封件应良好，橡胶结合板和旋转板上出现的明显沟槽应及时修复；

④ 压力表指针显示应正常。应根据输送距离，及时调整风压的上限值；

⑤ 喷枪水环管应保持畅通。

（5）启动时，应按顺序分别接通风、水、电。开启进气阀时，应逐步达到额定压力。启动电动机后，应空载试运转，确认一切正常后方可投料作业。

（6）机械操作和喷射操作人员应有信号联系，送风、加料、停料、停风以及发生堵塞时，应及时沟通，密切配合。

（7）喷嘴前方不得有人员。

（8）发生堵管时，应先停止喂料，敲击堵塞部位，使物料松散，然后用压缩空气吹通。操作人员作业时，应握紧喷嘴，不得甩动管道。

（9）作业时，输送软管不得随地拖拉和折弯。

（10）停机时，应先停止加料，再关闭电动机，然后停止供水，最后停送压缩空气，并应将仓内及输料管内的混合料全部喷出。

（11）停机后，应将输料管、喷嘴拆下清洗干净，清除机身内外粘附的混凝土料及杂物，并应使密封件处于放松状态。

10.7　混凝土振动器

10.7.1　概述

具有振源并将振动传给混凝土拌合料使其得以密实的机械称为混凝土振动器。合理振捣是混凝土施工中的关键环节，是直接关系到浇筑速度、质量的重要问题。在混凝土工程施工中应用广泛。

10.7.2　结构组成及工作原理

1. 插入式振动器

插入式振动器在混凝土工程施工中应用广泛。它是用量大、使用方便、捣实质量好的一种小型振动器。

如图 10-8 所示为插入式振动器的结构组成。它由电动机、限向器、软轴、振动棒等部分组成。工作时，电动机通过限向器、软轴驱动振动棒产生振动。

2. 附着式振动器

安装在模板上，对混凝土拌合料进行振动密实的机械称为附着式振动器。

对于形状复杂的薄壁构件，或者钢筋密集的特殊构件，无法使用插入式振动器时，才考虑用附着式振动器。

附着式振动器是依靠其底部螺栓或其他振紧装置固定在模板、滑槽、料斗、振动导管等上面，间接将振动波传递给混凝土或其他被振密的物料。

如图 10-9 所示为附着式振动器的结构示意图。附着式振动器在电动机两端伸出的悬臂轴上安装有偏心块。电动机回转时偏心块产生离心力，整个振动器作圆周振动，并通过

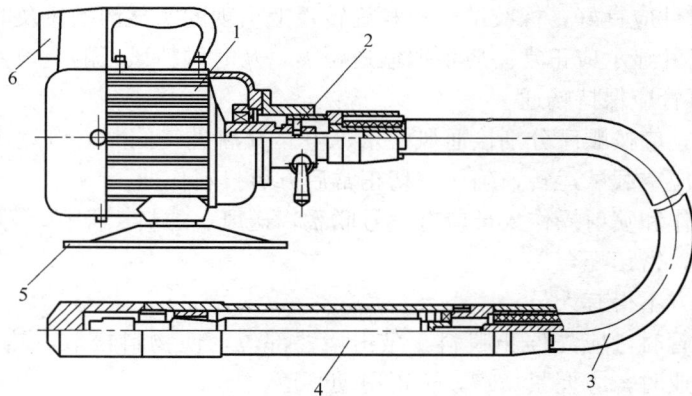

图 10-8　插入式振动器

1—电动机；2—限向器；3—软轴；4—振动棒；5—电机支座；6—开关

机座与模板的联接把振动经模板传给混凝土。

10.7.3　电动混凝土振动器的安全操作规程

1. 电动插入式振动器

（1）作业前应检查电动机、软管、电缆线、控制开关等，并应确认处于完好状态。电缆线连接应正确。

（2）操作人员作业时应穿戴符合要求的绝缘鞋和绝缘手套。

（3）电缆线应采用耐候型橡皮护套铜芯软电缆，并不得有接头。

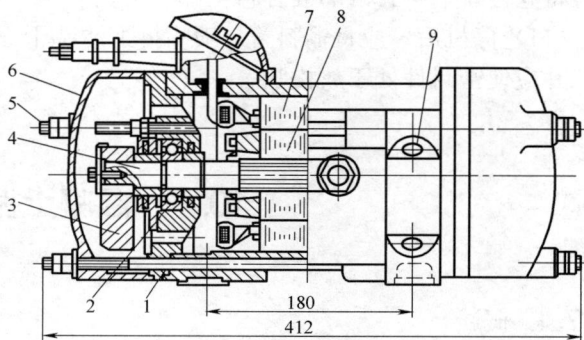

图 10-9　附着式振动器

1—轴承座；2—轴承；3—偏心块；4—轴；5—螺栓；
6—端盖；7—定子；8—转子；9—地脚螺栓孔

（4）电缆线长度不应大于 30m。不得缠绕、扭结和挤压，并不得承受任何外力。

（5）振捣器软管的弯曲半径不得小于 500mm，操作时应将振捣器垂直插入混凝土，深度不宜超过 600mm。

（6）振捣器不得在初凝的混凝土、脚手板和干硬的地面上进行试振。在检修或作业间断时，应切断电源。

（7）作业完毕，应切断电源，并应将电动机、软管及振动棒清理干净。

2. 电动附着式、电动平板式振动器

（1）作业前应检查电动机、电源线、控制开关等，并确认完好无破损。附着式振捣器的安装位置应正确，连接应牢固，并应安装减振装置。

（2）操作人员穿戴应符合《建筑机械使用安全技术规程》JGJ 33—2012 中 8.6.2 的要求。

（3）平板式振捣器应采用耐气候型橡皮护套铜芯软电缆，并不得有接头和承受任何外力，其长度不应超过 30m。

（4）附着式、平板式振捣器的轴承不应承受轴向力，振捣器使用时，应保持振捣器电动机轴线在水平状态。

（5）附着式、平板式振捣器的使用应符合《建筑机械使用安全技术规程》JGJ 33—2012 中 8.6.6 的规定。

（6）平板式振捣器作业时应使用牵引绳控制移动速度，不得牵拉电缆。

（7）在同一块混凝土模板上同时使用多台附着式振捣器时，各振动器的振频应一致，安装位置宜交错设置。

（8）安装在混凝土模板上的附着式振捣器，每次作业时间应根据施工方案确定。

（9）作业完毕，应切断电源，并应将振捣器清理干净。

10.8　混凝土布料机

10.8.1　概述

混凝土布料机是泵送混凝土的末端设备，料斗中的混凝土在泵送工作压力下，通过混凝土输送管路和主梁架及手动管回转连续送到施工现场布料范围内。其作用是将泵压来的混凝土通过管道送到要浇筑构件的模板内。图 10-10 所示为混凝土布料机结构图。分为液压布料机和手动布料机，根据混凝土施工不同的浇筑环境和个性要求，也可分为内爬式、行走式、船载式、手动式等多种机型。

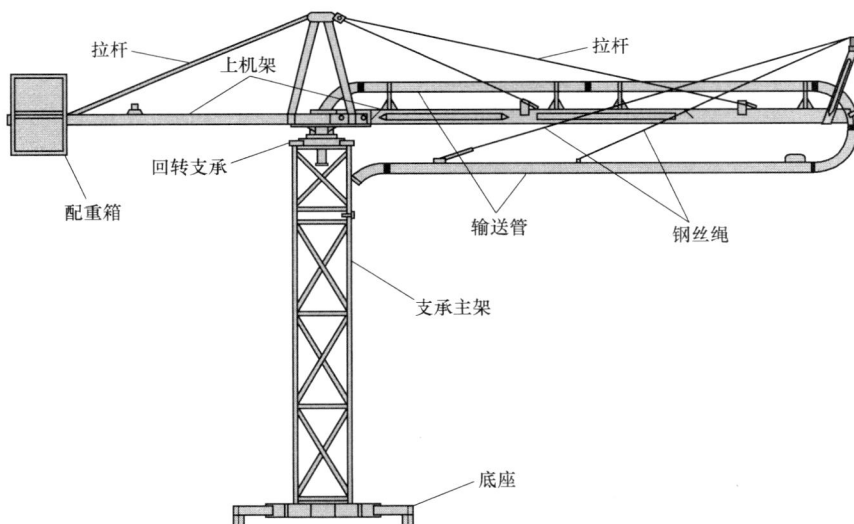

图 10-10　混凝土布料机结构图

10.8.2　混凝土布料机安全操作规程

（1）设置混凝土布料机前，应确认现场有足够的作业空间，混凝土布料机任一部位与其他设备及构筑物的安全距离不应小于 0.6m。

（2）混凝土布料机的支撑面应平整坚实，固定式混凝土布料机的支撑应符合使用说明书的要求，支撑结构应经设计计算，并应采取相应加固措施。

（3）手动式混凝土布料机应有可靠的防倾覆措施。

（4）混凝土布料机作业前应重点检查下列项目，并应符合相应要求：

① 支腿应打开垫实，并应锁紧；

② 塔架的垂直度应符合使用说明书的要求；

③ 配重块应与臂架安装长度匹配；

④ 臂架回转机构润滑应充足，转动应灵活；

⑤ 机动混凝土布料机的动力装置、传动装置、安全及制动装置应符合要求；

⑥ 混凝土输送管道应连接牢固。

（5）手动混凝土布料机回转速度应缓慢均匀，牵引绳长度应满足安全距离的要求。

（6）输送管出料口与混凝土浇筑面宜保持 1m 的距离，不得被混凝土掩埋。

（7）人员不得在臂架下方停留。

（8）当风速达到 10.8m/s 及以上或大雨、大雾等恶劣天气时应停止作业。

习　　题

一、填空题

1. 混凝土搅拌机是把_____、_____和_____混合并拌制成混凝土混合料的机械。

2. 混凝土搅拌站主要有_____、_____、_____、_____和_____等 5 大系统和其他附属设施组成。

二、判断题

1. 搅拌机不宜带载启动，在达到正常转速后上料。（　　）

2. 混凝土喷射机发生堵管时，应先停止喂料，敲击堵塞部位，使物料松散，然后用压缩空气吹通。（　　）

3. 电动混凝土振动器振捣器可以在初凝的混凝土、脚手板和干硬的地面上进行试振。（　　）

4. 混凝土泵车作业前，应将支腿打开，并应采用垫木垫平，车身的倾斜度不应大于 3°。（　　）

5. 混凝土搅拌车行驶前，应确认操作手柄处于"搅动"位置并锁定，卸料槽锁扣应扣牢。搅拌行驶时最高速度不得大于 50km/h。（　　）

三、简答题

1. 简述混凝土机械的结构组成。

2. 混凝土搅拌机械如何进行分类？

3. 简述混凝土喷射机的分类及特点。

4. 简述混凝土泵车结构及工作原理。

5. 简述插入式混凝土振动器的结构组成及工作原理。

▶ **地下施工机械**

【主要内容】

1. 地下施工机械的定义及类型；

2. 各类地下施工机械的特点与分类、结构组成及工作原理；

3. 各类地下施工机械的安全操作规程。

【学习要点】

1. 掌握各类地下施工机械的分类、结构组成；

2. 理解各类地下施工机械的工作原理及安全操作规程。

11.1   地下施工机械概况

地下工程是指深入地面以下为开发利用地下空间资源所建造的地下土木工程，地下工程涉及的内容很多，主要有地下房屋、地下铁道、公路隧道、水下隧道、上下水道、电力及燃气管道、地下商业街、地下停车场和各种储备设施等。进入 21 世纪以来，随着科学技术的进步，地下工程施工机械的自动化水平不断提高。隧道掘进机、盾构机、煤矿巷道掘锚一体机等自动化程度高的大型施工设备得到普遍使用，这些设备的使用极大地提高了劳动效率，降低了工人的劳动强度，使得施工速度不断提高，施工质量不断改善。

11.2   地下施工机械安全操作规程

（1）地下施工机械选型和功能应满足施工地质条件和环境安全要求。

（2）地下施工机械及配套设施应在专业厂家制造，应符合设计要求，并应在总装调试合格后才能出厂。出厂时，应具有质量合格证书和产品使用说明书。

（3）作业前，应充分了解施工作业周边环境，对邻近建（构）筑物、地下管网等应进行监测，并应制定对建（构）筑物、地下管线保护的专项安全技术方案。

（4）作业中，应对有害气体及地下作业面通风量进行监测，并应符合职业健康安全标准的要求。

（5）作业中，应随时监视机械各运转部位的状态及参数，发现异常时，应立即停机检修。

（6）气动设备作业时，应按照相关设备使用说明书和气动设备的操作技术要求进行施工。

（7）应根据现场作业条件，合理选择水平及垂直运输设备，并应按相关规范执行。

（8）地下施工机械作业时，必须确保开挖土体稳定。

（9）地下施工机械施工过程中，当停机时间较长时，应采取措施，维持开挖面稳定。

（10）地下施工机械使用前，应确认其状态良好，满足作业要求。使用过程中，应按使用说明书的要求进行保养、维修，并应及时更换受损的零件。

（11）掘进过程中，遇到施工偏差过大、设备故障、意外的地质变化等情况时，必须暂停施工，经处理后再继续。

（12）地下大型施工机械设备的安装、拆卸应按使用说明书的规定进行，并应制定专项施工方案，由专业队伍进行施工，安装、拆卸过程中应有专业技术和安全人员监护。大型设备吊装应符合《建筑机械使用安全技术规程》JGJ 33—2012 中第 4 章的有关规定。

11.3   顶 管 机

顶管技术已成为城市地下管道非明挖施工的主要手段，在给水排水、污水治理、通信、电力管道等领域得到了广泛的运用；随着城市综合管廊建设，很多架空线改地下电缆；经常出现高压电缆穿越道路的情况；另外限于城市密集的建筑物，很多地方不具备开挖施工条件，因此顶管施工技术应用越来越多。

11.3.1　分类

顶管机可按多种方式进行分类，下面介绍几种最常见的分类方法。

（1）以推进管前工具管或掘进机的作业形式来分，可分为人工顶管、挤压式顶管、水射流顶管、机械化顶管和半机械化顶管。

推进管前只有一个钢制的带刃的管子，具有挖土保护和纠偏功能，称为工具管。人在工具管内挖土、运土，随后利用安装在工作井内的千斤顶逐渐分段顶入，称为手掘式或人工顶管。

如果工具管前端是环刃式挤压口，主压千斤顶在后面推挤，顶进时挤压刃口切土，土被挤入工具管，切入的土通过挤压口挤压，呈密实的土柱状，挤进一定长度后，用钢丝切断土柱，将土柱运到工作坑外，称为挤压式顶管。通常条件下，采用挤压式顶管，不用任何辅助施工措施，且比人工挖掘提高效率1~2倍。

当管道穿越河流时，为了不影响河道通航和河道流量，可以采用水射流顶管法。所谓水射流技术，就是根据不同性能的土壤，采用不用的水压和水量，使用水枪喷嘴射流破碎土层，再用水力吸泥机将土块和水混合成的泥浆运出管外。

在推进管前端装上掘进机械，利用掘进机进行掘土、破碎和输送的顶管施工方法称为机械顶管。根据机械挖土的形式可细分为螺旋钻进式和全面挖掘式。螺旋钻进式就是采用螺旋式水平钻机，边钻进、边出土、边顶入管节，施工人员在管外操作，适用于小口径顶管。全面挖掘式是将挖掘刀盘装于主轴上，刀盘旋转挖土，一次挖成土洞，边挖土、边顶进，该方法是很常见的机械顶进形式。

（2）根据工作面的稳定程度，可划分为开放式顶管和密闭式顶管。根据采用的平衡介质不同，密闭式顶管又分为气压平衡式、泥水平衡式、土压平衡式。

气压平衡式分为全气压平衡和局部气压平衡，全气压平衡是在所顶进的管道中及挖掘面上都充满一定压力的空气，以空气的压力来平衡地下水的压力。而局部气压平衡则往往只有掘进机的土仓内以一定压力的空气，达到平衡地下水压力和疏干挖掘面土体中地下水的作用。

泥水平衡式是以含有一定量黏土且具有一定相对密度的泥浆水充满掘进机的泥水舱，并对它施加一定的压力，以平衡地下水压力和土压力。泥浆水在挖掘面上能形成泥膜，以防止地下水的渗透，然后再加上一定的压力就可平衡地下水压力，同时，也可以平衡土压力，如图11-1所示。

土压平衡式用挖下来的土造成土压在工作面加压，来平衡掘进机所处土层的土压力和地下水压力，并靠土压力挤出，如图11-2所示。

（3）按顶管口径大小分类可分为大口径（＞2000mm）、中口径（900~2000mm）、小口径（＜900mm）、微型顶管（＜400mm）。

（4）以推进顶管的管材来看，可分为钢筋混凝土管、钢管、铸铁管、玻璃钢管和复合管等。

顶管机型式的选择是根据工程地质、水文地质条件、管道断面尺寸等因素确定，因此，一般不能任意将在其他管道施工用的顶管机重复使用。

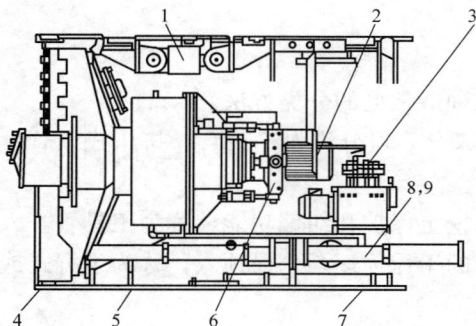

图 11-1 泥水平衡式机头示意图
1—纠偏油缸；2—驱动电动机；3—油压装置；
4—切削刀盘；5—前段；6—开口度调节装置；
7—后段；8—进泥管；9—排泥管

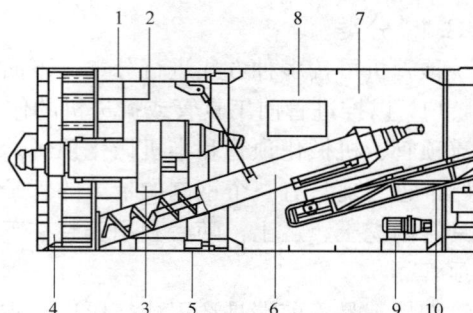

图 11-2 土压平衡式机头示意图
1—前段；2—隔板；3—刀盘驱动装置；
4—刀盘；5—纠偏油缸；6—螺旋输送机；
7—后段；8—操纵台；9—油压泵；10—传送带

11.3.2 结构组成及工作原理

顶管法是一种非开挖的敷设地下管道的施工方法，基本原理就是借助于主顶千斤顶（油缸）及管道间等的推力，把工具管或掘进机从工作坑内穿过土层一直推到接受坑内吊起。与此同时，也就把紧随工具管或掘进机后的管道埋设在两坑之间，如图 11-3 所示。

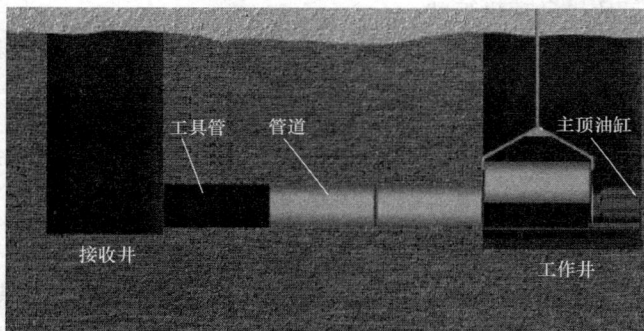

图 11-3 顶管法施工方法

11.3.3 顶管机安全操作规程

（1）选择顶管机，应根据管道所处土层性质、管径、地下水位、附近地上与地下建（构）筑物和各种设施等因素，经技术经济比较后确定。

（2）导轨应选用钢质材料制作，安装后应牢固，不得在使用中产生位移，并应经常检查校核。

（3）千斤顶的安装应符合下列规定：

①千斤顶宜固定在支撑架上，并应与管道中心线对称，其合力应作用在管道中心的垂

面上；

②当千斤顶多于一台时，宜取偶数，且其规格宜相同；当规格不同时，其行程应同步，并应将同规格的千斤顶对称布置；

③千斤顶的油路应并联，每台千斤顶应有进油、回油的控制系统。

（4）油泵和千斤顶的选型应相匹配，并应有备用油泵；油泵安装完毕，应进行试运转，并应在合格后使用。

（5）顶进前，全部设备应经过检查并经过试运转确认合格。

（6）顶进时，工作人员不得在顶铁上方及侧面停留，并应随时观察顶铁有无异常迹象。

（7）顶进开始时，应先缓慢进行，在各接触部位密合后，再按正常顶进速度顶进。

（8）千斤顶活塞退回时，油压不得过大，速度不得过快。

（9）安装后的顶铁轴线应与管道轴线平行、对称。顶铁、导轨和顶铁之间的接触面不得有杂物。

（10）顶铁与管口之间应采用缓冲材料衬垫。

（11）管道顶进应连续作业。管道顶进过程中，遇到下列情况之一时，应立即停止顶进，检查原因并经处理后继续顶进：

① 工具管前方遇到障碍；

② 后背墙变形严重；

③ 顶铁发生扭曲现象；

④ 管位偏差过大且校正无效；

⑤ 顶力超过管短的允许顶力；

⑥ 油泵、油路发生异常现象；

⑦ 管节接缝、中继间渗漏泥水、泥浆；

⑧ 地层、邻近建（构）筑物、管线等周围环境的变形量超过控制允许值。

（12）使用中继间应符合下列规定：

① 中继间安装时应将凸头安装在工具管方向，凹头安装在工作井一端；

② 中继间应有专职人员进行操作，同时应随时观察有可能发生的问题；

③ 中继间使用时，油压、顶力不宜超过设计油压顶力，应避免引起中继间变形；

④ 中继间应安装行程限位装置，单次推进距离应控制在设计允许距离内；

⑤ 穿越中继间的高压进水管、排泥管等软管应与中继间保持一定距离，应避免中继间往返时损坏管线。

11.4　盾　构　机

盾构机简称盾构，是在软土和软岩地层（淤泥、黏土、卵石等）中进行地下工程作业的工程机械。现代盾构机不仅集光、机、电、液、传感、信息技术于一体，具有开挖切削土体、输送土渣、拼装隧道衬砌、测量导向纠偏等功能，涉及地质、土木、机械、力学、液压、电气、控制、测量等多门学科技术，而且要按照不同的地质进行"量体裁衣"式的设计制造，可靠性要求极高。盾构掘进机已广泛用于地铁、铁路、公路、市政、水电等隧道工程。

11.4.1   盾构机的分类与特点

1. 盾构机的分类

盾构机根据其适用的土质及工作方式的不同可分为开胸式、压缩空气式、泥水式、土压平衡式、复合式、插板式、多断面式盾构机以及微型盾构机等。

（1）按其构造特点和开挖方法，可归纳为以下 4 类。

A 类：敞口式盾构或称普通盾构；

B 类：普通闭胸式盾构或称普通挤压式盾构（半机械化盾构）；

C 类：机械式闭胸盾构；

D 类：TBM 盾构。

（2）根据工作原理一般分为手掘式盾构、挤压式盾构、半机械式盾构（局部气压、全局气压）、机械式盾构（开胸式切削盾构、气压式盾构、泥水加压盾构、土压平衡盾构、混合型盾构、异型盾构）。

目前国际上常用的盾构机械可分为泥水加压式和土压平衡式两大类，遇到较复杂的地质情况也可采用混合式盾构机械。

1）开胸式盾构机

它是工作面全部或大部分敞开的结构，用于无地下水的地层开挖，如开挖面不能稳定，则应采取辅助方法使之稳定。可采用人工、半机械或机械方法开挖。

2）压缩空气式盾构机

在含水地层施工时，通过压缩空气来保持开挖面稳定，并防止地下水从开挖面涌入。压缩空气式盾构机还包括局部气压式盾构机。

3）泥水式盾构机

泥水加压式盾构机又称有压泥浆式盾构机，主要针对无黏聚力的滞水砂层、软塑性、流动性等特别松软地层中进行隧洞开挖而研制的，目前较广泛应用于各种软弱地层的施工。

4）土压平衡式盾构机

通过挖掘下来的土料作为稳定开挖面的介质，刀盘后隔板与开挖面之间形成泥土室，刀盘旋转开挖使泥土室土料增加，再由螺旋输送机旋转将土料运出，泥土室内土压可由刀盘旋转开挖速度和螺旋输料器出土量（旋转速度）进行调节。因此螺旋输送器的取土速度必须调节适度，与切削的速度相适应。土压平衡式盾构机适用于地层稳定性较好、地下水位不高的情况。

5）复合式盾构机（也称混合式盾构机）

在同一条隧洞中，往往由于地质情况差异大，地层变化复杂，施工中会遇到不同的问题，这就需要采取多种类型盾构机的相互转换，以适应地质条件对机械的要求。

其工作方式及开挖面稳定方法可根据沿开挖洞线上土质情况的变化而进行转换，因此适应范围较广，如一种组合可根据需要从土压平衡工作方式转换到泥水加压式工作方式，土料输送由螺旋输料器转换到由泥浆泵及管道输送。

6）插板式盾构机

也称插刀式盾构机，它由许多插刀组成，可以组合出不同的断面形状和尺寸。其推进靠设在插刀和支承框架之间的液压缸，将插刀以单插刀或成组插刀方式进行组合。当所有插刀都推进到一个行程距离时，所有液压油缸同步收缩，把支承框架向前拖动。

7）多断面式盾构机

一般盾构机 1 次只能开挖 1 个断面的隧洞，当需要开挖平行相邻且直径相同的 2 个或多个隧洞时，普通盾构机需施工 2 次或多次，而用 1 个大断面来包含以上 2 个或多个隧洞断面时，盾构机刀盘直径会过大，开挖时也存在浪费，而多断面盾构机，同一盾构机上有 2 个或多个（目前最多为 3 个）刀盘，2 个刀盘之间有一小部分面积是重合的，这样 1 台盾构机的掘进即可同时挖掘出平行且相通的 2 个或多个隧洞。

8）微型盾构机

对于一些输气、供排水和电缆隧道，直径较小，可用微型盾构机施工。微型盾构机从工作方式上也有土压平衡式和泥水式等多种，挖掘方式有机械刀具也有高压射流，由于洞径较小（一般为 0.25～2.5m），衬砌不像大直径隧洞用管片拼装，而一般用预制管件由设在竖井处的顶管装置顶进，微型盾构机掘进时的推力也来自顶管装置。

除以上各种盾构机外，还有一些不常用的如刀盘可转向挖掘的盾构机（球体盾构机），可一次性挖掘有 90°拐角的隧洞。再比如可挖掘方形、矩形、椭圆形等非圆形断面隧洞的盾构机，其挖掘过程靠主、辅刀头的配合，从而最终挖出异形断面隧洞。

盾构机的分类还可按直径分为特大、大、中、小及微型盾构机；按控制方式分有地面遥控（微型盾构机）和随机控制的盾构机；按开挖断面分有部分断面开挖和全断面开挖的盾构机等。

2. 盾构的优缺点

（1）盾构的优点

① 盾构法隧道施工不受地面自然条件的影响。在盾构支护下进行地下工程暗挖施工，不受地面交通、河道、航运、潮汐、季节、气候等条件的影响，能较经济合理地保证隧道安全施工。

② 盾构法隧道施工机械化、自动化程度高。盾构的推进、出土、衬砌拼装等可实行自动化、智能化和施工远程控制信息化，掘进速度较快，施工劳动强度较低。

③ 地面人文自然景观受到良好的保护，周围环境不受盾构施工干扰。在松软地层中，能开挖埋置深度较大的长距离、大直径隧道。具有经济、安全、环保等优越性。

（2）盾构的缺点

① 需要隧道衬砌管片预制、运输、衬砌、衬砌结构防水及堵漏、施工测量、场地布置、机械安装等施工技术的配合，系统工程协调复杂。

② 施工过程改变断面尺寸困难；只能前进，不能后退，当隧道曲线半径过小或隧道埋深较浅时，施工难度大，在饱和含水的松软地层中施工，地表沉陷风险较大。

③ 盾构机制造周期长，造价较昂贵，盾构机的拼装、转移等较复杂，建造短于 750m 的隧道时经济性差。

11.4.2　盾构机的结构组成及工作原理

1. 基本原理

目前常用的盾构机主要有土压平衡和泥水平衡盾构机，除了其出土（渣）的方式不同外，其基本的工作原理是一致的。其基本工作原理就是一个圆柱体的钢组件沿隧洞轴线边向前推进边对土壤进行挖掘，如图 11-4 所示。该圆柱体组件的壳体即护盾，它对挖掘出的还未衬砌的隧洞段起着临时支撑的作用，承受周围土层的压力，有时还承受地下水压并将地下水挡在外面。挖掘、排土、衬砌等作业在护盾的掩护下进行。

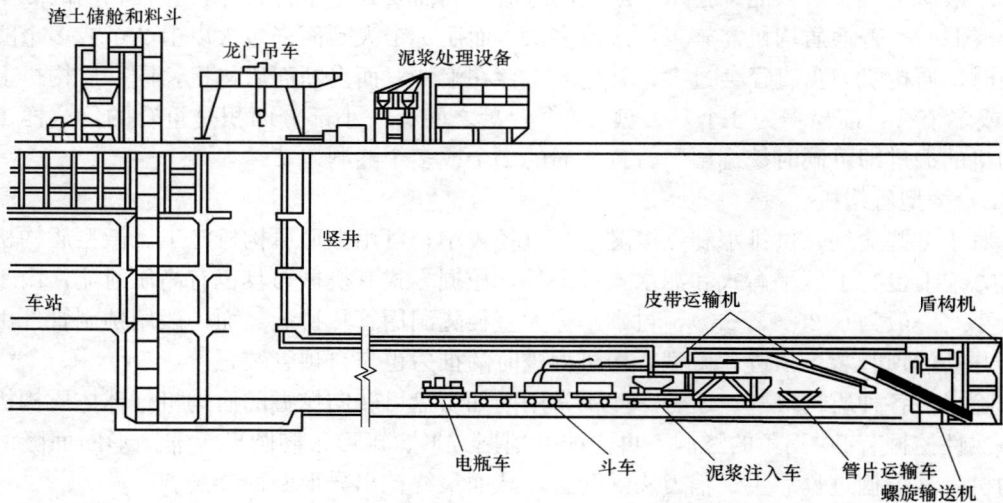

图 11-4 盾构法施工示意图

土压平衡盾构机出土（渣）的工作原理是：刀盘旋转开挖工作面的土体，挖掘下来的土料作为稳定开挖面的介质，土料由螺旋输送机旋转运出，泥土室内土压可由刀盘旋转开挖速度和螺旋输料器出土量（旋转速度）进行调节。

泥水平衡盾构机出土（渣）的工作原理是：利用泥水室的泥水压力来平衡切削面的土、水压力，切削下来的土体与泥水室内的泥水充分混合后，由泥水输送系统输送到泥水分离系统进行分离，废弃渣土。泥水经改良后，再次由管路输送回泥水室循环使用。

2. 结构组成

因各种类型的盾构机型其部件和系统结构各有不同，但主要部件及其原理大同小异。因此本书主要介绍目前国际上应用最为广泛的土压平衡盾构机的主要部件及其相关的结构情况。

土压平衡盾构机主要分为主机和后配套两大系统，其结构如图 11-5 所示。其中主机包含刀盘、主轴承、螺旋输送机、前体、中体、盾尾、管片安装机等几大部分；后配套系统包含连接桥、管片输送小车、1～5 号拖车，安装有主控室、注浆机、液压泵站、皮带输送机、控制柜、油脂站、泡沫站、聚合物站、变压器、空压机、电力电缆、信号电缆卷筒、水管卷筒等盾构施工所需要的辅助设备和安全保护所需的附属设施。另外还有导向系统、数据采集系统等用于自动化和信息化的高科技设备，提升了施工设备的先进性，更有利于施工质量和施工安全。

其主要组成部分为：

（1）刀盘切削系统。位于切口环内，由盘体、切削刀、仿形刀、传动箱、集中润滑系统组成。

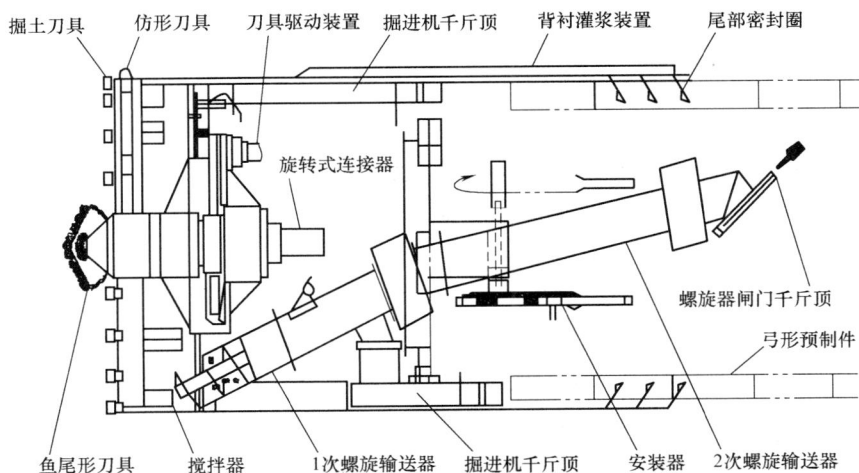

图 11-5　$\phi 3.33m$ 加泥式土压平衡盾构构造

（2）推进系统。由若干组推进千斤顶组成。

（3）加泥与注浆系统。外加泥或水与切削下来的密封舱内土体充分搅拌，使之成为可塑、渗透性极小的泥土，并保持一定的动态平衡压力，控制开挖面土体不塌陷和地面不发生较大沉降。注浆系统分盾尾同步注浆和管片二次注浆，主要是保证地面沉降在允许范围内。

（4）螺旋输送机系统。将切削下来的土体输送到皮带机或编组列车内，是控制密封舱内保持一定土压与开挖面土压和水压平衡的关键管片吊运系统。

（5）管片拼装系统。用于隧道管片拼装，由回转盘体、悬臂梁、提升横梁、举重钳以及千斤顶等组成。

（6）盾尾密封系统。是盾构形成密封的关键，结构形式为三排二室钢丝刷等结构形式。

（7）皮带运输机系统。用来输送土体。

（8）数据采集与监控系统。是盾构工作的控制系统，可对挖掘数据进行采集、数值运算、逻辑控制、故障报警、实时画面显示与数据输出等管理工作。

（9）后续台车系统。主要为盾构机各种后配套设备的台车编组。

11.4.3　盾构机安全操作规程

（1）盾构机组装前，应对推进千斤顶、拼装机、调节千斤顶进行试验验收。

（2）盾构机组装前，应将防止盾构机后退的推进系统平衡阀、调节拼装机的回转平衡阀的二次溢流压力调到设计压力值。

（3）盾构机组装前，应将液压系统各非标制品的阀组按设计要求进行密闭性试验。

（4）盾构机组装完成后，应先对各部件、各系统进行空载、负载调试及验收，最后应进行整机空载和负载调试及验收。

（5）盾构机始发、接收前，应落实盾构基座稳定措施，确保牢固。

（6）盾构机应在空载调试运转正常后，开始盾构始发施工。在盾构始发阶段，应检查各部位润滑并记录油脂消耗情况；初始推进过程中，应对推进情况进行监测，并对监测反馈资料进行分析，不断调整盾构掘进施工参数。

（7）盾构掘进中，每环掘进结束及中途停止掘进时，应按规定程序操作各种机电设备。

（8）盾构掘进中，当遇有下列情况之一时，应暂停施工，并应在排除险情后继续施工：

① 盾构位置偏离设计轴线过大；

② 管片严重碎裂和渗漏水；

③ 开挖面发生坍塌或严重的地表隆起、沉降现象；

④ 遭遇地下不明障碍物或意外的地质变化；

⑤ 盾构旋转角度过大，影响正常施工；

⑥ 盾构扭矩或顶力异常。

（9）盾构暂停掘进时，应按程序采取稳定开挖面的措施，确保暂停施工后盾构姿态稳定不变。暂停掘进前，应检查并确认推进液压系统不得有渗漏现象。

（10）双圆盾构掘进时，双圆盾构两刀盘应相应旋转，并保持转速一致，不得接触和碰撞。

（11）盾构带压开仓更换刀具时，应确保工作面稳定，并应进行持续充分的通风及毒气测试合格后，进行作业。地下情况较复杂时，作业人员应戴防毒面具。更换刀具时，应按专项方案和安全规定执行。

（12）盾构切口与到达接受井距离小于 10m 时，应控制盾构推进速度、开挖面压力、排土量。

（13）盾构推进到冻结区或停止推进时，应每隔 10min 转动刀盘一次，每次转动时间不得少于 5min。

（14）当盾构全部进入接收井内基座上后，应及时做好管片与洞圈间的密封。

（15）盾构调头时应专人指挥，应设专人观察设备转向状态，避免方向偏离或设备碰撞。

（16）管片拼装时，应按下列规定执行：

① 管片拼装应落实专人负责指挥，拼装机操作人员应按照指挥人员的指令操作，不得擅自转动拼装机；

② 举重臂旋转时，应鸣号警示，严禁施工人员进入举重臂回转范围内。拼装工应在全部就位后开始作业。在施工人员未撤离施工区域时，严禁启动拼装机；

③ 拼装管片时，拼装工必须站在安全可靠的位置，不得将手脚放在环缝和千斤顶的顶部；

④ 举重臂应在管片固定就位后复位。封顶拼装就位未完毕时，施工人员不得进入封顶块的下方；

⑤ 举重臂拼装头应拧紧到位，不得松动，发现有磨损情况时，应及时更换，不得冒险吊运；

⑥ 管片在旋转上升之前，应用举重臂小脚将管片固定，管片在旋转过程中不得晃动；

⑦ 当拼装头与管片预埋孔不能紧固连接时，应制作专用的拼装架。拼装架设计应经技术部门审批，并经过试验合格后开始使用；

⑧ 拼装管片应使用专用的拼装销，拼装销应有限位装置；

⑨ 装机回转时，在回转范围内，不得有人；

⑩ 管片吊起或升降架旋回到上方时，放置时间不应超过 3min。

（17）盾构的保养与维修应坚持"预防为主、经常检测、强制保养、养修并重"的原则，并应由专业人员进行保养与维修。

（18）盾构机拆除退场时，应按下列规定执行：

① 机械结构部分应先按液压、泥水、注浆、电气下同顺序拆卸，最后拆卸机械结构件；

② 吊装作业时，应仔细检查并确认盾构机各连接部件与盾构机已彻底拆开分离，千斤顶全部缩回到位，所有注浆、泥水系统的手动阀门已关闭；

③ 大刀盘应按要求位置停放，在井下分解后，应及时吊上地面；

④ 拼装机按规定位置停放，举重钳应缩到底；提升横梁应烧焊马脚固定，同时在拼装机横梁底部应加焊接支撑，防止下坠。

（19）盾构机转场运输时，应按下列规定执行：

① 应根据设备的最大尺寸，对运输线路进行实地勘察；

② 设备应与运输车辆有可靠固定措施；

③ 设备超宽、超高时，应按交通法规办理各类通行证。

习　　题

一、填空题

1. 当管道穿越河流时，为了不影响河道通航和河道流量，可以采用_____。所谓水射流技术，就是根据不同性能的土壤，采用不同的_____，使用水枪喷嘴射流破碎土层，再用水力吸泥机将土块和水混合成的泥浆运出管外。

2. 根据采用的平衡介质不同，密闭式顶管又分为_____、_____、_____。

3. 顶管法是一种非开挖的敷设地下管道的施工方法，基本原理就是_____，把工具管或掘进机从工作坑内穿过土层一直推到接受坑内吊起。与此同时，也就把紧随工具管或掘进机后的管道埋设在两坑之间。

4. 目前国际上常用的盾构机械可分为_____和_____两大类，遇到较复杂的地质情况也可采用混合式盾构机械。

5. 土压平衡式盾构机泥土室内土压可由_____和_____进行调节。

二、判断题

1. 选择顶管机，应根据管道所处土层性质、管径、地下水位、附近地上与地下建（构）筑物和各种设施等因素，经技术经济比较后确定。　　　　　　　　　　　　　（　　）

2. 管道顶进应连续作业，工具管前方遇到障碍，应立即停止顶进，检查原因后继续顶进。
　　　　　　　　　　　　　　　　　　　　　　　　　　　　　　　　　（　　）

3. 盾构机拆除时，应先拆机械机构，后拆建筑结构。　　　　　　　　　　（　　）

4. 盾构推进到冻结区或停止推进时，应每隔10min转动刀盘一次，每次转动时间不得少于5min。　　　　　　　　　　　　　　　　　　　　　　　　　　　　　　　　（　　）

三、简答题

1. 简述顶管机的工作原理。

2. 简述盾构机的特点。

3. 简述盾构机的工作原理。

▶ **焊接机械**

【主要内容】

1. 焊接机械的定义及常见的铆焊设备类型；

2. 各类铆焊设备的工作原理及结构组成；

3. 各类铆焊设备的安全操作规程。

【学习要点】

1. 了解常见的铆焊设备的类型；

2. 理解各类铆焊设备的工作原理及安全操作规程。

12.1　焊接机械概述

在工业生产中，经常需要将两个或两个以上的零件按一定形式和位置连接起来，这就需要用到焊接机械。

焊接机械有很多，常用的有对焊机、点焊机和弧焊机等。用它们代替人工绑扎钢筋，既可以节约材料、提高钢筋混凝土构件质量，又能加速工程建设。

12.2　焊接机械安全操作规程

（1）焊接（切割）前，应先进行动火审查，确认焊接（切割）现场防火措施符合要求，并应配备相应的消防器材和安全防护用品，落实监护人员后，开具动火证。

（2）焊接设备应有完整的防护外壳，一、二次接线柱处应有保护罩。

（3）现场使用的电焊机应设有防雨、防潮、防晒、防砸的措施。

（4）焊割现场及高空焊割作业下方，严禁堆放油类、木材、氧气瓶、乙炔瓶、保温材料等易燃、易爆物品。

（5）电焊机绝缘电阻不得小于 $0.5M\Omega$，电焊机导线绝缘电阻不得小于 $1M\Omega$，电焊机接地电阻不得大于 4Ω。

（6）电焊机导线和接地线不得搭在易燃、易爆、带有热源或有油的物品上；不得利用建（构）筑物的金属结构、管道、轨道或其他金属物体搭接起来，并形成焊接回路，且不得将电焊机和工件双重接地；严禁使用氧气、天然气等易燃易爆气体管道作为接地装置。

（7）电焊机的一次侧电源线长度不应大于 5m，二次线应采用防水橡皮护套铜芯软电缆，电缆长度不应大于 30m，接头不得超过 3 个，并应双线到位。当需要加长导线时，应相应增加导线的截面积。当导线通过道路时，应架高或穿入防护管内埋设在地下；当通过轨道时，应从轨道下面通过。当导线绝缘受损或断股时，应立即更换。

（8）电焊钳应有良好的绝缘和隔热能力。电焊钳握柄应绝缘良好。握柄与导线连接应牢靠，连接处应采用绝缘布包好。操作人员不得用胳膊夹持电焊钳，并不得在水中冷却电焊钳。

（9）对承压状态的压力容器和装有剧毒、易燃、易爆物品的容器，严禁进行焊接或切割作业。

（10）当需焊割受压容器、密闭容器、粘有可燃气体和溶液的工件时，应先消除容器及管道内压力，清除可燃气体和溶液，并冲洗有毒、有害、易燃物质；对存有残余油脂的容器，宜用蒸汽、碱水冲洗，打开盖口，并确认容器清洗干净后，应灌满清水后进行焊割。

（11）在容器内和管道内焊割时，应采取防止触电、中毒和窒息的措施。焊、割密闭容器时，应留出气孔，必要时应在进、出气口处装设通风设备；容器内照明电压不得超过12V；容器外应有专人监护。

（12）焊割铜、铝、锌、锡等有色金属时，应通风良好，焊割人员应戴防毒面罩或采取其他防毒措施。

（13）当预热焊件温度达 $150\sim700℃$ 时，应设挡板隔离焊件发出的辐射热，焊接人员应穿戴隔热的石棉服装和鞋、帽等。

（14）雨雪天气不得在露天电焊。在潮湿地带作业时，应铺设绝缘物品，操作人员应穿绝缘鞋。

（15）电焊机应按额定焊接电流和暂载率操作，并应控制电焊机的温升。

（16）当清除焊渣时，应戴防护眼镜，头部应避开焊渣飞溅方向。

（17）交流电焊机应安装防二次侧触电保护装置。

12.3 交流电焊机

12.3.1 结构组成

交流电焊机有 3 个类别，分别是 BX1—330 交流电焊机、BX2—500 型（同体式）电焊机和 BX3—300 型（动圈式）电焊机，它们的结构组成分别如图 12-1～图 12-3 所示。

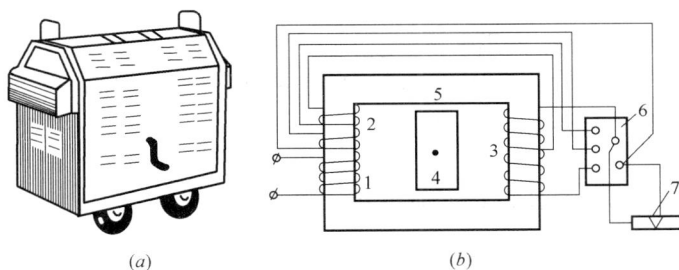

图 12-1 BX1—330 交流电焊机

（a）外形图；（b）线路图

1—初级绕组；2、3—次级绕组；4—动铁芯；5—静铁芯；6—接线板；7—摇把

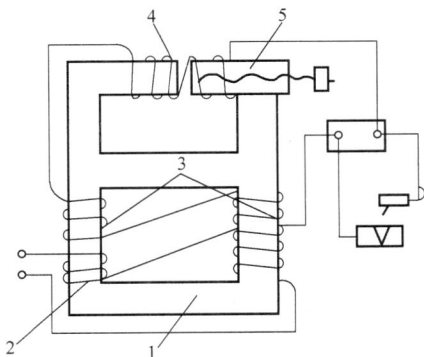

图 12-2 BX2—500 型（同体式）电焊机结构示意图

1—固定铁芯；2—初级绕组；3—次级绕组；4—电抗线圈；5—活动铁芯

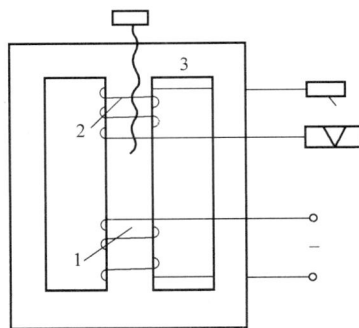

图 12-3 BX3—300 型（动圈式）电焊机结构示意图

1—初级线圈；2—次级线圈；3—铁芯

12.3.2 工作原理

目前应用最广泛的"动铁式"交流焊机如图 12-1 所示，它是一个结构特殊的降压变压器，属于动铁芯漏磁式类型。焊机的空载电压为 60～70V。工作电压为 30V，电流调节范围为 50～450A。铁芯由两侧的静铁芯（5）和中间的动铁芯（4）组成，变压器的次级绕组分成两部分，一部分紧绕在初级绕组（1）的外部，另一部分绕在铁芯的另一侧。前一部分起建立电压的作用，后一部分相当于电感线圈。焊接时，电感线圈的感抗电压降低，使电焊机获得较低的工作电压降，这是电焊机具有陡降外特性的原因。引弧时，电焊机能供给较高的电压和较小的电流，当电弧稳定燃烧时，电流增大，而电压急剧降低，当焊条与工件短路时，也限制了短路电流。

焊接电流调节分为粗调、细调 2 挡。电流的细调靠移动铁芯（4）改变变压器的漏磁来实现。向外移动铁芯，磁阻增大，漏磁减小，则电流增大，反之，则电流减少。电流的粗调靠改变次级绕组的匝数来实现。

该电焊机的工作条件应在海拔不超过 1000m，周围空气温度不超过＋40℃，空气相对湿度不超过 85％等条件下使用，不应在有害工业气体、水蒸气、易燃、多灰尘的场合下工作。

12.3.3 交流电焊机安全操作规程

（1）使用前，应检查并确认初、次级线接线正确，输入电压符合电焊机的铭牌规定，接线螺母、螺栓及其他部件完好齐全，不得松动或损坏。直流焊机换向器与电刷接触应良好。

（2）当多台焊机在同一场地作业时，相互间距不应小于 600mm，应逐台启动，并应使三相负载保持平衡。多台焊机的接地装置不得串联。

（3）移动电焊机或停电时，应切断电源，不得用拖拉电缆的方法移动焊机。

（4）调节焊接电流和极性开关应在卸除负荷后进行。

（5）硅整流直流电焊机主变压器的次级线圈和控制变压器的次级线圈不得用摇表测试。

（6）长期停用的焊机启用时，应空载通电一定时间，进行干燥处理。

12.4 硅整流电焊机

12.4.1 结构组成

整流或直流电焊机与直流弧焊发电机比较，由于没有机械旋转部分，具有噪声小、空载损耗小、效率高、成本低和制造维护简单等优点，因此，有取代直流弧焊发电机的趋势，在这里只介绍整流式电焊机。整流式电焊机常用型号如 ZXG—300、ZXG—400 等。硅整流电焊机是利用硅半导体整流元件（二极管）将交流电变为直流电作为焊接电源。如图 12-4 所示为硅整流电焊机的结构示意图。

12.4.2　工作原理

硅整流电焊机的工作原理如图 12-5 所示。接通开关 K_1，通风机组 FM 运转，风压开关 KEY 闭合，主接触器 J_{c-1} 闭合，三相弧焊变压器 B_1 工作。与此同时 J_{c-2} 闭合，控制变压器 B_2 工作，磁放大器运行，硅整流器工作，输出一定的直流电压，这就是焊机的空载电压。由于没有焊接电流，磁放大器的电抗绕组 FD 电抗压降几乎为零，使焊机输出端具有较高的空载电压，便于引弧。当施焊时，由于有输出，形成电流，电抗绕组 FD 通过交流电，使其得到较大的电抗压降，并随电流的增大，电抗压降随之增大，从而得到陡降外特性。当短路时，由于短路电流很大，FD

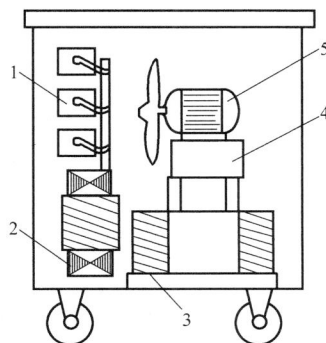

图 12-4　硅整流电焊机的结构示意图

1—硅整流器组；2—三相变压器；3—三相磁饱和电抗器；4—输出电抗器；5—通风机组

通过的交流电急增，它产生的电抗压降使工作电压几乎接近于零，这就限制了短路电流。

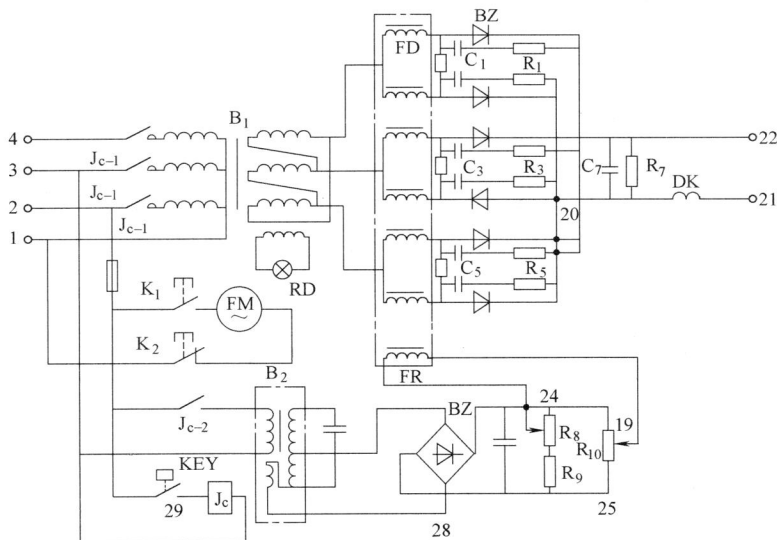

图 12-5　ZXG—300 型硅整流电焊机工作原理图

改变控制回路磁盘电阻 R_{10}，使磁放大器控制绕组 FK 中直流电发生变化，铁芯中的磁通就相应发生变化，从而改变了磁放大器交流绕组 FD 的电流。为减少网路电压波动对焊接的影响，在控制回路中采用了铁磁谐振式稳压器，以保证激磁电流的稳定，减少对焊接电流的影响。

按动 K_2，通风机组 FM 停止工作，风压开关 KEY 开启，主接触器 J_{c-1} 断开，主回路断电。同时 J_{c-2} 断开，控制回路断电，焊机全部停止工作。

焊接电流的调节依靠面板上的电流调节控制器，来改变磁放大器控制或线圈中直流电大小，使铁芯中的磁通发生相应变化，从而调整了焊接电流的大小。热将接线板烧毁或使焊钳过热而无法工作。

12.4.3   硅整流电焊机安全操作规程

（1）焊机应在出厂说明书要求下作业。

（2）使用前，应检查并确认硅整流元件与散热片连接紧固，各接线端头紧固。

（3）使用时，应先开启风扇电动机，电压表指示值应正常，风扇电动机无异响。

（4）硅整流直流电焊机主变压器的次级线圈和控制变压器的次级线圈严禁用摇表测试。

（5）硅整流元件应进行保护和冷却。当发现整流元件损坏时，应查明原因，排除故障后，方可更换新件。

（6）整流元件和有关电子线路应保持清洁和干燥。启用长期停用的焊机时，应空载通电一定时间进行干燥处理。

（7）搬运由高导磁材料制成的磁放大铁芯时，应防止强烈震击引起磁能恶化。

（8）焊接操作及配合人员必须按规定穿戴劳动防护用品，并必须采取防止触电、高空坠落、瓦斯中毒和火灾等事故的安全措施。

（9）现场使用电焊机，应设有防雨、防潮、防晒的机棚，并应装设相应的消防器材。

（10）高空焊接或切割时，必须系好安全带，焊接周围和下方应采取防火措施，并应有专人监护。

（11）当需施焊受压容器、密封容器、油桶、管道、沾有可燃气体和溶液的工件时，应先消除容器及管道内的压力，清除可燃气体和溶液，然后冲洗有毒、有害、易燃物质。对存有残余油脂的容器，应先用蒸汽、碱水冲洗，并打开盖口，确认容器清洗干净后，再灌满清水方可进行焊接。在容器内焊接应采取防止触电、中毒和窒息的措施。焊、割密封容器应留出气孔，必要时在进、出气口处装设通风设备。容器内照明电压不得超过 12V，焊工与焊件间应绝缘。容器外应设专人监护。严禁在已喷涂过油漆和塑料的容器内焊接。

（12）对承压状态的压力容器及管道、带电设备、承载结构的受力部位和装有易燃、易爆物品的容器严禁进行焊接和切割。

（13）焊接铜、铝、锌、锡等非铁（有色）金属时，应通风良好，焊接人员应戴防毒面罩、呼吸滤清器或采取其他防毒措施。

（14）当消除焊缝焊渣时，应戴防护眼镜，头部应避开敲击焊渣飞溅方向。

（15）雨天不得在露天电焊。在潮湿地带作业时，操作人员应站在铺有绝缘物品的地方，并应穿绝缘鞋。

（16）停机后，应清洁硅整流器及其他部件。

12.5   氩弧焊机

氩弧焊机安全操作规程如下：

（1）作业前，应检查并确认接地装置安全可靠，气管、水管应通畅，不得有外漏。工作场所应有良好的通风措施。

（2）应先根据焊件的材质、尺寸、形状确定极性，再选择焊机的电压、电流和氩气的流量。

（3）安装氧气表、氩气减压阀、管接头等配件时，不得粘有油脂，并应拧紧丝扣（至少5扣）。开气时，严禁身体对准氩气表和气瓶节门，应防止氩气表和气瓶节打开伤人。

（4）水冷型焊机应保持冷却水清洁。在焊接过程中，冷却水的流量应正常，不得断水施焊。

（5）焊机的高频防护装置应良好；振荡器电源线路中的连锁开关不得分接。

（6）使用氩弧焊时，操作人员应戴防毒面罩。应根据焊接厚度确定钨极粗细，更换钨极时，必须切断电源。磨削钨极端头时，应设有通风装置，操作人员应佩戴手套和口罩，磨削下来的粉尘，应及时清除。钍、铈、钨极不得随身携带，应贮存在铅盒内。

（7）焊机附近不宜有振动。焊机上及周围不得放置易燃、易爆或导电物品。

（8）氮气瓶和氩气瓶与焊接地点应相距3m以上，并应直立固定放置。

（9）作业后，应切断电源，关闭水源和气源。焊接人员及时脱去工作服，清洗外露的皮肤。

12.6　二氧化碳气体保护焊机

二氧化碳气体保护焊机安全操作规程如下：

（1）作业前，二氧化碳气体应按规定进行预热，开气时，操作人员必须站在瓶嘴的侧面。

（2）作业前，检查并确认焊丝的进给机构、电线的连接部分、二氧化碳气体的供应系统及冷却水循环系统合乎要求，焊枪冷却水系统不得漏水。

（3）二氧化碳气瓶宜存放在阴凉处，不得靠近热源，并应放置牢靠。

（4）二氧化碳气体预热器端的电压，不得大于36V。

12.7　等离子切割机

等离子切割机安全操作规程如下：

（1）作业前，应检查并确认不得有漏电、漏气、漏水现象，接地或接零应安全可靠。应将工作台与地面绝缘，或在电气控制系统安装空载断路继电器。

（2）小车、工件位置应适当，工作应接通切割电路正极，切割工作面下应设有熔渣坑。

（3）应根据工件材质、种类和厚度选定喷嘴孔径，调整切割电源、气体流量和电极的内缩量。

（4）自动切割小车应经空车运转，并选定切割速度。

（5）操作人员应戴好防护面罩、电焊手套、帽子、滤膜防渗口罩和隔声耳罩。

（6）切割时，操作人员应站在上风处操作。可从工作台下部抽风，并宜缩小操作台上的敞开面积。

（7）切割时，当空载电压过高时，应检查电器接地或接零、割炬把手绝缘情况。

（8）高频发生器应设有屏蔽护罩，用高频引弧后，应立即切断高频电路。

（9）作业后，应切断电源，关闭气源和水源。

12.8　埋弧焊机

12.8.1　概述

埋弧焊机按用途可分为专用焊机和通用焊机 2 种，通用焊机如小车式的埋弧自焊机，专用焊机如埋弧角焊机、埋弧堆焊机等。

按送丝方式可分为等速送丝式埋弧焊机和变速送丝式埋弧焊机 2 种，前者适用于细焊丝高电流密度条件的焊接，后者则适用于粗焊丝低电流密度条件的焊接。

按焊丝的数目和形状可分为单丝埋弧焊机、多丝埋弧焊机及带状电板埋弧焊机。目前应用最广的是单丝埋弧焊机。常用的多丝埋弧焊机有双丝埋弧焊机和三丝埋弧焊机。带状电板埋弧焊机主要用作大面积堆焊。

按焊机的结构形式可分为小车式、悬挂式、车床式、门架式、悬臂式等。目前小车式和悬臂式用得较多。

尽管生产中使用的焊机类型很多，但根据其自动调节的原理都可以归纳为电弧自身调节的等速送丝式埋弧焊机和电弧电压自动调节的变速送丝式埋弧焊机。

12.8.2　结构组成及工作原理

1. 小车式埋弧焊机

常用的小车式埋弧焊机的组成如图 12-6 所示。

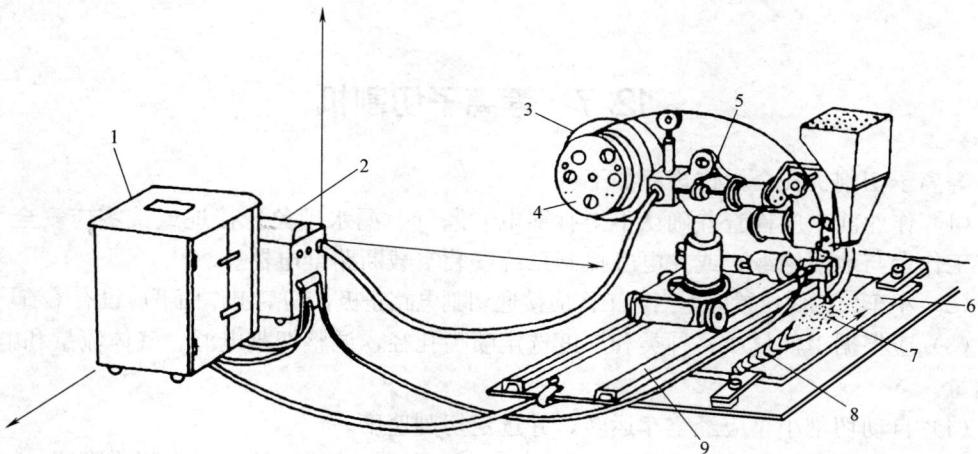

图 12-6　小车式埋弧焊机的组成

1—弧焊电源；2—控制箱；3—焊丝盘；4—控制盘；5—焊接小车；6—焊件；7—焊剂；8—焊缝；9—导轨

2. MZ1-1000 型埋弧焊机

MZ1-1000 型是典型的等速送丝式埋弧焊机。这种焊机的控制系统比较简单，外形尺寸不大，焊接小车结构也较简单，使用方便，可使用交流和直流焊接电源，主要用于焊接水平位置及倾斜小于15°的对接和角接焊缝，也可以焊接直径较大的环形焊缝。

MZ1-1000 型埋弧焊机由焊接小车、控制箱和弧焊电源 3 部分组成。

（1）焊接小车。如图 12-7 所示。交流电动机为送丝机构和行走机构共同使用，电动机有 2 个输出轴，一头经送丝机构减速器送给焊丝，另一头经行走机构减速器带动焊车。

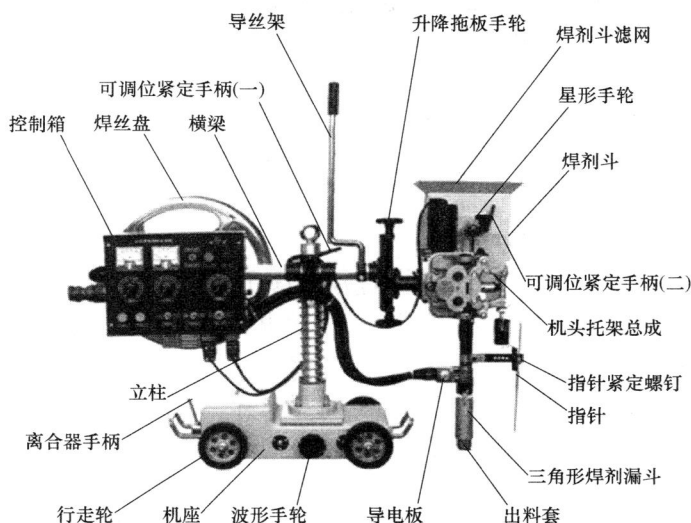

图 12-7　MZ1-1000 型埋弧焊小车

焊接小车的前轮和主动后轮与车体绝缘，主动后轮的轴与行走机构减速器之间装有摩擦离合器，脱开时可以用手推动焊车。焊接小车的回转托架上装有焊剂漏斗、控制板、焊丝盘、焊丝校直机构和导电嘴等。焊丝从焊丝盘经校直机构、送给轮和导电嘴送入焊接区，所用的焊丝直径为1.6～5mm。

焊接小车的传动系统中有两对可调齿轮，通过改换齿轮的方法，可调节焊丝送给速度和焊接速度。焊丝送给速度调节范围为 0.87～6.7m/min，焊接速度调节范围为 16～126m/h。

（2）控制箱。控制箱内装有电源接触器、中间继电器、降压变压器、电流互感器等电气元件，在外壳上装有控制电源的转换开关、接线及多芯插座等。

（3）弧焊电源。常见的埋弧焊交流电源采用 BX2—1000 型同体式弧焊变压器，有时也采用具有缓降外特性的弧焊整流器。

12.8.3　埋弧焊机安全操作规程

（1）作业前，应检查并确认各导线连接应良好；控制箱的外壳和接线板上的罩壳应完好；送丝滚轮的沟槽及齿纹应完好；滚轮、导电嘴（块）不得有过度磨损，接触应良好；减速箱润滑油应正常。

（2）软管式送丝机构的软管槽孔应保持清洁，并定期吹洗。

（3）在焊接中，应保持焊接剂连续覆盖，以免焊剂中断露出电弧。

（4）在焊机工作时，手不得触及送丝机构的滚轮。

（5）作业时，应及时排走焊接中产生的有害气体，在通风不良的舱室或容器内作业时，应安装通风设备。

12.9 竖向钢筋电渣压力焊机

12.9.1 结构组成及工作原理

现浇钢筋混凝土框架结构中竖向钢筋的连接，宜采用自动或手工电渣压力焊进行焊接（直径 14～40mm 的 HRB335 级钢筋）。与电弧焊比较，它工效高、节约钢材、成本低，在高层建筑施工中得到广泛应用。

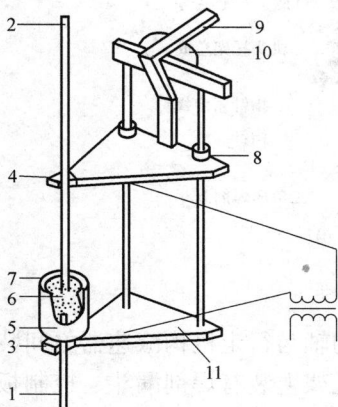

图 12-8 焊接夹具构造示意图

1、2—钢筋；3—固定电极；4—活动电极；
5—药盒；6—导电剂；7—焊药；8—滑动
架；9—手柄；10—支架；11—固定架

电渣压力焊设备包括电源、控制箱、焊接夹具、焊剂盒。自动电渣压力焊的设备还包括控制系统及操作箱。焊接夹具（图 12-8）应具有一定刚度，要求坚固、灵巧、上下钳口同心，上下钢筋的轴线应尽量一致，其最大偏移不得超过 0.1d（d 为钢筋直径），同时也不得大于 2mm。焊接时，先将钢筋端部约 120mm 范围内的铁锈除尽，将夹具夹牢在下部钢筋上，并将上部钢筋扶直夹牢于活动电极中，上下钢筋间放一小块导电剂（或钢丝小球），装上药盒，装满焊药，接通电路，用手柄使电弧引燃（引弧）。然后稳弧一定时间使之形成渣池并使钢筋熔化（稳弧），随着钢筋的熔化，用手柄使上部钢筋缓缓下送。稳弧时间的长短视电流、电压和钢筋直径而定。如电流 850A、工作电压 40V 左右，$\phi30$ 及 $\phi32$ 钢筋的稳弧时间约 50s 左右。当稳弧达到规定时间后，在断电的同时用手柄进行加压顶锻以排除夹渣气泡，形成接头。待冷却一定时间后即拆除药盒，回收焊药，拆除夹具和清除焊渣。引弧、稳弧、顶锻 3 个过程连续进行。电渣压力焊的参数为焊接电流、渣池电压和焊接通电时间，它们均根据钢筋直径选择。

电渣压力焊的接头，应按规范规定的方法检查外观质量和进行拉力试验。

12.9.2 竖向钢筋电渣压力焊机安全操作规程

（1）应根据施焊钢筋直径选择具有足够输出电流的电焊机。电源电缆和控制电缆连接应正确、牢固。焊机及控制箱的外壳接地或接零。

（2）作业前，应检查供电电压并确认正常，当一次电压降大于 8% 时，不宜焊接。焊接导线长度不得大于 30m。

（3）作业前，应检查并确认控制电路正常，定时应准确，误差不得大于 5%，机具的传动系统、夹装系统及焊钳的转动部分应灵活自如，焊剂应已干燥，所需附件应齐全。

（4）作业前，应按所焊钢筋的直径，根据参数表，标定好所需的电流和时间。

（5）起弧前，上下钢筋应对齐，钢筋端头应接触良好。对锈蚀或粘有水泥等杂物的钢筋，应在焊接前用钢丝刷清除，并保证导电良好。

（6）每个接头焊完后，应停留 5～6min 保温，寒冷季节应适当延长保温时间。焊渣应在完全冷却后清除。

12.10　对　焊　机

12.10.1　结构组成及工作原理

建筑工程中常用 UN1 系列对焊机。它可焊接截面为 300～600mm² 的低碳钢以及截面为 200mm² 以下的铜和铝。

对焊机的工作原理如图 12-9 所示。钢筋被夹持在电极（4、5）上，压力机构（9）能够使安装活动电极（5）的滑动平板（3）沿机身（1）上的导轨左右移动。合上开关（8）后，向左移动滑动平板（3），使两钢筋（7）的端头移近接触。由于接触处凸凹不平，接触面积小，电流密度和接触电阻很大，接触点迅速熔化，金属蒸汽飞溅，形成闪光现象。闪光连续发生，杂质闪掉，接头端面被加热烧平，白热熔化后随即断电，利用压力机构顶锻而形成焊头。

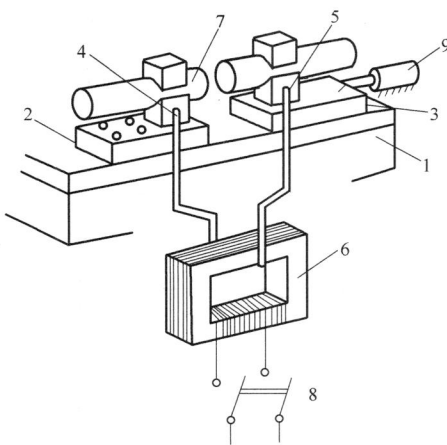

图 12-9　对焊机结构组成及工作原理示意图

1—机身；2—固定平板；3—滑动平板；4—固定电极；
5—活动电极；6—变压器；7—钢筋；
8—开关；9—压力机构

12.10.2　对焊机安全操作规程

（1）对焊机应安置在室内或防雨的工棚内，并应有可靠的接地或接零。当多台对焊机并列安装时，相互间距不得小于 3m，并应分别接在不同相位的电网上，分别设置各自的断路器。

（2）焊接前，应检查并确认对焊机的压力机构应灵活，夹具应牢固，气压、液压系统不得有泄漏。

（3）焊接前，应根据所焊接钢筋的截面，调整二次电压，不得焊接超过对焊机规定直径的钢筋。

（4）断路器的接触点、电极应定期光磨，二次电路连接螺栓应定期紧固。冷却水温度不得超过 40℃；排水量应根据温度调节。

（5）焊接长钢筋时，应设置托架。

（6）闪光区应设挡板，与焊接无关的人员不得入内。

（7）冬期施焊时，温度不应低于 8℃。作业后，应放尽机内冷却水。

12.11 点 焊 机

12.11.1 结构组成及工作原理

点焊属于电阻焊。钢筋点焊机是用来点焊钢筋网和钢筋骨架的专用设备。

按照加压机构的不同，有杠杆弹簧式、电动凸轮式和气动式 3 种类型；按照点焊头数量和使用场合不同，有单头点焊机、多头点焊机和悬挂式点焊机等类型。单头点焊机一次焊一点，用于焊接较粗的钢筋。多头点焊机一次焊数点，用于焊接钢筋网。悬挂式点焊机用于焊接平面尺寸大的骨架或网片。此外，手提式点焊机多用于现场焊接。虽然点焊机种类较多，但其工作原理基本相同。

如图 12-10 所示为杠杆弹簧式点焊机的工作原理。点焊是利用焊件接触处通电后所产生的大量电阻热，使焊件加热熔化时加压焊接的。

点焊时，将表面清理好且平直的钢筋迭合在一起，放在两个电板（1）之间，踏下脚踏板（8），使两钢筋（2）的交点接触紧密，同时，断路器（6）也相接触，接通电源，使钢筋交接点在极短的时间内产生大量的电阻热，钢筋很快被加热到熔点面处于熔化状态。

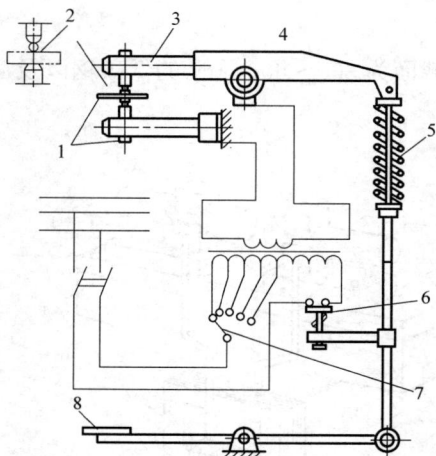

图 12-10 杠杆弹簧式点焊机
1—电极；2—钢筋；3—电极臂；4—变压器次级线圈；5—弹簧；6—断路器；7—开关；8—脚踏板

放开脚踏板（8），断路器随杠杆下降切断电流，在压力作用下，熔化了的交接点冷却凝结成焊点。

为了保证焊机正常工作，与对焊机一样，工作前要先打开冷却水阀，变压器次级线圈（4）、悬臂、电极等都必须用水冷却。

12.11.2 点焊机安全操作规程

（1）作业前，应清除上下两电极的油污。

（2）作业前，应先接通控制线路的转向开关和焊接电流的开关，调整好极数，再接通水源、气源，最后接通电源。

（3）焊机通电后，应检查并确认电气设备、操作机构、冷却系统、气路系统工作正常，不得有漏电现象。

（4）作业时，气路、水冷系统应畅通。气体应保持干燥。排水温度不得超过 40℃，排水量可根据水温调节。

（5）严禁在引燃电路中加大熔断器。当负载过小，引燃管内电弧不能发生时，不得闭合控制箱的引燃电路。

（6）正常工作的控制箱的预热时间不得少于 5min。当控制箱长期停用时，每月应通电加热 30min。更换闸流管前，应预热 30min。

12.12　气焊设备

12.12.1　结构组成及工作原理

气压焊接钢筋是利用乙炔-氧混合气体燃烧的高温火焰对已有初始压力的两根钢筋端面接合处加热，使钢筋端部产生塑性变形，并促使钢筋端面的金属原子互相扩散，当钢筋加热到约 1250～1350℃（相当于钢材熔点的 0.80～0.90 倍，此时钢筋加热部位呈橘黄色，有白亮闪光出现）时进行加压顶锻，使钢筋内的原子得以再结晶而焊接在一起。

钢筋气压焊接属于热压焊。在焊接加热过程中，加热温度为钢材熔点的 0.8～0.9 倍，钢材未呈熔化液态，且加热时间较短，钢筋的热输入量较少，所以不会出现钢筋材质劣化倾向。另外，它设备轻巧、使用灵活、效率高、节省电能、焊接成本低，可进行全方位（竖向、水平和斜向）焊接，目前已在我国得到推广使用。

气压焊接设备（图 12-11）主要包括加热系统与加压系统 2 部分。

加热系统中的加热能源是氧和乙炔。系统中的流量计用来控制氧和乙炔的输入量，焊接不同直径的钢筋要求不同的流量。加热器用来将氧和乙炔混合后，从喷火嘴喷出火焰加热钢筋，要求火焰能均匀加热钢筋，有足够的温度和功率并且安全可靠。

加压系统中的压力源为电动油泵（亦有手动油泵），使加压顶锻时压力平稳。压接器是气压焊的主要设备之一，要求它能准确、方便地将两根钢筋固定

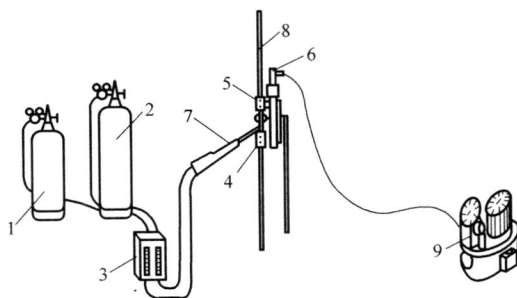

图 12-11　气压焊接设备示意图
1—乙炔；2—氧气；3—流量计；4—固定卡具；5—活动卡具；6—压接器；7—加热器与焊炬；8—被焊接的钢筋；9—电动油泵

在同一轴线上，并将油泵产生的压力均匀地传递给钢筋达到焊接的目的。施工时压接器需反复装拆，要求它重量轻、构造简单和装拆方便。

12.12.2　气焊设备安全操作规程

（1）气瓶每 3 年应检验一次，使用期不应超过 20 年。气瓶压力表应灵敏正常。

（2）操作者不得正对气瓶阀门出气口，不得用明火检验是否漏气。

（3）现场使用的不同种类气瓶应装有不同的减压器，未安装减压器的氧气瓶不得使用。

（4）氧气瓶、压力表及其焊割机具上不得沾染油脂。氧气瓶安装减压器时，应先检查阀门接头，并略开氧气瓶阀门吹除污垢，然后安装减压器。

（5）开启氧气瓶阀门时，应采用专用工具，动作应缓慢。氧气瓶中的氧气不得全部用尽，应留 49kPa 以上的剩余压力。关闭氧气瓶阀门时，应先松开减压器的活门螺栓。

（6）乙炔钢瓶使用时，应设有防止回火的安全装置；同时使用 2 种气体作业时，不同气瓶都应安装单向阀，防止气体相互倒灌。

（7）作业时，乙炔瓶与氧气瓶之间的距离不得少于 5m，气瓶与明火之间的距离不得少于 10m。

（8）乙炔软管、氧气软管不得错装。乙炔气胶管、防止回火装置及气瓶冻结时，应用 40℃ 以下热水加热解冻，不得用火烤。

（9）点火时，焊枪口不得对人。正在燃烧的焊枪不得放在工件或地面上。焊枪带有乙炔和氧气时，不得放在金属容器内，以防止气体逸出，发生爆燃事故。

（10）点燃焊（割）炬时，应先开乙炔阀点火，再开氧气阀调整火。关闭时，应先关闭乙炔阀，再关闭氧气阀。

氢氧并用时，应先开乙炔气，再开氢气，最后开氧气，再点燃。灭火时，应先关氧气，再关氢气，最后关乙炔气。

（11）操作时，氢气瓶、乙炔瓶应直立放置，且应安放稳固。

（12）在作业中，发现氧气瓶阀门失灵或损坏不能关闭时，应让瓶内的氧气自动放尽后，再进行拆卸修理。

（13）作业中，当氧气软管着火时，不得折弯软管断气，应迅速关闭氧气阀门，停止供氧。当乙炔软管着火时，应先关熄炬火，可弯折前面一段软管将火熄灭。

（14）工作完毕，应将氧气瓶、乙炔瓶气阀关好，拧上安全罩，检查操作场地，确认无着火危险，方准离开。

（15）氧气瓶应与其他气瓶、油脂等易燃、易爆物品分开存放，且不得同车运输。氧气瓶不得散装吊运。运输时，氧气瓶应装有防振圈和安全帽。

习　题

一、填空题

1. 焊接电流调节分为＿＿＿＿＿、＿＿＿＿＿＿两挡。

2. 埋弧焊机按送丝方式可分为＿＿＿＿＿＿＿＿＿＿＿和＿＿＿＿＿＿＿＿ 2 种，前者适用于＿＿＿＿＿＿＿＿＿＿条件的焊接，后者则适用于＿＿＿＿＿＿＿＿＿＿＿条件的焊接。

3. 电渣压力焊设备包括＿＿＿＿＿、＿＿＿＿＿、＿＿＿＿＿＿、＿＿＿＿＿。

4. 按照点焊头数量和使用场合不同，有＿＿＿＿＿、＿＿＿＿＿＿和＿＿＿＿＿＿＿＿等类型。

5. 气压焊接钢筋是利用＿＿＿＿＿＿混合气体燃烧的高温火焰对已有＿＿＿＿＿＿的两根钢筋

端面接合处加热，使钢筋端部产生塑性变形。

二、判断题

1. 焊割现场及高空焊割作业下方，严禁堆放油类、木材、氧气瓶、乙炔瓶、保温材料等易燃、易爆物品。　　　　　　　　　　　　　　　　　　　　　　　　（　　）

2. 当多台焊机在同一场地作业时，相互间距不应小于 600mm，应逐台启动，并应使三相负载保持平衡。多台焊机的接地装置不得串联。　　　　　　　　　　　　（　　）

3. 竖向钢筋电渣压力焊机，作业前，应检查供电电压并确认正常，当一次电压降大于 8% 时，不宜焊接。焊接导线长度不得大于 30m。　　　　　　　　　　　　　　（　　）

4. 气焊设备气瓶每 2 年应检验一次，使用期不应超过 20 年。　　　　　　　（　　）

三、简答题

1. 交流电焊机有哪 3 个类别？

2. 简述竖向钢筋电渣压力焊机的结构组成及工作原理。

3. 简述对焊机的工作原理。

4. 叙述气焊设备的结构组成及工作原理。

▶ 机械设备安全管理制度

　　建工企业使用的机械设备是实现施工机械化，通向生产现代化的重要生产工具。施工机械化程度的发展与提高促进了施工技术的进步和工艺的革新，减轻了笨重的体力劳动，提高了建筑业的生产能力。

　　因此，加强施工企业机械设备的使用管理工作，不断提高机械设备的完好率和利用率，防止机械事故的发生，加强维护，使机械设备经常处于最好状态，保持机械设备的先进性、高效率，这对促进施工企业施工能力，取得更大的社会效益和经济效益，都是十分重要的。

　　任何机械设备都必须掌握正确操作，都必须由人（个人或机组集体）去操作驾驶，而人是生产力三要素中最主要、最积极的要素。如果操作者能合理、正确掌握，就能充分发挥机械设备的效能，专机专人（或机务班组），同时也要求人员具备过硬的技术本领，越是先进、技术性能高的机械设备，机务职工就要有越高的文化知识和机械业务技术水平，才能熟练操作。因此，机械设备的使用管理，首先对人要作好技术开发和智力投资工作。另一方面，就是建立健全各种规章制度，严格各项技术规范规定，落实岗位责任制。

　　建工企业各级要建立机械设备管理机构，明确各级责任，有一个管理网络，要配备与机械设备数量、性能、规模相适应的专职技术人员和管理人员，明确其岗位职责。另外，还需要建立具体的、行之有效的各项制度。下面介绍部分制度。

13.1 施工设备管理制度

13.1.1 施工设备的购置、更新、改造管理

　　（1）新购置的施工设备，必须坚持结构合理、安全可靠、性能稳定、经济合理的原则认真选型定型。经安装验收合格后，及时入账，纳入固定资产。

　　（2）经常调查研究，掌握好现有机械的技术状况和新品种、新技术的发展动态，做好更新换代工作，及时淘汰性能差、耗能高、不安全、修理改造又不合算的陈旧设备，促进技术进步。

　　（3）对局部不适应使用的施工设备，要经过技术论证，申报批准后进行技术改造，以求达到安全使用、提高效益、技术性能稳定的良好效果。

13.1.2 财产管理

　　（1）凡属固定资产的施工机械设备，都要进行分类建立台账、卡片、机械履历书、钉固定资产铭牌。主要机构应建立技术档案，并按规定存档。

　　（2）随时掌握机械设备使用状态，根据施工任务的实际情况，做好内部调配和借用的协调工作。每年年终对所有施工机械设备清查盘存一次，做到账、卡、物、号、金额五项符合。发生盈亏，要查清原因，按固定资产审批权限，报上级处理。

13.1.3 现场施工设备管理

　　（1）对新购置和大修的施工设备应按规定合期及保修期在现场试用评定。

（2）按时进行设备检查，平时经常定期或不定期对现场试用的设备进行检查，发现带病运转一律停机，并签发"设备安全整改通知单"限期整改并复查。

（3）现场在用的机械由操作人员按规定填写"机械运转卡"，每月初由机管员收集汇总后填入机械履历书中的"月运转记录表"。

13.1.4　电动、机动工具和机械配件管理

各下属单位的振捣器、冲击电锤、电钻等电动、机动工具及气压焊等机械零件配件，必须由专人负责管理，建立账、卡。每季度编造收、发、存报表，做到账、卡相符，并将报表报送有关部门。

13.1.5　技术管理

（1）新购机械初次安装试用之前，公司动力科、使用单位机管员及有关人员必须熟悉产品的性能结构、操作规程及安装拆卸应注意的事项和安全操作规程。安装时有关人员必须在场监护，安装完毕经验收合格并使用运转正常后，才能正式投入使用。

（2）需报废设备，必须经鉴定，设备技术负责人需审查核准。按固定资产审批权限，办理报废手续。批准报废后的机械设备应建立账册备查。

（3）做好经常性的培训发证工作，机械设备操作人员必须凭证上岗。

（4）塔式起重机、汽车式起重机及大中型设备实行机长负责制；中小型设备实行现场专机专人操作制，设现场或施工片机长，负责现场或施工片的机械设备维修、保养及操作人员的安排调配。金属切削机床、汽车等实行专人负责制。

（5）掌握机械设备技术状况，及时做好保养、修理工作。大修后的机械设备需报公司物业管理科批准后方能继续使用，并按实填写在机械履历书维修记录中。

13.1.6　现场使用管理

（1）机械设备应按照工程结构、施工方案的要求作好配套选型工作，务必满足在工程施工中应用到合适的、先进的、高效率的施工机械。

（2）各类设备进入施工现场后，都应定机、定人、定岗，挂牌作业，所有机械操作人员应严格遵守安全操作规程和岗位责任制。

（3）进入施工现场的A、B类机械设备，应将其安全运转、保养和交接班情况详细记录在设备使用登记书上，各操作人员每天按要求进行正常保养和适当维护，以保证设备的持续工作能力。

（4）设备操作人员和维护人员及设备管理人员应定期对现场所使用的机械设备进行检查，以确定设备的性能。

（5）按时做好机械设备的初级保养、高级保养，在编制施工生产计划的同时，安排对机械设备的保养时间，使设备能得到及时保养。不允许出现机械设备带病运转或只运转不作定期保养的现象。

（6）施工项目部要为机械设备在施工中创造良好的作业条件，负责生产的人员要善于协调施工与机械使用的矛盾。在不影响施工的要求下，应听取和支持机械操作人员的正确意见，严禁违章作业。

13.1.7 机械设备技术档案管理

（1）机械设备的技术档案是机械管理工作的重要内容，是机械设备自购入开始直至报废的全过程历史资料，已验收合格的机械设备均由设备处建立总台账，各单位、施工项目部均应建立在施工现场所使用的机械设备台账。

（2）机械设备技术档案的主要内容有：

① 机械设备技术资料应包括有：产品使用说明书、产品出厂合格证、装箱清单、附属装置资料、随机工具和备件明细表、易损件和配件图册及目录。

② 开箱检查验收和技术试验记录，交接清单。

③ 设备使用登记书（或使用履历书）。

④ 设备修理记录表和设备大修登记表等。

⑤ 事故报告单，事故分析及处理、处置意见。

⑥ 报废鉴定表。

（3）A、B类机械设备使用同时必须建立设备使用登记书，主要记录设备使用状况和交接班情况，由机长负责运转的情况登记。应建立设备使用登记书的设备有：塔式起重机、外用施工电梯、混凝土搅拌站（楼）、混凝土输送泵等。

（4）公司设备处负责A、B类机械设备的申请、验收、使用、维修、租赁、安全、报废等管理工作。做好统一编号、统一标识。

（5）机械设备的台账和卡片是反映机械设备分布情况的原始记录，应建立专门账、卡档案，达到账、卡、物三项符合。

（6）各部门应指定专门人员负责对所使用的机械设备的技术档案管理，作好编目归档工作，办理相关技术档案的整理、复制、翻阅和借阅工作，并及时为生产提供设备的技术性能依据。

（7）已批准报废的机械设备，其技术档案和使用登记书等均应保管，定期编制销毁。

13.1.8 大型设备安全装拆管理

（1）大型施工设备的装拆工作，必须由具备相应装拆资质的单位来承担装拆工作。没有装拆资质的单位不得擅自承接任务，否则应负法律责任。

（2）大型施工设备装拆前都应编制装拆施工方案，并经总工审批签字后才能实施，并应对施工设备进行检查验收。合格后才能进行安装程序。如不合格应进行检修，合格后方可投入安装，安装前还应对设备的基础进行验收。

（3）装拆人员必须经过专业培训，考核合格的才可以上岗作业。作业前还必须经过安全技术交底，方可进行装拆作业。

（4）装拆时对作业场所应做围栏，并设警示牌。严禁非作业人员进入，装拆时要指配专业安全技术人员在旁监护。

（5）装拆人员应正确使用安全防护用品和劳动保护用品。

（6）安装好的施工设备应进行验收，能正常运转、安全灵敏，并经上级有关部门检验合格后方可投入使用。

13.1.9 机械设备租赁管理制度

（1）为规范租赁经营，提高出租的机械设备及配件的完好率和质量，减少事故的发生，制定安全责任制度。

（2）出租的机械设备和施工机械及配件，应当具备生产（制度）许可证、产品合格证。生产（制造）许可证、产品合格证，应符合国家有关法律法规和安全技术标准、规范的要求。

（3）应当对出租的机械设备和施工机具及配件的安全性能进行检测，检测合格后方可出租。

（4）出租签订租赁协议时，应当出具检测合格证明书，签订协议时应明确双方安全生产职责。

（5）禁止国家明令淘汰的、存在严重事故隐患的、超过安全技术标准规定使用年限的、检测不合格的机械设备和施工机具及配件出租。

（6）出租工作由物业管理科管理实施。

13.1.10 机械安全生产管理

（1）各种机械设备应有安全操作规程，设备上要有安全装置及相应的防护设置，否则不准使用。

（2）塔式起重机、施工外用电梯在现场安装后，由公司设备处总工组织使用单位设备员、安装部门技术人员进行验收；验收合格后，还要向使用单位及机械操作工人进行安全技术交底后方准使用。

（3）起重机械应有相应的各种安全防护装置，各种限位器、制动、触头等安全装置必须灵敏可靠，不允许有误动作。

（4）A、B类机械设备必须专人专机，司机和指挥人员必须持证上岗，严禁无证作业。制定各种机械的岗位责任制和交接班制度。

（5）必须严格遵守安全操作规程。严禁酒后上岗作业。认真执行"不准在运行中进行保养，不准让机械设备带病运行，不准使设备超负荷使用"的"三不"原则，上班前要严格检查机械设备的各种安全防护装置是否可靠，并经空载试车，确认无问题后方准进行工作。

13.1.11 施工机械操作证管理

（1）为加强对施工机械使用和对操作人员的管理，保障机械设备的合理使用、安全运转，充分发挥机械设备的效能，凡施工机械操作人员必须经过考试合格，取得相关的操作证后，方可上机操作。

（2）凡是操作下列施工机械的人员，都必须持有有关部门颁发的操作证：起重工（包括塔式起重机驾驶员和指挥人员、汽车起重机、龙门吊、桥吊等）、外用施工电梯、混凝土搅拌机、混凝土泵车、混凝土搅拌站、混凝土输送泵、电焊机、电工等作业人员及其他专人操作的专用施工机械。

（3）凡符合下列条件的人员，经培训考试合格，取得合格证后方可独立操作机械设备：

① 年满十八岁，具有初中以上文化程度。

② 身体健康，听力、视力、血压正常，适合高空作业和无影响机械操作的疾病。

③ 经过一定时间的专业学习和专业实践，懂得机械性能、安全操作规程、保养规程和有一定的实际操作技能。

（4）公司培训中心为管理机械操作证的主管部门，在设备处、电力、劳动部门共同组织下负责培训、考试、审验等工作。机械操作证的签发，由培训中心和设备处共同负责办理。培训中心建立操作人员的发证台账，记录发证情况。

（5）机械操作人员应随身携带操作证以备随时检查，如出现违反操作规程而造成事故，除按情节进行处理外，并对其操作证暂时收回或长期撤销。

（6）严禁无证操作机械，更不能违章操作，如领导命其操作而造成事故，应由领导负全部责任。学员或实习人员必须在有操作证的指导师傅在场指挥下，方能操作机械设备，指导师傅应对其实习人员的操作负责。

（7）凡属国家规定的交通、劳动及其主管行业部门负责考核发证的驾驶证、司炉证、起重工证、电焊工证、电工证等，一律由主管部门按规定办理，公司不再另发操作证。

13.2　安全检查制度

（1）项目部机械安全检查每月不少于 3 次，工长、班组长每天普查。

（2）按照《建筑施工安全检查标准》JGJ 59—2011 对现场实施定期和不定期检查，重点检查机械制动和安全装置是否齐全、有效、可靠。机械设备是否带病作业，是否有异常现象；金属结构部分是否开焊、开裂、变形；连接部位是否牢固、可靠；是否定期保养、清洁；操作人员是否持证上岗；有无违章指挥、违章作业行为等。

（3）对塔吊轨道接地装置、机身垂直度等，应定期检查、检测，并认真做好记录，备案待查。

（4）对检查中发现的问题要采取相应措施，定人、定时间、定措施落实解决，并及时进行复查，填写检查、整改记录表。

（5）每次检查后，进行全面评估，对违章指挥、违章操作和事故隐患按照"三不放过"的原则，进行严肃处理，并做好记录，归档备查。

13.3　使用与维修保养制度

13.3.1　一般规定

机械设备在其使用过程中，其产生故障的原因大致分为 2 类：一类是由于不正确的安装与调整或违反安全操作规程及疏忽大意误操作等其他意外情况所造成的非自然性故障，对该类型故障的管理方面的防范措施主要是通过对职工进行培训、教育，以及贯彻机械设备"安全技术规程"与"安全操作规程"来控制，出现故障后一般是进行修理来解决；另一类则是机械零件的自然磨损，对该类型故障的管理方面的防范措施主要是通过对机械设备进行保养，故保养是设备管理工作中的重要部分。

机械设备在其使用过程中，由于机件的运动磨损及自然腐蚀、润滑油减少或变质、紧固件松动等现象，导致机械的动力性和安全性的降低，甚至会出现突发性的机械损坏事故。针对这种规律，在机械零件未达到极限磨损程度或发生故障以前，应采用相应的预防性措施，以保证机械设备的正常工作，延长使用寿命，这就是对机械的保养。我国自20世纪50年代来，基本上沿袭了由苏联引进的一套计划预期检修制，即定期保养制。它是在预防为主的方针指导下，根据机械零件的磨损规律，把各种零件的寿命划分为简单的等时间间隔期，从而得到机械的各级保养期及作业项目，其定期保养的作业内容，主要是"清洁、紧固、调整、润滑、防腐"，通常称作"十字作业"方针。应该肯定，在当时的国情及企业体制情况下，此引用的一套保养制度，起到了一定的积极作用。

进入2000年，随着国内建筑规模的飞速发展及企业体制的改变，特别在贯彻ISO标准过程中，很明显，旧的一套保养制度是很难适应实际情况了。

由于建筑机械类型结构复杂，其大型机械如塔式起重机的重量有100多吨，而小的如钢筋弯曲机只有几百千克，体形结构相差很大，即使是同型机械如塔式起重机，也有新型、旧型的差异。考察以前颁发的相关保养规程，在定级分级上，名为实行三级保养制，其中心内容是：①每班保养（又称为日保、例保）；②一级保养；③二级保养；④三级保养。可以看出，它实际上分为四级保养，这种看似细致化的保养制度在实用中很难落实执行。另外，对种类繁多的建筑机械，也不可能对各种机械的设计、工艺可靠程度完全进行检测诊断。诸多因素均表示，要对建筑机械的保养规程的制定达到符合实际使用情况的科学性，还存在有相当的难度。我们根据建筑工地实际情况，将机械设备的定期保养重分级，统一为真正的三级保养制，其中心内容是：①例行保养：基本同前；②初级保养：以检查、润滑、调整、紧固为中心；③高级保养：以消除隐患为中心。按此新的定期保养，将例行保养作业定为每班进行；将初级保养定为每月进行；将高级保养定为工作中一年进行一次。这样的时间安排，工地上一般都能较系统地统筹安排人力进行。在技术要求方面，即对每段定期保养范围的工序要求，在实际收集到各种机械的磨损情况及容易引发故障的部位后，将其作业技术状态再新界定，再分拆排列到各级保养的作业项目及要求中，保证技术上的连贯、严谨。指出一点，保养作业不与修理发生冲突，如在保养作业中还做了修理的工作，只能理解为保养加修理项目。

在使用与维修保养过程中，一般应做到如下几点：

（1）机械设备应有专人负责管理、使用。凡执行操作证的设备，必须实行"管用结合，人机固定"的原则，执行定人、定机、定岗位责任的"三定"制度。多班作业时，必须有交接班制度。

（2）大型设备要委托司机机长，一般设备要委托责任司机。

（3）机械设备操作人员要熟悉本机情况，做到"四懂三会"，即"懂原理、懂结构、懂性能、懂用途，会操作、会维修保养、会排查排除故障"。

（4）在用的机械设备应保持技术性能良好，运转正常，安全装置齐全、灵敏、可靠，"失修"或"带病"的机械设备不得投入使用。

（5）严格执行日常保养，换季保养，走合期保养、停放保养制度。加强机械设备在作业前、运行中、作业后所进行的"清洁、紧固、调整、润滑、防腐"十字作业，保持设备的应有效能，消除事故隐患。

（6）大型机械设备要实行日常检查和定期检查，并做好记录，归档备查。

下面将一般建筑企业所用机械的保养规程推出，也贯彻"在现场所使用的机械设备一个也不能少"的原则，以供同行参考。

13.3.2　使用与维修保养总则

（1）为确保现场施工机械设备的正常运转，防止机械零件的过早磨损，使机械设备保持良好的持续运行能力，从而提高机械的完好率和最大的经济效益，特制定本规程。

（2）对于进口机械设备和国产的新型机械设备要参照原厂说明书的规定进行，公司现场使用的机械设备的保养，必须按规程的保养周期进行。

（3）对于现场使用的机械设备，一般仍采用预期检修制，根据土建项目施工的实际情况，将保养级别分为例行保养、初级保养、高级保养共三个级别。例行保养即为日保，要求每天工作时进行；初级保养要求每月进行一次；高级保养要求工作一年内进行一次。

（4）各级保养与机械设备的小修、大修均不产生冲突与交叉，若在保养工作进行中出现了修理，只能理解为保养加修理，即在保养作业的内容中增加了修理的项目。

（5）据土建施工的实际情况，公司的设备处所管的大、中型设备，在进入项目前，由设备处负责进行高级保养加（中级）修理后，才能进入现场。工期超过一年时间的工地，设备处应及时组织人力到现场做好其需进行的高级保养作业，其余小型机械设备的保修，均由工地项目部组织机务人员进行。

13.4　机械设备使用监督检查制度

（1）公司设备处和安技处（或委派的监察检查人员），在每 2 个月一次的综合考评检查及其他检查中，检查机械管理制度和各项技术规定的贯彻执行情况，以保证机械设备的正确使用、安全运行。

（2）监督检查工作内容是：

① 积极宣传有关机械设备管理的规章制度、标准、规范，并监督各项目施工中的贯彻执行。

② 对机械设备操作人员、管理人员进行违章的检查，对违章作业、瞎指挥、不遵守操作规程和带病运转的机械设备及时进行纠正。

③ 向企业主管部门领导反映机械设备管理、使用中存在的问题和提出改进意见。

（3）监督检查不遵守规程、规范使用机械设备的人和事，经劝阻制止无效时，有权令其停止作业，并开出整改通知单；如违章单位或违章人员未按"整改通知单"的规定期内解决提出的问题，应按规定依据情节轻重处以罚款或停机整改。

（4）各级领导对监督检查员正确使用职权应大力支持和协助。经监督检查员提出"整改通知单"后拒不改正，而又造成事故的单位和个人，除按事故进行处理外，应追究拒之者的责任，应视事故损失的情况给予罚款或行政处分，直到追究刑事责任。

13.5 机械设备报废制度

（1）当机械设备使用过程中出现下列情况之一时，均达到报废条件：

① 磨损严重，基础件已坏，再进行大修理已不能使其达到使用和安全要求者。

② 由于意外事故使机械设备受到严重损坏，无法进行修复且又无改造价值者。

③ 修理费用高，在经济上不如更新合算者。

④ 技术性能落后，耗能高，配件无供应，又不能满足生产要求者。

（2）凡符合上述条件之一者，设备处总工组织技术鉴定小组对申请报废的机械设备进行技术鉴定，填写机械设备报废鉴定表。

（3）各单位、施工项目部所自购的 C 类设备，由设备管理员依据设备报废规定经各单位、施工项目部的领导批准后，自行报废，并上报设备处备案。

（4）公司设备处设备管理员于年底汇总设备报废鉴定表经公司纠织相关部门逐一鉴定后，报总公司、省国有资产管理局批复后方可实施报废。

（5）经批准报废的机械设备如折旧未提足，应按财务规定将折旧补提足额。

（6）已批准报废的机械设备，不得转让他用或继续使用，应作好残值回收，对还能利用的零部件、总成，要尽量利用并估价作为残值变价收入。

（7）机械设备不论报废或变价处理，在办完实物清理或交换手续后，应及时办理财务事宜。

（8）机械设备因遭自然灾害或其他非人力能挽回的原因丢失，应由使用单位认真清查。机械设备应报公司主管经理及财务部门按规定处理。属于保管不善而丢失者，应由责任者负责赔偿部分或全部损失，不得按报废处理。

13.6 机械设备装备规划编制制度

（1）为适应现代建筑的需要，应有计划、有目标、有步骤地改善和发展装备结构，公司设备处和施工项目部应根据施工方案的要求编制装备规划和设备更新规划。

（2）机械设备装备原则：

① 根据施工项目的工程结构、施工方案作好机械设备的品种和数量的合理配套，以保证施工中具备合适的、先进的机械设备。

② 必须优先解决劳动力占用多、体力劳动繁重以及非用机械设备难以保证工程进度和工程质量的工程部位。

③ 讲究经济效益，重视发展专业化、社会化协作。利用率低于80％的机械设备，应提倡租赁，一般不购置，以充分发挥投资效益。

④ 必须管好、养好、用好现有的机械设备，通过挖潜、更新、改造，充分利用现有机械设备。

（3）结合工程结构和施工方案的需要，设备部门应根据装备规划和设备更新计划组织有关部门进行技术、经济等方面的论证，防止盲目购进机械设备。

（4）装备规划的规模，必须结合实际，量力而行，防止超出财力使规划落空。

（5）A、B 类设备的添置，须由公司设备处申请，经公司领导审批、总经理批准后，方可执行。

13.7   机械设备申请购置制度

（1）根据工程的需要，需增添或更新 A、B 类设备时（A 指大型机械、B 指中型机械），由公司设备处填写机械设备购置申请（审批）表，经生产副总经理审核，报总经理后，由设备处负责购置。

（2）需自行添置 C 类机械设备的单位，由各单位设备负责人写出申请报告，各单位领导批准后方可自行购买（C 指小型机械）。

（3）机械设备的选型、采购，必须对设备的安全可靠性、节能性、生产能力、可维修性、耐用性、配套性、经济性、售后服务及环境等因素进行综合论证，择优选用。

（4）购置进口设备，必须经主管经理审核，总经理批准，委托外贸部门与外商联系，公司设备处和主管经理应参与对进口机械设备的质量、价格、售后服务、安全性及外商的资质和信誉度进行评估、论证工作，以决定进口设备的型号、规格和生产厂家。

（5）进口机械设备所需的易损件或备件，在国内尚无供应渠道或不能替代生产时，应在引进主机的同时，适当地订购部分易损、易耗配件以备急需用。

（6）公司各单位在购置机械设备后，应将机械设备购置申请（审批）表、发票、购置合同、开箱检验单、原始资料登记表等复印件交设备管理员验收、建档，统一办理新增固定资产手续。

（7）各单位、施工项目部所自购的 C 类设备经验收合格后，填写相关机械设备记录报设备处建档。

13.8   机械设备开箱检验制度

（1）A、B 类机械设备购置到货后，由设备处负责组织技术人员、设备管理人员按国家、行业规范和合同要求进行开箱验收。项目部自行购置的 C 类设备由项目设备负责人进行验收，均应填写设备开箱检查记录表。

（2）验收人员应认真核对设备生产厂家是否有生产许可证和产品合格证。无生产许可证和产品合格证不予验收。

（3）验收人员应依据订货合同核对发票、货运单、设备型号、规格，按装箱单检查包装箱完整情况，件数无误，方可安装运行，且必须在索赔期内完成。如发现问题应进行详细记载并向生产厂家或经销商提出质询、更换或索赔。

（4）顺序进行设备的外观、空运转、满负荷试验，测定设备的技术性能和使用性能是否符合国家规范和产品使用说明书的要求。

（5）对安全装置不全或不能可靠工作的机械设备拒绝验收。

（6）进口设备开箱前应对其技术资料和装箱单进行认真阅读和翻译，对设备外包装和开箱后整机外观从不同角度拍照，发现问题及时要求经销商解决。

（7）对试运行中不合格的机械设备的处置如下：

① 分项方负责修理；

② 供方赔款；

③ 退货。

（8）已验收合格的机械设备，填写施工机械开箱检查记录和机械设备卡片交设备处建档，设备入库或交付使用。

还可以制定其他一些行之有效的制度，如：人机固定制度、岗位责任制度、交接班制度、安全使用制度、机械设备使用档案制度等。此处不逐一叙述了，读者可自行按实际需要去制定。

▶ 建筑机械安全事故案例

案例一　塔式起重机顶升中倒塌事故

1. 事故概况

某工地一台高度为约 75m 的 QTZ63A 型塔式起重机上部结构发生倒塌，塔式起重机顶部的起重臂、平衡臂、平衡重、塔帽、回转平台及顶升套架坠落至地面，事故造成 3 名工人死亡，如图 14-1 所示。

图 14-1　QTZ63A 型塔式起重机上部结构发生倒塌现场图

2. 事故勘察

事故发生时塔式起重机正在顶升加节，由 2 名塔式起重机安装工和 1 名塔式起重机司机参加。据事故现场调查发现，顶升油缸活塞已顶出约 1.35m，并弯曲变形，如图 14-2。

事故现场标准节下踏步两内侧存在顶升横梁销轴从标准节踏步脱落的刮擦痕迹，标准节主角钢局部受压变形，如图 14-3 所示。

图 14-2　顶升油缸活塞弯曲变形图

图 14-3　标准节下踏步两内侧刮痕图

顶升横梁存在严重的侧向受弯变形，顶升横梁与油缸连接销轴已脱落，如图 14-4。

顶升横梁油缸连接耳板发生严重变形，呈倒八字形，如图 14-5 所示。

图 14-4　顶升横梁侧向受弯变形图

图 14-5　顶升横梁油缸连接耳板变形图

从事故现场证据表明，当油缸顶升高度约 1.35m 时，因顶升横梁突然发生侧翻并严重变形，导致顶升横梁两端销轴无法支撑在标准节踏步槽内，上部结构因失去支撑而倒塌。

3. 事故分析

据事故现场状态分析，油缸活塞在顶出大部分后才发生倒塌事故，表明顶升时横梁两端支撑轴正常卡在标准节踏步凹槽内，顶升横梁并未从踏步脱槽。从图 14-3 知，顶升横梁两端在标准节下踏步上的划痕知，发生事故时正在进行第一次顶升；从图 14-2 知，顶升横梁活塞最大伸出长度为 1.4m，现场油缸活塞伸出 1.35m，可排除油缸顶升超行程将塔式起重机顶翻的可能性。现场顶升横梁侧向弯曲现象分析如下：

顶升横梁设计错误：从图 14-4 知，顶升横梁上安装油缸支座中心线高于顶升横梁两端支撑轴的中心线约 120mm，油缸支座销轴转动方向与顶升横梁两端支撑轴转向一致。通常塔式起重机顶升油缸铰支点低于两端支撑轴线，如图 14-6 所示，且铰支点销轴轴线与顶升横梁两端支撑轴轴线垂直，如图 14-7 所示。

图 14-6　塔式起重机顶升油缸铰支点图

图 14-7　铰支点销轴轴线与顶升横梁两端支撑轴线垂直图

4. 事故原因

（1）直接原因

顶升横梁设计存在严重问题：顶升系统铰支点高于顶升横梁两端支撑轴轴线，且顶升油缸销轴轴线与顶升横梁两端支撑轴轴线平行，形成不稳定受力系统。在顶升时顶升油缸轴线与顶升横梁平面存在一定的夹角，当顶升油缸活塞杆将全部伸出时，该夹角在油缸推力作用下逐渐增大，造成横梁严重变形并脱离标准节踏步，导致整个上部结构的倒塌事故。

（2）间接原因

1）顶升横梁未设置防脱锁紧装置。不符合《塔式起重机安全规程》GB 5144—2006 中 6.11 顶升横梁防脱功能的有关规定："自升式塔机应具有防止塔身在正常加节、降节作业时，顶升横梁从塔身支承中自行脱出的功能"。

2）厂家《使用说明书》中未提示。说明书中对塔式起重机顶升加节的规定中缺少相关提示，不符合《建筑施工塔式起重机安装、使用、拆卸安全技术规程》JGJ 196—2010 中相关规定。

3）厂家管理混乱。事故前因用户发现原顶升横梁存在其他问题，要求厂家更换，在事故发生后，用户才发现所更换并发生事故的顶升横梁结构形式与更换前的顶升横梁构造不同，存在严重的安全隐患，而更换前的顶升横梁虽有一些小问题，但主要结构符合安全，因此说明厂家在产品质量管理方面存在严重问题，这是事故发生的间接原因之一。

4）用户责任心不足。在顶升横梁更换过程中，用户未仔细验收后来更换的顶升横梁的构造是否正确，自身也因技术素质不足而对何种结构符合安全要求无概念，因此接受了存在严重安全隐患的顶升横梁，这也是事故发生的间接原因之一。

5）安装工未尽责任。更换前后的顶升横梁构造已发生重大改变，但作为经过专业技术培训的塔式起重机安装工未提出异议，说明安装工责任心不足，或专业技术素质不足，未能在技术上、安全上把守住最后一关，这也是事故发生的间接原因之一。

6）现场管理不力。工程项目管理、监理等管理单位在本事故中均负有管理责任。

案例二　塔式起重机整机倾覆事故

1. 事故经过

某体育馆工程中的 QTZ60 型塔式起重机以最大幅度起吊装满混凝土的料斗时，塔身根部平衡臂方向的两根地脚螺栓断裂，塔式起重机朝起重臂方向发生倾覆，司机受轻伤，塔式起重机大部分钢结构变形，传动装置破损，整机近乎报废；起重臂在坠落过程中砸塌项目部临时活动房二楼走廊与个别房间，并插入楼下车库中，所幸夜间值班人员不在房内，且原停放在车库内的轿车外出，未造成更大伤亡与经济损失。

2. 事故调查

据现场勘察、计算，该塔式起重机事故当时起吊的料斗与混凝土总重超过该起重机在最大工作幅度下的起重量，其实际起重力矩已超过该起重机的最大起重力矩 26.3%，属于严重超载。工程开工时，为最大程度地覆盖施工场地，施工单位将塔式起重机布置在椭圆形体育场的形心上，而现场的混凝土搅拌站位于体育馆建筑物基坑边缘，起重臂的最大工作幅度距离搅拌站出料口尚差 2m 左右。当料斗在搅拌站出料口处装载混凝土时，起重机吊钩只能斜拉起吊，因此加大了起升载荷，加剧了超载现象，导致塔式起重机发生倾覆。

3. 事故原因

（1）直接原因

混凝土料斗超载，且起重机吊钩斜拉起吊，导致塔式起重机起重力矩严重超载，塔身根部地脚螺栓断裂，导致塔式起重机发生整机倾覆。

（2）间接原因

1）起重机作业人员无上岗证。按施工现场安全管理规定，塔式起重机的安装、操作、指挥人员均应经专门培训、考核合格、持有起重作业特殊工种上岗证，并定期审核。本案例中塔式起重机司机与指挥人员均无操作证，均属违章上岗作业。

2）安全保护装置无效。现场勘察结果表明，因塔式起重机操作人员维护、管理不力，该塔式起重机的起重力矩限制器的推杆与行程开关触点距离太远，未按《使用说明书》的要求调试到位。当塔式起重机超载起吊、起重力矩大而超限时，推杆顶触不到行程开关触点，起重力矩限制器未报警、断电，未起安全保护作用。

3）地脚螺栓材质不合格。经技术监督部门检测化验，现场断裂的地脚螺栓未达到《使用说明书》规定的8.8级强度，安全系数小于设计要求的1.34倍，强度储备不足。

4）施工现场安全管理不力。因本工程项目位于郊区，故从社会租赁塔式起重机使用，工程项目部对塔式起重机及其操作人员的安全管理松懈，对无证上岗、照明不良、起重机斜拉与超载、安全保护装置失灵等违章现象与各种安全隐患不闻不问，且未按施工现场常规安全管理规定定期检查塔式起重机的主要安全保护装置。

4. 事故教训

（1）选位适当

塔式起重机是建设工程中最常用的起重机械设备，在施工现场平面选位时应满足以下条件：

1）起重机进场、安装、拆除、退场方便；

2）起重臂尽量覆盖施工区域；

3）起重机各种工作幅度均能满足施工起重量；

4）起重机回转无障碍，距离高压线5～10m。

（2）安全保护装置保持良好

塔式起重机的安全保护装置分载荷安全保护装置、运动安全保护装置两类。载荷安全保护装置含起重力矩限制器、起重量限制器。起重力矩限制器对塔式起重机在任何工作幅度与起重量乘积作出定量限位，以保护整机抗倾翻稳定性与塔身钢结构；起重量限制器对起重机的最大起重量作出定量限位，以保护起升卷扬机系统与起重臂钢结构。运动安全保护装置含起升高度限制器、工作幅度限制器、回转限制器，分别对塔式起重机的吊钩起升高度范围、吊钩幅度范围、起重臂回转圈数作出定量限位，以保证工作机构在预定的范围内运行而不导致起重力矩超载或构件损坏。《塔式起重机安全规程》GB 5144—2006中要求，塔式起重机在使用期间，各种安全保护装置均应调试到位、使用正常。当起重机使用中某载荷参数或运动参数超出预设范围时，相应的安全保护装置产生报警、断电动作，待故障排除后功能方可恢复工作。在上述各种安全保护装置中，起重力矩限制器位居首要，被列为整机合格与否的否决项。

（3）塔式起重机操作人员应持证上岗

塔式起重机操作人员应经专门培训、考核合格，持有劳动管理部门颁发的起重作业特殊工种上岗证，并在规定年限内复审。

（4）塔式起重机各种文件应齐全

进场前，用户与安装人员应检查其生产许可证、出厂检验合格证、主要部件检测合格证等随机文件，并检查部件数量是否完整、外形是否完好，并办理检查验收记录。

（5）各种安全装置应有效

塔式起重机安装过程中，操作人员应按《使用说明书》的要求调试起重力矩限制器等安全保护装置，使各装置内的推杆在规定位置上均能顶推行程开关触点，发出报警、断电信号，起到安全保护作用。

（6）安装完毕应验收

塔式起重机安装完毕后，土建施工单位与安装单位应向当地建筑施工安全管理部门申报检测。当地法定检测机构根据塔式起重机相关国标、《使用说明书》的要求检测，并进行110％动超载、125％静超载试验，检测合格并颁发合格证后，用户方可投入使用。

（7）设备应按规定进行安全监督

塔式起重机在使用期间应对各部件进行日检、周检、月检，坚持日常维护并作记录。安全装置应保持良好。发现问题应及时修理，不得"带病"运行。

（8）禁止违章操作

塔式起重机在使用期间应严格遵守"十不吊"的规定，即1）指挥信号不明或违章不吊、2）超载不吊、3）工件捆绑不牢不吊、4）吊物上面有人不吊、5）安全装置不灵不吊、6）工件埋在地下不吊、7）光线阴暗或视线不清不吊、8）棱角物件无防护措施不吊、9）斜拉工件不吊、10）6级以上强风不吊。

（9）在生产中应严格监督管理。

案例三　塔式起重机起重臂折断事故

1. 事故概况

某工地一台塔式起重机的变幅小车在起重臂最大工作幅度吊运一捆钢筋时，起重臂前拉杆与塔帽连接拉板突然发生断裂，导致起重臂在后拉杆前的截面折断，折断的起重臂将现场捆扎钢筋的工人当场砸死，造成1人死亡的事故，如图14-8和图14-9所示。

2. 事故原因分析

（1）直接原因

超载为事故发生的直接原因。据计算，事故现场正在吊运的钢筋重量已大大超过塔式起重机在最大幅度处允许起吊的载荷。

（2）间接原因

1）起重力矩限制器无效是事故发生的主要间接原因。因该塔式起重机在安装检测合格后停用了近一个月后才重新启用，启用前，塔式起重机操作人员、现场安全管理人员均未对起重力矩限制器进行安全检查并确认。事故发生时起重力矩限制器处于无效状态，未起安全保护作用，不排除人为拆除起重力矩限制器线路的可能性。

图 14-8 起重臂折断事故现场

图 14-9 起重臂上弦杆断口

2）前、后拉杆的拉板错位安装是事故发生的间接原因之一。起重臂架前拉杆连接板在安装时发生前拉板、后拉板换位的错误，而两种前拉板的加固结构使前拉板的强度大于后拉板的尺寸，将强度较小的后拉板安装到前拉板位置上，导致前拉板在超载情况下因强度富裕量不足而造成断裂、断臂。

3）塔式起重机指挥、司索工无证上岗是事故发生的间接原因之一。现场钢筋工代替司索工上岗，因缺乏起重作业相关专业知识，未判断起重量大小即盲目起吊，造成塔式起重机超载、断臂。

4）起重作业中施工人员上、下交叉作业是事故发生的间接原因之一。现场钢筋工违反了"起重臂下严禁站人"这一起重作业最基本的安全规定，说明现场安全管理部门未对工人进行施工安全知识教育。

（3）事故结论

根据对事故的技术分析可知，造成本次事故的主要原因是操作人员在塔式起重机使用前未检查确认塔式起重机起重力矩限制器是否完好，在起重力矩限制器无效状态下，无证上岗的指挥、司索人员盲目起吊超载钢筋，而安装塔式起重机时未按要求正确安装起重臂前、后拉杆的连接板，导致前拉杆连接板断裂，进而引发起重臂折断、物体打击地面施工人员伤亡事故的发生。

（4）事故教训

1）安装单位在安装设备时，应严格按《塔式起重机使用说明书》的要求安装各部件。

2）塔式起重机司机在操作设备前，应认真对起重力矩限制器等安全保护装置进行安全检查和保养，一旦发现问题应及时修复，严禁"带病"操作，以确保塔式起重机使用安全。

3）施工单位应对现场操作人员应进行安全教育，并加强施工操作安全管理。

案例四　塔式起重机基础节断裂造成整机倾塌事故

1. 事故概况

某工地发生一起待拆卸的塔式起重机因基础节断裂造成整机倾覆事故。现场事故调查结果表明，该塔式起重机在该工地使用时间超过一年，塔式起重机基础长期浸泡在近 1m 深的水中，塔式起重机倒塌后倚靠在新建的建筑物上，事故发生时未造成人员死亡，如图

14-10 和图 14-11 所示。

图 14-10　塔式起重机倒塌事故现场

图 14-11　塔式起重机基础节断裂

2. 事故原因分析

（1）直接原因

据现场勘察发现，本起事故的塔身根部的基础节预埋在混凝土基础中，基础主弦杆用两根角钢拼焊成方管。经测量，事故基础节主弦杆存在以下问题：1）角钢材料的壁厚不均匀；2）角钢材料壁厚小于安装在其上方的标准节主弦杆角钢的壁厚；3）主弦杆的焊缝质量较差。

（2）间接原因

1）据查阅资料知，发生断裂事故的基础节并非塔式起重机原生产厂制造，而是施工现场管理人员贪图价格便宜而自行制作的，制作的基础节的角钢材料截面偏小，基础节制造质量低劣。

2）现场基础节长期浸泡在水中，乃至塔式起重机发生异常晃动时也未能检查到塔身基础节主弦杆已发生焊缝开裂的严重安全隐患。

3）违反按建设部 166 号令《建筑起重机械安全监督管理规定》第二十条（六）中的相关规定：禁止擅自在建筑起重机械上安装非原制造厂制造的标准节和附着装置。

3. 事故结论

根据对事故技术分析知，本次事故发生的主要原因是自制的塔式起重机基础节材料质量与焊缝质量存在严重缺陷，且塔式起重机基坑积水；当塔式起重机发生异常晃动时未能检查到预埋节母材焊缝已产生开裂，继续使用塔式起重机时该处焊缝开裂逐渐扩大，最终导致整机倒塌。

4. 事故教训

（1）塔式起重机的塔身标准节、基础节、附墙杆等重要结构件应按建设部 166 号文的有关规定，委托塔式起重机原制造厂制作。

（2）对塔式起重机在独立高度及未附墙工况中长时间使用时，必须定期对塔式起重机基础节及其地脚螺栓进行检查，确保塔式起重机使用安全。

（3）当塔式起重机基础顶面标高低于周边地坪标高，应设置良好的排水措施，以防混凝土基础下方土壤被浸泡松软导致塔式起重机基础不均匀沉降，甚至导致塔式起重机倒塌，同时防止塔式起重机基础节、地脚螺栓长期浸泡在水中而产生严重锈蚀、削弱强度等安全隐患。

案例五 施工升降机吊笼坠落事故（一）

1. 事故概况

福建省霞浦县某工程 3 号楼一台施工升降机在运行中吊笼坠落，造成吊笼内 12 名工人当场死亡的生产安全重大事故。

2. 现场调查

发生事故的施工升降机为 SCD200/200 型，由某公司制造，2007 年 3 月出厂。该施工升降机现场已安装高度为 69.37m，自下而上安装 7 道附着架，间距为 6～9m 不等，上部自由端高度为 9m，标准节中心距建筑物边缘 3.02m。

该施工升降机第 43 节（离地面高度 64.8m）以上的 4 节标准节向东侧倾倒在建筑物外脚手架上，标准节结构未见破坏；第 42、43 标准节间西侧 2 根连接螺栓留置在第 43 节标准节上，其螺母已脱落，螺纹未见损伤，其中一根螺栓的螺纹有明显积尘，另一根未见积尘，如图 14-12 所示。东侧 2 根连接螺栓未脱开，呈弯曲状，如图 14-13 所示；在倾覆的第 44、45 节标准节上，有吊笼坠落时留下的明显刮痕，如图 14-14 所示。

图 14-12 第 42、43 标准节间留置的连接螺栓

图 14-13 第 42、43 标准节间东侧连接螺栓弯曲未断　图 14-14 导轮脱离导轨立柱的刮痕位置

吊笼底朝天坠落在裙楼女儿墙上，呈压扁状，如图 14-15 所示。

图 14-15　坠落在裙楼女儿墙上的吊笼

现场勘验中还发现，在第 40、41 节标准节及倾覆的第 44、45 节标准节连接处各有 1 根螺栓无紧固螺母，如图 14-16 和图 14-17 所示。

图 14-16　第 40、41 节间连接螺栓无螺母

图 14-17　第 44、45 节间连接螺栓无螺母

顶部滑轮架底座 4 根连接螺栓缺 2 根（对角各缺 1 根），2 根顶部滑轮轴的紧固螺母松动；第 26、28、30、32、37 标准节处共有 7 根连接螺栓松动；西侧地面防护围栏门机械联锁装置缺失，东侧地面防护围栏门电气联锁装置失效，如图 14-18 所示。

3. 事故原因

调查表明，施工现场管理混乱，设备管理缺位，施工升降机日常检查、维护、保养严重不到位。该工程 3 号楼 25 层楼面混凝土 10 月 29 日浇筑完毕，10 月 30 日上午 6 点 30 分左右 12 名工人（其中木工 11 人，钢筋工 1 人，均为男性）乘坐施工升降机东侧吊笼到工作面作业，非操作人员擅自开机。当东侧吊笼上行至第 44、45 标准节处时，相对于第 42 节顶部截面东侧支点，东侧吊笼产生的倾覆力矩大于上部 4 节标准节自重及钢丝绳拉力产生的稳定力矩，由于第 42、43 标准节间西侧 2 根连接螺栓的螺母均已脱落，丧失传力作用，不产生稳定力矩，致使上部 4 节标准节倾倒在东侧建筑物外脚手架上；因吊笼重力和惯性冲击力的作用，致使吊笼滚轮和安全钩滑脱标准节，对重钢丝绳脱离顶部滑轮并随吊笼坠落。

4. 事故结论

由于第 42、43 标准节处西侧 2 根连接螺栓紧固螺母脱落，当东侧载人吊笼上升至第 44、45 节标准节处时，倾覆力矩大于稳定力矩，致使第 43 以上标准节倾覆，吊笼坠落。

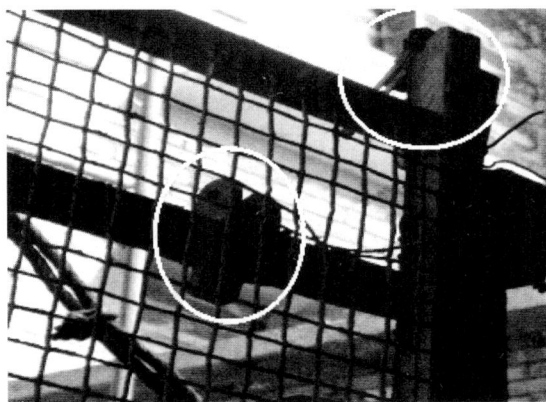

图 14-18　西侧地面防护围栏门电气联锁装置失效

案例六　施工升降机吊笼坠落事故（二）

1. 事故概况

常州某工程 10 号楼施工升降机北侧吊笼在上升过程中发生坠落，导致吊笼内 5 名工人受伤，送医院抢救无效死亡。

2. 现场调查

（1）发生事故的施工升降机正处于拆除阶段。拆装人员拆除了 12 节标准节、2 道附墙架，剩余导轨架总高度 49.5m，北吊笼坠落在地面基础上，如图 14-19 所示。

图 14-19　施工升降机吊笼坠落事故现场

（2）该施工升降机南侧吊笼停在八楼，北吊笼坠落到地。原 2m 的吊笼被坠地冲击力压缩至仅有 1.3m，如图 14-20 所示。对重钢丝绳已拆除并盘绕在吊笼顶的卷筒上；原安装在吊笼内壁上的传动板连接座螺栓断裂，装有 2 套驱动装置、1 台防坠安全器的传动板落于吊笼内地板上，2 套驱动装置上的电磁制动电机与蜗杆减速机的铸铝连接壳体断裂，2 台电磁制动电机坠落在吊笼内地板上，如图 14-20 所示。

（3）原安装在导轨架顶部的天轮架已拆下，对重放置于导轨架底部，如图 14-21 所示。各道附墙装置均未发现被撞击的痕迹或其他异常现象。

（4）导轨架立柱中心距为 650mm，安装在吊笼外侧的导轮组中心距亦为 650mm，即导轮组坠落时未发生变形，如图 14-22 和图 14-23 所示。

图 14-20   北侧吊笼及其坠落的传动板

图 14-21   导轨架底部的对重

图 14-22   测量吊笼上部导轮组中心距尺寸

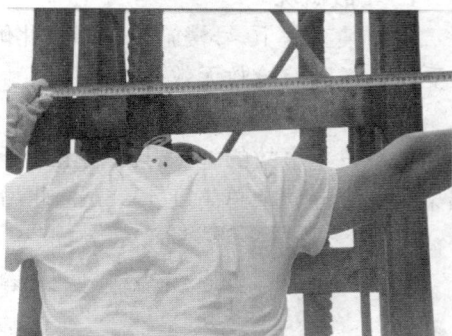

图 14-23   测量导轨架立柱中心距尺寸

（5）导轨架最顶部标准节北立柱顶端有经剧烈撞击导致的变形痕迹，如图 14-24 所示；且该立柱外壁上有明显擦痕，如图 14-25 所示。

（6）坠落西吊笼上部安全钩外侧、下部安全钩内侧均有明显擦痕，如图 14-26 和图 14-27 所示。

（7）经现场测量，事故吊笼的上部安全钩高于最低动力齿轮中心线 40mm（南吊笼则高于 140mm），如图 14-28 所示。

（8）导轨架自顶向下第三节与第四标准节之间，北侧面上装有高度行程开关限位挡块，但未装上极限开关挡块，如图 14-29 所示。

（9）事故发生后，防坠安全器解体检查中发现，北吊笼发生坠落事故时，防坠安全器未产生断电、闭锁动作；再对防坠安全器进行坠落试验，试验结果表明，其外端齿轮在规定转速时可产生断电、闭锁动作，防坠安全器合格。

图 14-24　北侧立柱顶端受撞击变形痕迹

图 14-25　标准节北侧立柱外壁上擦痕

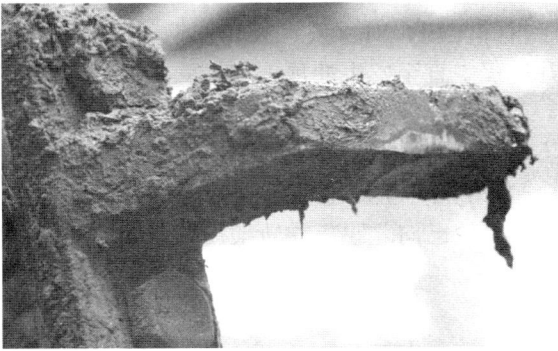

图 14-26　吊笼西侧上部安全钩外侧擦痕

图 14-27　下部安全钩内侧擦痕

图 14-28　南吊笼安全钩的位置

图 14-29　北侧高度限位挡块

（10）据现场调查，发生事故时吊笼内乘载 5 人，另加 1 辆满载砂浆的手推车、3 个小灰桶，按人员均重 75kg、手推车重 100kg、小灰桶均重 10kg、收卷于吊笼顶部的 13mm 钢丝绳加卷筒重约 150kg 估算，共计载重约 655kg，未超过吊笼的额定载重量。

（11）事故发生时的升降机操作人员均无有效上岗证。施工升降机拆除前未到当地建设主管部门办理拆卸告知和使用注销手续。

3. 事故分析

（1）根据导轨架北立柱顶端撞痕（图 14-24）、上部安全钩擦痕（图 14-25）及坠落吊笼上部导轮间距（图 14-22）和导轨架立柱间距（图 14-23）比对结果判断，北吊笼在上升过程中发生了冲顶现象。因北吊笼上部安全钩高于下驱动齿轮中心线 40mm，当下驱动齿轮到达齿条顶部（即冲顶）时，安全钩、防坠安全器齿轮早已脱出导轨，吊笼及导向轮组与立柱齿条的拉结关系解除（即水平约束力消失），且使北吊笼失去全部驱动力，在自重荷载、活荷载产生的偏心力矩作用下，北吊笼向北倾斜，但此时下部安全钩、下部导轮组未脱轨，在重力作用下，北吊笼呈倾斜状态沿导轨架高速下滑、直坠地面。

（2）自顶向下第三节导轨架北侧面虽已装高度行程限位开关挡块，但据事故现象分析，高度限位开关未起保护作用，且上极限开关挡块未装，上极限开关也未起作用。

（3）事故发生时，该施工升降机正处于拆卸工况，对重块、天轮、钢丝绳均已拆除，导轨架上也未安装限位挡块，该吊笼在上升过程中直至发生冲顶，均未受到任何限位和安全保护。

（4）根据《使用说明书》的要求，在防坠安全器齿轮与导轨架上的齿条正常啮合且吊笼坠落速度大于 1.2m/s 的条件下，防坠安全器才能产生断电、闭锁等安全保护动作。经现场测量、计算，北吊笼坠落时，防坠安全器齿轮已向北脱离导轨架齿条，因此防坠安全器不能起安全保护作用。

4. 事故原因

（1）直接原因

该施工升降机在不满足安全条件的拆卸工况中违章使用，吊笼冲顶后失去上部水平约束拉结点，防坠落保护失效，导致吊笼发生外倾并坠落，是造成事故的直接原因。

（2）间接原因

该施工升降机的对重、天轮、钢丝绳均已拆除；高度限位未起作用；未安装上极限开关挡块；吊笼上部安全钩设置位置有缺陷等，是造成事故的间接技术原因。

设备拆除单位未设置保障设备在该状态下的安全措施、施工现场安全管理未尽安全管理职责、无证人员自行操作施工升降机等，是造成事故的管理原因。

案例七　施工升降机梯笼坠落事故

1. 事故简介

陕西省某工程施工现场，施工人员在拆除施工电梯时，梯笼突然从 12 楼坠落至地面，造成 4 人死亡。

该住宅楼为剪力墙结构，地下 1 层，地上 22 层，建筑面积 42000m²，在施工过程中使用型号为 SCD200/200A 施工升降机。

　　同年 4 月中旬，工程施工已基本结束，施工单位通知电梯提供单位尽快组织拆除施工电梯。21 日，拆除了电梯钢丝绳和配重，22 日将施工电梯拆至 19 层。此时，由于双方对租赁费的支付产生了分歧，23 日起暂停了拆除作业。由于建设单位催促进度，施工单位负责人在未认真审查该项目部某私人架子队相关资质和技术能力的情况下，于 29 日将该施工电梯拆除任务承包给该架子队组织实施。在机修工和操作工人的配合下，当日架子队将施工电梯拆至 17 层。架子队 30 日将施工电梯拆除到 15 层时，东侧电梯梯笼出现运行故障，拆除作业暂时停止。5 月 1 日，在反复检测查找后，现场人员更换了损坏的电器配件（二极管）排除了电梯故障。2 日，架子队继续进行施工电梯拆除作业。当日 16 时左右，施工电梯拆至 12 楼时，电梯司机发现电梯西侧梯笼防坠装置又出现卡阻故障。随即机械工长、施工人员、机械工人等 4 人再次对该电梯进行检修。17 时许，4 名正在进行检修的施工人员打开防坠装置端盖，拆除了调整螺母。随后开动梯笼上升，欲使限速器复位，但梯笼在上升过程中滑轮脱离标准节轨道，致使传动机构向西倾斜。随即梯笼在重力作用下急速坠落。

　　根据事故调查和责任认定，对有关责任方做出以下处理：项目负责人移交司法机关依法追究刑事责任。施工单位经理、项目经理、监理单位项目总监等 13 名责任人分别受到罚款、吊销执业资格、撤职等行政处罚。施工、监理、塔吊制造等单位分别受到暂扣安全生产许可证、停止在当地投标活动半年、罚款等相应行政处罚。

2. 事故原因

1）直接原因

　　在排除故障时，梯笼内作业人员卸下了限速器的端盖及调整螺母，欲使限速器复位，但未成功。在限速器端盖打开，调整螺母被拆除的状态下，施工人员开动梯笼上升，再次欲使限速器复位，梯笼上部传动机构离标准节顶端仅有约 1m 距离，致使传动机构在上升过程中滑轮脱离标准节轨道，传动机构向西倾斜，此时驱动装置无法继续控制梯笼动作。随即，梯笼在重力作用下开始下降，而由于调整螺母被拆除，使限速器不能正常工作，致使梯笼快速坠落。

2）间接原因

　　（1）总包单位严重违反国家有关规定，将施工难度大、危险程度高的施工电梯拆除工作交给不具备相应资质和技术能力的架子班负责人组织实施，并且未能及时发现并制止作业人员的违章冒险作业行为。

　　（2）监理单位对于拆除施工电梯这样的危险作业，未审核拆除单位的从业资格和拆除方案，在拆除过程中也没有做到旁站式监理和监督，因此不能及时发现并制止作业人员违章冒险作业行为。

　　（3）施工使用的电梯存在一定的技术缺陷。制造单位在该部施工电梯使用说明书中对有关安全装置——限速器的使用说明描述不完整，特别是对限速器的安全注意事项强调不够，发现施工单位在该机报停后擅自使用和拆除的现象时，未能及时告知该机无防冒顶装置这一隐患。

3. 事故教训

　　（1）施工单位现场负责人，在出租方未能按时拆除升降机的情况下，片面强调施工进度，将拆除任务交给不具备相应资质和技术能力的私人架子队。在出租方已经对擅自拆除行为发出停工通知后，仍安排人员进行拆除作业，也未能及时发现并制止拆除过程中的冒险违章行为。

（2）架子队组织不具备相应资质和技术能力的人员进行施工电梯拆除作业，在拆除作业中严重违反有关规定，违章拆除了升降机防坠装置的调整螺母，致使安全装置失效。

（3）总包、监理单位对现场的监督检查不到位，对拆除单位的资质、拆除人员的资格、拆除方案的审查、现场拆除作业的安全性都没有进行有效的监督。

4. 专家点评

这是一起由于擅自组织施工电梯拆除作业导致其传动机构脱轨失控而引发的生产安全责任事故。事故的发生暴露出该工程项目负责人违反国家规定，擅自组织施工人员冒险作业等一系列问题。我们应认真吸取教训，做好以下几方面工作：

（1）加强拆装队伍资格预审。施工电梯属于定型设备，为了防止安装拆除过程中发生事故，按照《建设工程安全生产管理条例》中的相关规定，在拆装大型或专业技术要求较高的施工设备时，必须选择具备相应资质、受过专业培训并完成考核、具备相应技术水平的施工队伍和专业人员。

（2）加强拆装方案的编制与审核。拆装单位在施工设备的安装拆除开始之前，必须编制切实可行的方案，方案中应包括拆装工艺、顺序、方法、人员、分工职责、信号指挥、信号传递等。此方案必须经总包技术负责人及监理单位总监进行审批，并在作业前进行安全技术交底。

（3）加强拆装过程的监督与管理。为保证安全运行，施工升降机专门设计了安全装置，包括限速器、上下限位、安全钩、门连锁等。这些安全装置是不允许随意拆除的，如有问题需及时修复。在没有修复前升降机是不能运行的。因此，在拆装过程中，拆装、总包、监理单位的有关人员必须在现场实施全过程的监督，以便发现隐患时及时消除。

案例八　汽车起重机侧翻、塔式起重机肇事事故

1. 事故简介

北京市某住宅楼工程施工现场，使用汽车起重机拆卸塔式起重机过程中，汽车起重机发生侧翻，塔式起重机起重臂撞在临近一台正在运行的施工升降机上，导致升降机梯笼坠落，造成 3 人死亡、2 人重伤。如图 14-30 所示。

该工程总包单位与起重设备安装工程专业资质为三级的某机械租赁站签订《塔式起重机租赁合同》和《塔式起重机安全旨理协议》，租用其一台 QTZ160F（JL6516）塔式起重机，在该工程 2 号楼工地实施起重作业。根据双方租赁合同和管理协议，机械租赁站负责该塔式起重机的安装、拆除工作。机械租赁站出租的塔式起重机实际产权属于私人所有，挂靠在该机械租赁站，由塔式起重机产权人组织施工人员，负责该塔式起重机的安装作业。

经监理单位同意，塔式起重机产权人指派一名现场代表负责组织人员并指挥拆卸该塔式起重机。同时，他租用某个人的汽车起重机，实施拆卸塔式起重机的吊装作业。事故当

天 7 时左右，塔式起重机产权人指派的现场代表开始组织拆卸作业。9 时左右，在拆卸吊装塔式起重机起重臂作业过程中，汽车起重机倾覆，塔式起重机起重臂撞到 3 号楼施工升降机轨道上，导致正在运行的施工升降机坠落至地面。

根据事故调查和责任认定，对有关责任方作出以下处理：塔式起重机产权人、拆卸现场负责人、汽车起重机司机 3 人移交司

图 14-30　起重机械伤害事故现场

法机关依法追究刑事责任。施工单位项目经理、总监理工程师、机械租赁站负责人等 4 名责任人分别受到吊销执业资格、暂停执业资格、罚款等行政处罚。施工、监理、机械租赁单位分别受到暂扣安全生产许可证并暂停在北京市建筑市场投标资格 90 天、暂停在北京市建筑市场投标资格 30 天、吊销专业承包资质和安全生产许可证等行政处罚。

2. 事故原因

1）直接原因

汽车起重机超载吊装，塔式起重机起重臂吊点位置不正确。该塔式起重机起重臂长度 60m，经现场测量，汽车起重机吊装起重臂时，出臂长度 28.1m，幅度 2m，此时允许起重力矩 98.4t•m，实际吊装力矩 129.6t•m，超载 32%。汽车起重机吊钩中心线应位于距塔式起重机起重臂根部 24m 处，而实际位置在 23.5m 处，由于选择吊钩中心线与塔式起重机起重臂重心不重合，吊钩起升力与塔式起重机起重臂重心形成扭矩，塔式起重机起重臂与塔身分离后，摆动造成的冲击荷载导致汽车起重机失去平衡发生侧翻。

2）间接原因

（1）机械租赁站超资质范围从事该塔式起重机的安装和拆卸作业。该机械租赁站的起重设备安装工程专业三级资质只能承接不超过 800kN•m 的塔式起重机拆装，不具备拆装该塔式起重机的资质。

（2）塔式起重机拆卸现场安全管理混乱。拆装方案针对性不强，未向施工人员进行安全技术交底，拆卸人员不具备起重设备拆装作业证。拆卸现场警戒区域存在安全隐患，位于拆卸作业影响范围内的 3 号楼施工升降机在塔式起重机拆除期间未停止作业。

（3）施工单位项目经理部，未严格审核机械租赁站资质及拆装方案、特种作业人员资格证书等资料，拆卸过程中，未对拆卸作业现场实施有效的监督和管理，对拆卸现场警戒区域存在的隐患未及时发现和消除。

（4）监理单位未认真履行安全监理职责，未严格审查机械租赁站资质及拆装方案、特种作业人员资格证书等资料，对拆卸现场警戒区域存在的隐患未及时发现和消除。

3. 事故教训

（1）存在侥幸心理。拆装单位不具备拆装此类塔式起重机的资质，拆卸人员不具备起重设备拆装作业资格证书。盲目组织拆除作业，主要是存在侥幸心理，认为凭经验就可以拆除，所以超资质承揽该工程。

（2）安全管理缺乏预见性。总包和监理单位对塔式起重机拆卸作业过程未实施有效的监督和管理，对拆卸现场警戒区域存在的隐患未及时发现和消除。

（3）安全意识淡薄，技术能力欠缺。塔式起重机拆装单位现场负责人不重视安全生产工作，使用不具备拆卸作业资质的人员从事拆卸作业，未向作业人员进行安全技术交底，在拆卸现场警戒区域存在安全隐患的情况下指挥作业。

4. 专家点评

这是一起由于吊点不合理且超载引发的生产安全责任事故。事故的发生暴露出该工程现场管理失控、违章组织塔式起重机拆除作业、安全管理缺失等问题。我们应认真吸取教训，做好以下几方面工作：

（1）完善起重吊装施工技术措施。这起事故中，由于吊点选择有误，致使塔式起重机起重臂脱离塔身后摆动，而汽车起重机超载吊装，不能有效抵御起重臂摆动造成的冲击荷载而侧翻。所以，塔式起重机拆装作业中，拆装单位必须认真考察作业现场，根据实际情况，编制详细的施工方案，通过计算，选择汽车起重机型号，确定起重吊装位置。塔式起重机拆装单位应严格按照《建筑企业资质管理规定》承揽任务，认真进行现场考察，根据具体作业位置选择起重设备，针对现场实际情况编写拆装方案，对作业人员进行有针对性的安全技术交底，明确具体措施和方法。

（2）加强拆装作业资格预审。塔式起重机安装、拆除前，总分包、监理单位一定要认真审查塔式起重机拆装单位的资质，实际考察其是否具备作业所需条件。总包和监理单位应按照有关规定，严格审核塔式起重机拆装单位的资质、拆装方案和特种作业人员资格证书。

（3）注重拆装作业安全防范。拆装作业过程中，要明确警戒区域，有预见性地确定拆装作业可能影响的范围，排查事故隐患并及时消除，并对拆卸作业全过程实施严格的监督管理。本案例中，如果施工升降机在拆塔过程中停止运输，那么即使出现重大的设备损失，人员伤亡一定会大大减少。

（4）认真组织隐患排查。总包和监理单位在塔式起重机拆卸作业过程中，应对拆卸作业现场实施严格的监督和管理，划定警戒区域，查找存在的隐患并及时消除。加强安全生产教育，认真组织安全检查。应加强对塔式起重机拆装单位现场负责人的安全教育，对拆装过程的各个环节严格把关，认真落实方案和安全技术交底的要求。

案例九　塔式起重机拆除过程中倒塌事故

1. 事故简介

××年8月19日，河北省某学校新校区学生宿舍楼工程施工现场在拆除塔式起重机过程中，发生了一起塔式起重机倒塌事故，造成3人死亡、1人轻伤，直接经济损失约45万元。

该工程为砖混结构，建筑面积8072m²，合同造价450万元。施工中使用1台QTZ—60型自升式塔式起重机。17日，项目经理在明知某私人拆装队没有相关资质的情况下，与其关系拆卸事宜，并于18日签订了"塔式起重机拆除协议书"，由拆装队提供了

1份拆卸方案并开始作业。至18日下午，拆装队相继拆除了塔式起重机上部的第8、第9标准节。19日上午8时继续拆塔，4人爬上25.5m的塔式起重机，1人在驾驶室操作，1人在引进平台的西北侧，1人在引进平台的东南侧，另1人操作油泵，将起重臂回转至标准节引进方向，塔式起重机顶升油缸活塞杆伸出将塔式起重机上部顶起，第7节标准节移出放至引进平台后，发生塔式起重机重心失稳，自顶部向东整体倒塌。

根据事故调查和责任认定，对有关责任方作出以下处理：项目经理、技术负责人、监理单位项目总监等13名责任人分别受到罚款、吊销执业资格、记过、警告等行政处罚。施工、监理单位分别受到暂扣安全生产许可证、降低资质等级、罚款等相应行政处罚。

2. 事故原因

1）直接原因

塔式起重机拆卸人员未按照塔式起重机说明书中所规定的拆卸程序进行作业，在回缩油缸瞬间，仅靠一侧的爬爪难以承受塔式起重机上部近9t的重量，致使该侧爬爪受力变形，同时造成顶升油缸一侧板断裂落地，顶升套架急速下滑，另一侧的爬爪受阻断裂落。破坏了塔式起重机在下落过程中的两侧的杠杆平衡，使塔式起重机系统重心偏移失衡，平衡配重及平衡大臂力矩发生改变，平衡配重力矩由大减少，上部巨大的冲击力、扭曲力矩造成塔式起重机基础节主弦、底梁发生扭曲变形，致使基础横梁连接螺栓拉断，基础节连底板拉弯后撕裂，最终塔式起重机整体倾覆。

2）间接原因

（1）施工单位项目经理违反有关条例和规程，私自将拆塔工作承包给无塔式起重机拆装资质的个人安装队。安装队未采取可靠安全技术措施，违章指挥，冒险作业是此次事故的主要原因。

（2）现场的监督检查和安全监理不到位，施工单位没有根据现场的环境和条件、塔式起重机状况，制定拆卸方案，也没有企业技术负责人审批手续。监理单位现场监理人员既未对拆装队伍资质进行审查也未对拆除作业技术方案进行审批，同时也没有对施工现场拆塔工作中的违章行为加以制止，最终导致了事故的发生。

3. 事故教训

这是一起典型的违反安全法规、规范、标准的安全生产责任事故。项目经理将拆塔工作交给无资质的个人安装队，总包单位、监理单位对拆塔方案没有实施审批制度，拆塔作业过程中也没有进行现场管理。个人安装队不具备拆塔作业能力，违反操作规程，冒险蛮干。

4. 专家点评

这是一起由于使用无资质施工队伍违章拆除塔式起重机导致塔身重力失衡倾覆的生产安全责任事故。事故的发生暴露出该工程管理失控，安全生产监督管理严重缺失等问题。我们应认真吸取教训，做好以下几方面工作：

（1）遵章守纪、依法施工。在这起事故中违法、违章的现象十分明显，施工单位将拆塔作业交给没有塔式起重机安装资质的队伍进行，严重违反了《中华人民共和国建筑法》、《建设工程安全生产管理条例》及其他相关法律、法规的规定。建设工程必须严格控制依法组织施工生产，加强安全生产培训教育，提高生产指挥人员和施工人员的遵纪守法的意识。

（2）严格监管、杜绝违章。塔式起重机的安装与拆卸既是危险作业，也是一项专业技术要求很高的工作，必须按照《建设工程安全生产管理条例》的要求，由具备相应资质、专业技术能力和经验的队伍完成，各种塔式起重机的构造形式、安装方法和要求均有所不同，在安装和拆除前，必须认真研究图纸和说明书，制定有针对性的拆卸方案，并经施工单位的技术负责人和总监进行审批，对所有拆塔人员进行培训和交底。在实施过程中要严格按照工作程序，统一指挥，各司其职，每一道工序完成后要进行检查，确认无误方可进行下一道工序，只有这样才能保证安全。

（3）在这起事故中，总包、监理单位管理缺失，没有对拆塔作业方案进行认真的审批，在拆塔作业过程中也没有进行全过程的监控，从而导致了事故的发生。

案例十   塔式起重机拆卸过程中爬架坠落事故

1. 事故简介

××年3月22日，浙江省某商住楼工程施工现场，在塔式起重机拆卸过程中发生一起爬升架坠落事故，造成3人死亡、1人重伤，直接经济损失60万元。

该商住楼为框剪结构，地下1层，地上5～7层，建筑面积19027m²，合同造价1400万元。事故发生时，工程主体已通过结构验收，进入装饰装修阶段。

事故发生前一年，杭州某建筑机械安装有限公司（无塔式起重机安装拆卸资质，以下简称机械安装公司）借用杭州某建筑施工有限公司（起重设备安装工程专业承包三级，以下简称建筑公司）的名义，与该项目的施工单位签订2台塔式起重机租赁合同。××年3月21日，机械安装公司与私人劳务队（无资质）签订塔式起重机安拆协议，将塔式起重机的拆卸作业转包。

22日7时左右，施工人员（不具备相应资格）开始对塔式起重机进行拆卸作业。至当日15时左右，已完成塔机起重臂、平衡臂、司机室和塔顶的拆卸作业。在准备拆卸塔式起重机回转机构时，由于施工人员已拆除回转机构与爬升架的4根销轴联接，致使爬升架失去支撑而沿着塔身滑落，从31m高的塔身顶部下滑约15m，其间，由于爬升架顶升油缸穿入塔身的标准节内，致使爬升架制停。造成在爬升架操作平台中作业的4名拆卸人员在其滑落过程中被甩出。

根据事故调查和责任认定，对有关责任方作出以下处理：塔式起重机拆卸作业承包人、塔式起重机出租公司负责人和业务员3名责任人移交司法机关依法追究刑事责任。施工单位项目经理、技术负责人、总监理工程师等10名责任人分别受到相应经济处罚和政纪处分。施工、监理、塔式起重机拆卸等单位受到相应经济处罚。责成有关责任部门领导向当地政府作出书面检查。

2. 事故原因

1）直接原因

施工人员盲目施工和冒险操作，在没有塔式起重机拆卸专项方案的情况下，采用错误的步骤拆卸塔式起重机的回转机构。在未检查并确认顶升横梁挂板是否挂住塔身踏步、爬爪是否处于正确位置以及爬升架有无可靠安全支撑前，拆除回转机构与爬升架的联接销轴，致使爬升架失去支承而沿塔身滑落。

2）间接原因

（1）施工人员缺乏安全常识，未使用安全带，违章作业，自我保护意识差。

（2）塔式起重机出租单位无资质承揽塔机安装、拆卸业务，并违法转包给无施工资质的个人组织并实施作业。未编制专项施工方案，对施工现场也未采取措施进行有效的安全生产管理。

（3）施工单位违法将塔式起重机安装、拆卸业务分包给无资质、无安全许可证的企业，同时未能在实施过程中切实履行总承包方的安全生产职责。没有督促工程项目部落实安全管理责任，并进行有效的管理，造成塔式起重机拆卸过程安全管理工作失控。项目部管理人员对塔式起重机拆卸的安全作业管理不力，未能制止违章、违规行为。

（4）建筑公司违法出借资质，并为机械安装公司在塔式起重机安装、拆卸作业中提供技术服务，在塔式起重机的安装、使用和拆卸中出具报审备案证明，但未对其作业进行安全管理。

（5）监理单位未严格执行《建设工程监理规范》，对施工安全监督失职。未对机械安装公司的施工资质、专项施工方案以及安装、拆卸、使用施工机械的违章、违规行为和作业人员有无作业资格采取有效的监督措施，并予以制止。

3. 事故教训

（1）塔式起重机的安装与拆卸是事故的多发环节，一旦发生生产安全事故，多会造成群死群伤。并且，塔式起重机的品种、型式多样，爬升机构多样，安装拆卸程序不同，每一种型式有其不同的安装与拆卸方法与步骤，每一个步骤都必须严格按程序进行操作、检查、确认，然后进入下一个步骤，因此安装拆卸方案是不可或缺的操作指导性文件。

（2）安装队伍必须有相应的资质和专业技术能力，操作人员必须经过专业培训持证上岗，掌握安装机型的特点，按程序操作，此次事故的教训主要是：一是无施工方案，凭经验操作并操作错误，发生错误时，无检查和纠正，盲目进行下一步操作。二是安装队伍无资质，操作人员无作业资格，冒险蛮干。三是拆卸过程无有效管理，安全管理失控。

4. 专家点评

这是一起由于违章组织塔式起重机拆卸且作业顺序存在严重错误造成塔式起重机爬升架滑落而引发的生产安全责任事故。事故的发生暴露出塔式起重机出租单位违法转包拆装工程，施工、监理单位现场管理缺失等问题。我们应认真吸取教训，做好以下几方面工作：

（1）要有效防止安全管理缺失。这起事故是典型的队伍无资质、施工人员无操作资格、施工无方案、过程无管理的"四无"案件。多年来此类事故屡禁不止，反映出现场安全管理人员、操作人员安全意识淡薄，专业知识缺乏，培训严重缺失，安全管理体系漏洞甚多。

（2）要建立完整的可操作性强的塔式起重机安全管理程序。施工单位必须明确安全管理的重点内容：一是拆装队伍的选择原则，重点审核队伍有无资质，人员是否有能力；二是针对装拆塔机的特点，制定完整的施工方案，明确操作步骤及操作人；三是确定安全检查负责人，对每一个工序完成后的状态进行检查和确认，然后再进入下一程序。方案应有针对性，要在消化和理解安装对象的安装说明书前提下制定。条款一定是针对装拆对象，不可泛泛而谈，对于特殊机型，方案必须经过专家论证。

（3）要严格贯彻执行相关法规。预防此类事故，管理是关键，制度是保障，从塔式起重机技术上、标准上解决才是最根本的途径。在《塔式起重机安全规程》GB 5144—2006 和《塔式起重机》GB/T 5031—2008 两个国家标准中，已对类似此案例中由于误操作而引起事故的技术问题，进行了明确规定，在产品构造和机构上进行了规定，以保证此类问题不再发生。

参 考 文 献

［1］ 张庭祥. 通用机械设备（第2版）［M］. 北京：冶金工业出版社，2010.
［2］ 纪士斌，李世华，章晶. 施工机械［M］. 北京：中国建筑工业出版社，2000.
［3］ 中央电大建筑施工课程组. 建筑施工技术［M］. 北京：中央广播电视大学出版社，2002.
［4］ 汤振华. 监理员专业基础知识［M］. 北京：中国建筑工业出版社，2007.
［5］ 住房和城乡建设部工程质量安全监管司. ［M］. 北京：中国建筑工业出版社，2011.
［6］ 张洪. 现代施工工程机械［M］. 北京：机械工业出版社，2009.
［7］ 马铁椿. 建筑设备（第2版）［M］. 北京：高等教育出版社，2009.
［8］ 张洪. 贾志绚. 工程机械概论［M］. 北京：冶金工业出版社，2006.
［9］ 成凯. 吴守强，李相锋. 推土机与平地机［M］. 北京：化学工业出版社，2007.
［10］ 卢和铭，刘良臣. 现代铲土运输机械［M］. 北京：人民交通出版社，2003.
［11］ 周尊秋. 邓爱民，李万莉. 现代工程机械［M］. 北京：人民交通出版社，2004.
［12］ 王进. 施工机械概论［M］. 北京：人民交通出版社，2004.
［13］ 黄长礼，刘古岷. 混凝土机械［M］. 北京：机械工业出版社，2001.
［14］ 何挺继，胡永彪. 水泥混凝土路面施工与施工机械［M］. 北京：人民交通出版社，1999.
［15］ 姚谨英. 建筑施工技术［M］. 北京：中国建筑工业出版社，2002.
［16］ 鄂俊太，韩志强，林慕义. 压路机选型及压实技术［M］. 北京：人民交通出版社，1991.
［17］ 黄太巍. 李风. 现代起重运输机械［M］. 北京：化学工业出版社，2006.
［18］ 张质文，虞和谦，王金诺. 起重机设计手册［M］. 北京：中国铁道出版社，1998.
［19］ 刘佩衡. 塔式起重机使用手册［M］. 北京：机械工业出版社，2002.
［20］ 陈道南. 起重运输机械［M］. 北京：冶金工业出版社，2003.
［21］ 严大考，郑兰霞. 起重机械［M］. 郑州：郑州大学出版社，2003.
［22］ 于庆达. 静液压传动平地机［J］. 工程机械. 2006（4），7-9.
［23］ 宗存元. 推土机铲刀自动找平控制系统［J］. 建筑机械. 2006（4），76-77.
［24］ 刘古岷，王渝，胡国庆. 桩工机械［M］. 北京：机械工业出版社，2001.
［25］ 曹丽娟. 建筑机械常用图表手册［M］. 北京：机械工业出版社，2013.
［26］ 王作文，卢成江. 土木工程施工［M］. 北京：中国水利水电出版社，2011.
［27］ 任建喜. 地下工程施工技术［M］. 西安：西北工业大学出版社，2012.
［28］ 黎中银、焦生杰、吴方晓. 旋挖钻机与施工技术［M］. 北京：人民交通出版社，2010.